虚拟电厂调度优化模型与市场交易机制

鞠立伟　吴　静　周青青　著

科学出版社

北　京

内 容 简 介

本书主要介绍了虚拟电厂的基本概念、主要类型及国内外典型项目，并开展虚拟电厂构成单元建模及常规运行优化模型构建，建立考虑不确定性、电转气及碳捕集等要素的虚拟电厂调度优化模型；探索农村虚拟电厂型售电商电-碳协同交易优化策略，提出农村虚拟电厂电-碳协同双层调度优化模型；构建虚拟电厂参与电力中长期合约交易、日前市场交易、日内-实时协同交易、调峰辅助服务市场交易等不同类型的优化模型；以虚拟电厂集群运行为对象，建立虚拟电厂集群参与竞价交易博弈优化模型。

本书适合虚拟电厂技术行业从业者、能源领域科研工作者、需求侧响应技术相关领域科研工作者等参考使用。

图书在版编目(CIP)数据

虚拟电厂调度优化模型与市场交易机制 / 鞠立伟，吴静，周青青著. —北京：科学出版社，2024.5

ISBN 978-7-03-077976-2

Ⅰ.①虚… Ⅱ.①鞠… ②吴… ③周… Ⅲ.①数字技术-发电厂-电力系统调度-中国 ②数字技术-发电厂-电力市场-市场交易-中国 Ⅳ.①TM73 ②F426.61

中国国家版本馆CIP数据核字(2024)第031655号

责任编辑：万群霞 王楠楠 / 责任校对：王萌萌
责任印制：赵 博 / 封面设计：无极书装

科学出版社 出版
北京东黄城根北街 16 号
邮政编码：100717
http://www.sciencep.com

北京华宇信诺印刷有限公司印刷
科学出版社发行 各地新华书店经销

*

2024 年 5 月第 一 版 开本：720×1000 1/16
2025 年 5 月第三次印刷 印张：17 1/2
字数：355 000

定价：138.00 元
(如有印装质量问题，我社负责调换)

前　言

国家发展改革委、国家能源局《关于促进新时代新能源高质量发展的实施方案》指出，要实现到 2030 年我国风电、太阳能发电总装机容量达到 12 亿 kW 以上的目标，加快构建清洁低碳、安全高效的能源体系。近年来，可再生能源发电技术的不断进步扩大了分布式电源并网规模，在能源系统中扮演着越来越重要的角色，但其出力的随机性与波动性给电网运行及满足用户需求带来了较大的技术与经济风险。特别是，新一轮电力体制改革强调电力市场化建设，旨在发挥市场的价格决定性作用。因此，提高分布式能源的聚合管理效率并提高其参与电力市场的竞争力是促进其发展的关键。虚拟电厂（virtual power plant，VPP）作为未来能源市场中的一项颠覆性重要技术，将散落在不同区域的分布式能源聚合形成一个稳定、可控的能源集，对平衡电网供需具有重要作用。本书基于国内外虚拟电厂的典型项目经验，研究建立虚拟电厂调度优化模型，并设计虚拟电厂参与中长期、日前、日内-实时及调峰辅助服务等多类型电力市场交易机制，以期为优化利用分布式能源、推进能源革命及新型电力系统建设、实现中国能源可持续发展等提供有利的依据。

全书共 11 章。第 1 章介绍虚拟电厂的基本概念，提出需求响应、供给侧和混合资产等虚拟电厂的主要类型，梳理国内外典型项目经验。第 2 章开展虚拟电厂构成单元的数学建模，包括微型燃气轮机、风电机组、光伏机组等，并构造虚拟电厂常规运行优化模型。第 3 章着重解决风电、光伏发电及负荷需求不确定性给虚拟电厂运行带来的问题，分别构造计及需求响应的虚拟电厂双层随机调度优化模型。第 4 章挖掘电转气和虚拟电厂的集成可行性，建立电气互联虚拟电厂多目标鲁棒调度优化模型，并提出基于投入收益表的多目标模型求解算法。第 5 章探索碳捕集设备与虚拟电厂集成的可行性，构造计及碳捕集的虚拟电厂多目标随机调度优化模型，并提出基于改进模糊平衡算法的模型求解策略。第 6 章提出农村分散式资源集成虚拟电厂并与上级电网进行能量互动模式，构造农村虚拟电厂型售电商电-碳协同双层调度优化模型，制定最优虚拟电厂调度优化策略。

为了促进虚拟电厂参与电力市场交易，综合考虑虚拟电厂参与中长期、日前、日内-实时及调峰辅助服务等不同类型的电力市场交易问题。本书第 7 章针对中长期电力市场特点，分析虚拟电厂参与中长期交易的收益空间，构造计及可再生能源衍生品的虚拟电厂中长期合约交易优化模型。第 8 章针对虚拟电厂日前运行的不确定性，利用条件风险价值度量日前交易收益与风险间的平衡关系，建立虚拟电厂参与日前电力市场交易优化模型。第 9 章挖掘日前、日内、实时电力市场交易的关联性，构造虚拟电厂参与日内-实时协同交易优化模型。第 10 章分析虚拟电厂参与调峰辅助服务市场路径，构造考虑负荷不确定性的虚拟电厂辅助服务市场交易优化模型。通过上述交易优化模型的构造，能够为虚拟电厂参与我国不同类型电力系统提供有效的决策工具和依据。

第 11 章基于虚拟电厂调度优化策略和虚拟电厂多级电力市场交易优化方案，进一步探讨多个虚拟电厂的协同运行优化路径，构造虚拟电厂集群多主体竞价博弈体系和多时间尺度竞价博弈体系，设计虚拟电厂日前合作、日内非合作及实时合作的三级能量协同管理模型，并通过构造改进混沌蚁群优化（improved chaotic ant colony optimization, ICACO）算法对多级竞价博弈优化模型进行求解，从而制定虚拟电厂集群参与竞价交易博弈优化模型。

华北电力大学的杨莘博、苗雨欣、鲁肖龙及国网河南省电力公司经济技术研究院的李鹏、张艺涵、李慧璇等参与了本书的部分撰写工作。本书写作过程中得到了华北电力大学经济与管理学院及国网河南省电力公司经济技术研究院的支持与配合，在此表示衷心的感谢。本书还得到了国家自然科学基金面上项目"新型电力系统需求侧灵活性资源时空协同优化与动态均衡机制研究（72274060）"、北京市哲学社会科学基金决策咨询项目重点项目"北京可再生能源替代响应机制及激励改革研究（23BJCB039）"及华北电力大学中央高校基本科研业务费哲学社会科学繁荣计划专项项目"推进能源绿色低碳转型的多市场耦合交易体系及政策机制研究（2024FR006）"的资助，特此致谢。

受作者水平所限，书中难免存在疏漏和不足，敬请读者批评指正。

鞠立伟

2023 年 7 月 20 日

目 录

第1章　虚拟电厂概述、主要类型及国内外典型项目

随着全球能源需求的持续增长及生态环境的日渐恶化，构建清洁、高效、绿色、安全的能源新体系成为未来能源领域的重要趋势。可再生能源的大规模高效利用也为能源变革带来契机。虚拟电厂可灵活聚合多种分布式能源，协调控制电源侧互补与负荷侧灵活互动，对能源系统的可持续发展具有重要的理论价值。本章从虚拟电厂的基本概念出发，梳理虚拟电厂的构成与特征、虚拟电厂的主要类型，并归纳总结国内外典型虚拟电厂项目实施经验。

1.1　虚拟电厂概述

1.1.1　虚拟电厂理论基础

1. 虚拟电厂基本概念

虚拟电厂的概念最早于 1997 年由 Shimon Awerbuch 以虚拟公共设施的概念提出。虚拟电厂是在市场环境下，独立且以市场为驱动的实体间的一种灵活合作[1]。这种虚拟公共设施使得市场的参与主体通过合作来实现虚拟的资源共享，在不具备相应技术的条件下实现此领域的利益获取[2]。

一般来讲，虚拟电厂是对一定区域内众多种类的电源的整合，如风、光、火、水、气等资源，利用先进的通信技术、协调控制技术，形成统一的虚拟控制中心，对多种能源进行调度，达到社会效益和经济效益的最大化[3]。广义上来说，可通过在负荷侧引入需求响应、储能、电动汽车等，结合新型的技术，如通信、控制技术等，跨越电力生产的物理层，将负荷侧与电源侧进行整合，从而实现源-荷的灵活联动，实现分布式电源的有序接入。此外，虚拟电厂也为大量分布式能源聚合参与电力市场交易提供了前提。

虚拟电厂的定义强调了虚拟电厂对能源聚合的功能，其协调控制的运营理念不仅带来了经济效益，更创造了社会效益。分布式能源的可视化聚合及可控负荷的灵活接入也降低了清洁能源并网时带来的波动风险，提高了清洁能源的利用效率，降低了分布式能源的弃能水平。同时，随着我国新一轮电力体制改革的不断深入，市场对于资源配置的作用被强调，虚拟电厂作为分布式能源聚合的协调枢纽，可跳过物理电网的改造而达到分布式能源参与电力市场的目的。

2. 虚拟电厂特点

虚拟电厂通过整合区域内的电源资源，跳过物理技术实地改造而实现发电资源灵活调控，从而为区域电力用户提供更高质量的供电服务。虚拟电厂对分布式能源聚合运作的过程具备融合性、可聚合性及灵活性的特点。

1) 融合性

虚拟电厂的融合性体现在技术的融合上。要实现对多种分布式能源的协调控制及对负荷进行柔性引导，虚拟电厂的运作需要多种新型技术的支撑，如协调控制技术、信息通信技术及智能计量技术。由于虚拟电厂的协调对象主要包括各种分布式能源、储能系统、可控负荷以及电动汽车，控制对象具有多样化及复杂性的特点，因此，基于协调控制技术提供高质量的电能供给是虚拟电厂运行的一个重点。相应地，对电源设备出力及用户负荷的精准控制对虚拟电厂实施协调控制具有重要影响，实现对分布式能源及可控负荷的计量和控制是实现协同的另一个重点，因此，必须引入智能计量技术以实现虚拟电厂的平稳运作。此外，虚拟电厂中需借助双向通信技术，对多个单元的状态进行接收并发送控制信号，因此必须结合互联网技术、通信技术等，对各单元进行更准确的把控和调动，实现系统效用最大化。

2) 可聚合性

首先，虚拟电厂将多类分布式能源、储能系统、电动汽车等进行了有效聚合，克服了风电、光伏的出力波动性及多能的时间分布差异，并将其整合为一个虚拟但达成实体协调控制的整体。其次，通过虚拟电厂中多元技术的应用，且考虑其聚合运行不需要进行物理能源网的实地改造，不受配电网实体的网络约束，未来可拓展至更大范围及区域的应用，实现分布式能源的跨区聚合及消纳，因此，虚拟电厂具有多能、多单位的可聚合性。

3) 灵活性

虚拟电厂的控制与协调方式具有多样性及灵活性，可采用多代理、集中优化、分布式优化及区块链等技术方法，从而实现清洁能源、可控负荷及储能设备等的合并，并实现每个元件与能量管理系统(energy management system, EMS)相连，从而达到降低发电损耗、提高清洁能源利用效率、缓解电网备用压力并提高系统供电可靠性的目的。而且虚拟电厂对物理约束的依赖程度低，其控制优化具有更好的兼容性，可灵活实现多能元件的模块化计算，以及发电资源的灵活、高效管理。

综上，为了推动分布式能源的进一步发展，虚拟电厂无疑将成为未来能源协调发展的重要方式。随着电力市场化改革的不断推进，在多利益主体及多交易品类下，虚拟电厂的可聚合性及灵活性对市场主体多样性及市场活跃度的提高具有重要意义，为分布式能源的市场化管理提供可行路径。

1.1.2　虚拟电厂的组成与结构

图 1-1 为虚拟电厂一般结构。虚拟电厂通常由分布式可再生能源机组、分布式燃料机组、储能装置、需求响应等组成，此外，结合需求响应等协调方法，实现多组件的协调运行。通过虚拟电厂调度控制中心，电能得以二次分配。虚拟电厂内部的结构可分为以下几类。

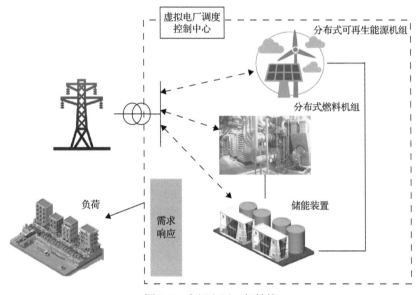

图 1-1　虚拟电厂一般结构

1. 分布式可再生能源机组

分布式可再生能源机组主要包括风电机组、光伏电站等，分布式可再生能源机组的出力受天气、时间等影响较大，出力具有随机性及波动性，因此在并网时具有一定的风险，为电网带来损失。因此，为平抑此类机组出力的不确定性，一般需对其进行事前处理，即通过预测法、场景法等对可再生能源出力进行不确定性削减，并且为了消除运行过程中产生的实时偏差及并网时的风险，需为其提供一定的备用容量，且一般以虚拟电厂内部的分布式燃料机组及储能装置作为备用。

2. 分布式燃料机组

分布式燃料机组一般包括微型燃气轮机(micro-conventional gas turbine，

MT)、微型热电联产机组（MT-CHP）、生物质发电装置等。这些分布式燃料机组
具有较好的出力稳定性，且 MT 及 MT-CHP 的调节水平较高，可以快速响应虚拟
电厂的调度指令，并可以调节分布式可再生能源机组出力带来的不确定性。基于
分布式燃料机组的特性，它是虚拟电厂中的必要组成部件。

3. 储能装置

储能装置主要包括了具有充放电功能的虚拟电厂内部组件，包括储能系统
（energy storage system, ESS）、电动汽车及抽水蓄能电站。此类设备由于具有灵活
的充放电功能，可以结合负荷分布曲线，在负荷低谷时期进行电能购买及充能行
为，并在高峰时期进行电能放出及售出获取差价利润。此外，此类设备的充放电
功能也可应用到备用调节中，平移可再生能源机组出力的波动性。也可以连接可
再生能源机组，进行多余发电量的回收，从而减少可再生能源的弃能量，提高可
再生能源的利用效率。

4. 需求响应

负荷变化对于电力系统而言具有一定的随机性，且负荷分布具有峰谷特性。
需求响应（demand response, DR）作为负荷侧的可控因素，具有较好的灵活性，可
以通过价格或相关机制引导用户负荷进行主动调节，优化用户的用电行为，从而
形成负荷曲线的良性变化。需求响应可以分为激励型需求响应（IBDR）与价格型
需求响应（PBDR），价格型需求响应主要通过在用户侧给予价格信号，刺激用户
进行用电行为调整，改变负荷在时间上的分布；激励型需求响应通过向用户提供
可选择的补贴机制，激励用户用电行为实现自主性改变。两类需求响应可单独参
与虚拟电厂运行，也可同时实施，从而实现负荷侧资源与电源侧电能变动的良好
互动。

1.2　虚拟电厂主要类型

虚拟电厂的提出是为了整合各种分布式能源，包括分布式电源、可控负荷和
储能装置等。其本质是结合多单位的可控集合，可从电源侧与负荷侧参与电网的
运行和调度，协调智能电网与分布式电源间的矛盾，充分挖掘分布式能源为电网
和用户所带来的价值和效益。但随着各类能源控制优化技术、智能控制技术等的
不断进步，虚拟电厂逐渐根据其功能进行了类型区分。

1.2.1　需求响应虚拟电厂

需求响应虚拟电厂，也可以称作需求侧资源型虚拟电厂，是以可调整负荷以

及用户侧储能、自用型分布式电源等资源为主构成的虚拟电厂，也称为能效电厂。按照响应方式的不同，需求响应虚拟电厂可分为两大类：基于电价的可转移负荷以及基于激励的可中断负荷，可控负荷受用户自身决策主导。图 1-2 为需求响应虚拟电厂结构。

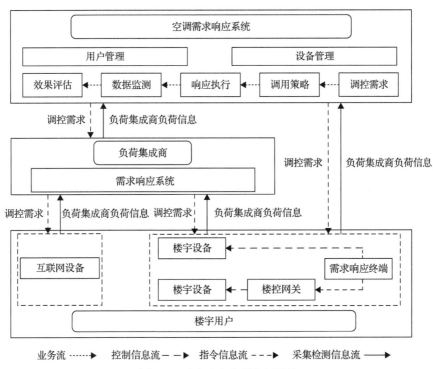

图 1-2　需求响应虚拟电厂结构

同时，需求响应虚拟电厂针对用户负荷，结合需求响应机制，通过聚合用户侧的可调负荷及储能装置，对用户用电行为进行引导，从而实现负荷在时间尺度上的平移变化。需求响应可针对不同类型的用户提出差异化的用能引导方案，从而满足用户节能的需求及系统整体的经济效益优化。需求响应虚拟电厂的业务作用流程如图 1-2 所示。

1.2.2　供给侧虚拟电厂

供给侧虚拟电厂以公用型分布式发电、电网侧和发电侧储能等资源为主。当系统处于用电低谷或用电高峰时段时，通过合理调整机组出力或储能装置的充放电过程，改变电力供应情况，进而适应需求侧的电力需求，并提高电能的利用率以及电力系统供电的稳定性。供给侧虚拟电厂在结构上与微电网类似，都是通过将分布式电源聚合接入电网，并接入储能及能源转换装置等，实现能源资源的灵活调配，最终达到分布式电源的灵活、高效利用。图 1-3 为供给侧虚拟电厂结构。

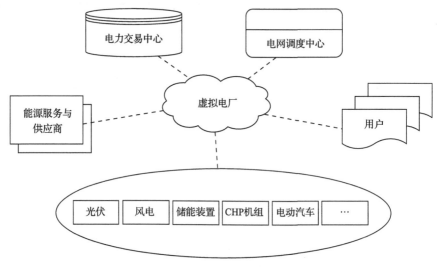

图 1-3　供给侧虚拟电厂结构

供给侧虚拟电厂必须依托于并网运行，且能够实现更广泛的分布式能源有效聚合，可跨区实现分布式电源的调度运行。此外，供给侧虚拟电厂可结合智能通信技术等，对电网的调节需求做出及时响应。供给侧虚拟电厂通过聚合多类分布式电源与储能装置，可在短时间内灵活调整出力，具备了参与电力市场、调峰辅助服务市场等的交易功能。

1.2.3　混合资产虚拟电厂

混合资产虚拟电厂由需求响应虚拟电厂和供给侧虚拟电厂共同组成，通过能量管理系统的优化控制，实现能源利用的最大化和供用电整体效益的最大化，实现更为安全、可靠、清洁的供电。混合资产虚拟电厂既考虑供给侧的多源融合，也结合了用户侧的需求响应调节，可通过调节电源出力和用户侧可控负荷，更有效地实现出力的正/负向变动，是未来虚拟电厂发展的主要方向，再结合多能转换机制，可进一步实现多种能源的协调流转，考虑市场交易因素，更好地实现市场对资源的配置作用。图 1-4 为混合资产虚拟电厂结构。

由图 1-4 可见，负荷侧考虑多种需求响应手段，如价格及激励机制，对负荷分布进行有效引导；供给侧在常规机组的基础上，接入多种分布式资源及电动汽车、储能系统等，灵活调整过剩/短缺出力，并以自身效益最大化为目标，达到实时的最优调度及运行状态。

图 1-4　混合资产虚拟电厂结构

1.3　国内外典型虚拟电厂项目

虚拟电厂的实现形式具有多样性特征，且其发展与各地各时期的技术支撑具有较大联系。在虚拟电厂概念的应用上，德国在 2001~2005 年就开发了相关研究项目，美国及欧盟其他国家也陆续开展了相关项目的建设。

1.3.1　国外典型虚拟电厂项目

1. 德国 RegModHarz 项目

2008 年，德国联邦经济和技术部启动了 E-Energy 计划，目标是建立一个能基本实现自我调控的智能化的电力系统，而其中信息和通信技术是实现此目的的关键。E-Energy 同时也是德国绿色 IT（internet technology）先锋行动计划的组成部分。绿色 IT 先锋行动计划包括智能发电、智能电网、智能消费和智能储能四个方面。在由 E-Energy 计划支持的 6 个涉及能源互联网的项目中，RegModHarz 项目位于哈茨山脉，是新能源最大化利用的典型案例。项目拥有风能、抽水蓄能、太阳能、沼气、生物质能以及电动车等多种调节资源，在输配电方面主要有 6 家配电运营商、4 家电力零售商以及 1 家输电运营商，构成了虚拟电厂的运行基础。

在 RegModHarz 项目中，虚拟电厂与分散式电源进行通信连接，而与原有的传统大型发电场不同的是，新能源系统数据变化较快，安全、稳定性高的传输技术非常必要。所以在此项目中制定了统一的数据传输标准，使得虚拟电厂对于数据变化能够快速反应。在考虑发电端的同时，虚拟电厂同样关注用电侧的反应，哈茨地区的家庭用户通过安装能源管理系统，组成双向能源管理系统。用户安装的能源管理系统每 15min 存储一次用户用电数据，记录用户每天的用电习惯，并将这些数据通过网络传输到虚拟电厂的数据库中。同时，当电价发生变动时，双向能源管理系统可以通过无线控制来调控用电时间和用电量。

在 RegModHarz 项目执行期间，项目方对于进入批发市场的商业模式进行模拟。结果显示，如果缺乏补贴，可再生能源进入电力批发市场时获利的可能性很低。因此可将可再生能源进行销售，虚拟电厂可协调发电端和零售商与用户端之间的交易。

2. 欧盟 FENIX 项目

FENIX(flexible electricity network to integrate the expected energy solution)是由来自英国、西班牙、法国等 8 个国家的 20 个研究机构和组织在欧盟第六框架计划下实施的虚拟电厂研究和试点项目，其目的在于通过对大型虚拟电厂(large-scale VPP)和分布式能源进行管理，来最大化地提升分布式能源(DER)对电力系统的贡献。图 1-5 为 FENIX 项目 VPP 结构。

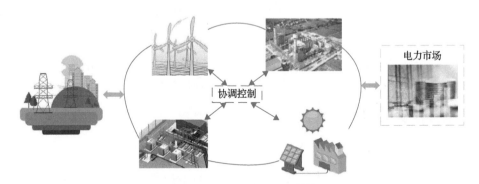

图 1-5　FENIX 项目 VPP 结构

FENIX 项目将虚拟电厂项目组件分为南北两个方案，两个方案分别对商业性虚拟电厂与技术性虚拟电厂进行了差异化构建。其中，北部方案的重点在于以英国电力市场为依托建立商业性 VPP(CVPP)运行模式，在其架构中，各种分布式能源被分散代理，并通过分布式能源接口传递其当前状态和数据信息，汇总后传给VPP 代理，并形成竞标曲线，参与 e-terra Trade 电子贸易的市场竞争和市场交易[4]。而南部方案在配电系统中聚合了多种分布式发电技术，同时应用了 CVPP 和技术性 VPP(TVPP)两种概念。

南部方案中的 VPP 具有三大功能:①聚合分布式能源参与日前电力市场交易;②提供第三方备用辅助服务;③维持电网的输配电稳定性。此方案下,虚拟电厂需对各组件的实时状态进行计量监测,基于 TVPP 的技术性基础,结合当地数据采集与监控系统(SCADA)参数与网络拓扑结构等,确定系统运行的潮流稳定性;CVPP 则基于分布式能源管理系统,聚合 DER 并分配操控 DER 的发电计划,以实现虚拟电厂运行的经济性及稳定性。

3. 德国 NextKraftwerke 公司虚拟电厂项目

NextKraftwerke 是德国一家大型的虚拟电厂运营商,同时也是欧洲电力交易市场(EPEX)认证的能源交易商,可参与能源的现货市场交易。在虚拟电厂的技术、电力交易、电力销售、用户结算等业务的基础上,NextKraftwerke 可为其他能源运营商提供虚拟电厂的运营服务。该公司管理了超过 2400 个分布式发电设备,包括生物质发电装置、热电联产机组、水电站、灵活可控负荷、风电机组和太阳能光伏电站等,总体管理规模达到 1450MW,是目前德国虚拟电厂方面的领先企业。

公司有两种主要的业务模式,第一种业务模式是将风电和光伏发电等可控性较差的发电资源直接参与电力市场交易,获取利润分成;第二种业务模式利用生物质发电和水电启动速度快、出力灵活的特点,来参与电网的二次调频和三次调频,从而获取附加收益。目前 NextKraftwerke 公司能占到德国二次调频市场 10%的份额。

第一种业务模式在发电端(风电/光伏)安装远程控制装置 NextBox,将电源集成到虚拟电厂平台;根据电源运行参数、市场数据和电网状态,通过虚拟电厂平台对各个电源进行控制,参与电力市场交易;虚拟电厂运营商不需要自己投资交易基础设施,就可获取能源交易收益。

第二种业务模式是在生物燃气 CHP 安装远程控制装置 NextBox,CHP 的灵活性可以提供给电力平衡市场;常规时段中,CHP 会收到备用费补偿,其正常运行不需要做出调整;当电网过载时,CHP 可以在几分钟内减少或停止出力,将从NextBox 获得额外的调频服务费。

4. 其他国家虚拟电厂项目

1)澳大利亚 AGL 能源公司项目

近年来,澳大利亚开始大力发展生物质、光伏和风能等可再生能源,为可再生能源发展提供了良好的政策环境,在南澳大利亚州等地区已经实现了风电供应近 40%的电力需求,为其虚拟电厂的发展提供了良好的环境。澳大利亚最大的可再生能源机构 ARENA(The Australian Renewable Energy Agency)和运营商 AGL(Agl

Energy Limited) 推出了全球最大的虚拟电厂，在南澳大利亚州的家庭和企业中安装了 1000 台连接电池，提供 5MW 的峰值能力，以此实现对用户侧的智能管理。该项目分阶段深入，当前，参与该项目的客户将能够购买 5kW/7.7kW·h 的储能系统，包括硬件、软件和安装，以 7 年的周期进行回收。之后覆盖南澳大利亚州阿德莱德的 150 个电池系统将会开始运行。该项目的实施可证明电力网络、零售商、消费者和市场运营商之间的关系及未来的价值定位。

2) 美国 Con Edison 项目

美国的虚拟电厂项目主要针对需求侧管理，结合需求响应的相关机理，兼顾源侧可再生能源的利用，因此对负荷的控制和储能设备的投入占其虚拟电厂的主要部分。美国 SunPower 以新型屋顶太阳能与储能联合，旨在建立光储虚拟电厂，包括 1.8MW 的光伏装机容量和 4MW 的电池存储，是纽约"能源愿景改革"(REV) 计划的一部分。Sunverge 提供锂离子电池存储系统，SunPower 租赁其太阳能电池板，公用事业 Con Edison 管理存储电力的电网供电。该项目就是为了将更多的太阳能集成到当地电网，实现在高峰时段为客户调度存储电力，预计可为纽约布鲁克林和皇后区的 300 个住宅用户提供服务。Con Edison 项目的主要对象为自用单户住宅。参与租用 SunPower 太阳能系统(7~9kW)的租户将获得 Sunverge 合适尺寸的电池。该存储系统一开始归 Con Edison 所有，可让此公用事业测试该领域实时应用、调峰、调频和技术能力。

1.3.2　国内典型虚拟电厂项目

1. 上海黄浦区试点商业建筑虚拟电厂项目

上海市立志于打造高效用能的超大城市，在需求侧管理、能源综合利用方面具有较为先进的意识。在国家级需求侧管理的示范项目建设上，上海设计实施了上海黄浦区试点商业建筑虚拟电厂项目(以下简称黄浦区虚拟电厂)。项目区内的商业建筑包括办公楼、酒店、商贸中心和综合大厦等，虚拟电厂内的发电资源潜力主要来源于建筑内的中央空调系统、照明系统、生活水系统以及新风系统负荷。该项目的落实理念基于虚拟电厂的运行机制，强调了虚拟电厂对于负荷侧集成控制的思想，对负荷侧资源进行集中调控。项目的实施对象以商业建筑群为主，打造了国内首个以商业建筑为主要调控对象的虚拟电厂项目。通过整合商业用户可实施的需求响应资源，提出适配策略，切实提出适合商业建筑用电的供能方案，在提高能源利用效率的同时保证用户的高质量用电。结合能源互联网发展理念下的智慧能源技术，可有效打造以电为核心的虚拟电厂集成控制体系，带来可观的经济社会效益。黄浦区虚拟电厂的整体结构如图 1-6 所示。

黄浦区虚拟电厂的建设基于当地的商业建筑群，除聚合调控发电与用电资

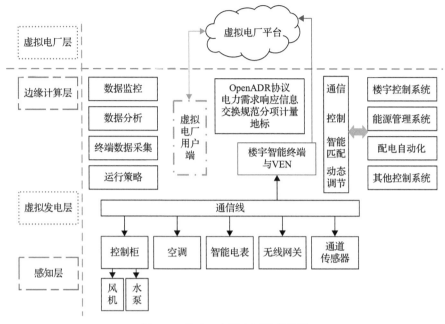

图 1-6 黄浦区虚拟电厂整体结构

OpenADR(open automation demand response)表示开放式自动需求响应；VEN(virtual end node)表示虚拟端节点

源功能外，还可以结合智能计量技术对楼宇用电情况进行监测与统计，以此为楼宇建筑用户提供节能方案。目前，虚拟电厂内按虚拟发电机资源模型注册了 550 个可调资源(其中空调资源占比为 74%，其他资源占比为 26%)。聚合范围内共有 4 种发电模式，入驻参与楼宇 130 幢，包括办公建筑、宾馆酒店、购物商场及综合楼体等。黄浦区虚拟电厂项目建设中，虚拟电厂的运营平台对电源侧发电机组的运行及出力监测进行统一管理，与上海市电网调度中心与交易中心进行实时对接。运营平台设计为双层结构，下层对终端信息进行感知采集，并对平台信息进行接收和传达；上层为虚拟电厂层，对所收集到的信息进行分析处理，实现虚拟电厂的发电优化，把控虚拟电厂的整体运营。

2. 冀北虚拟电厂项目

冀北虚拟电厂项目是国网冀北电力有限公司基于泛(FUN)电平台、聚合优化"源、网、荷、储、售、服"新一代智能控制技术的虚拟电厂，为电网柔性互动提供智能化的良好尝试，开创新的互动商业模式。冀北虚拟电厂项目正式投运后，实现了 226MW、共 11 类灵活性资源的接入，主要参与主体有工商业、智能楼宇、储能、电动汽车、分布式风电及光伏等。冀北地区具有丰富的清洁能源，新能源装机规模高达 2014 万 kW，因此，实现清洁能源消纳与装机增速匹配是冀北虚拟电厂的建设目标之一。考虑清洁能源与负荷的逆向分布，虚拟电厂运营平台实时跟踪源-荷双侧，突破地域限制，结合储能、电动汽车等，柔性响应系统运行指令，拉升电网谷段负荷，实现了"荷随风动、荷随源动"，以及风电多发增发，对电网原有调峰资源进行了有益补充。冀北虚拟电厂项目一期示范工程如图 1-7 所示。

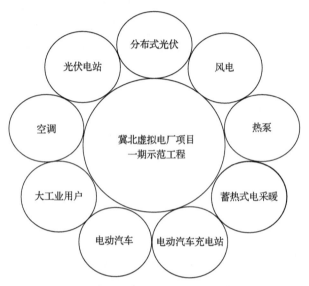

图 1-7　冀北虚拟电厂项目一期示范工程

冀北虚拟电厂项目一期示范工程通过接入与控制蓄热式电采暖，调节虚拟电厂主体的用能资源，实现电、热能的灵活联动，节省用能成本并提高用能效率。此外，虚拟电厂可参与华北调峰辅助服务市场，结合需求响应挖掘用户侧可控负荷，引导大负荷用户在夜间低谷时段进行生产，平衡负荷分布曲线，实现新能源消纳水平及经济效益提高的源-荷双赢。

未来冀北虚拟电厂项目的发展以能源互联为目标，在扩大虚拟电厂的接入规模的基础上，引入市场交易及多主体共享商业模式，结合市场化手段，打造虚拟电厂推动能源互联，扩大虚拟电厂接入资源规模，拓展交易品种和商业模式，打造虚拟电厂二期示范工程。作为推进能源互联网建设的有效手段，虚拟电厂示范工程如今已经从理论高地走进冀北实地，在激活能源互动消费上发挥了重要作用。

3. 江苏虚拟电厂项目

国网南京供电公司江北新区智慧能源协调控制系统设计上线虚拟电厂模块，以实现分布式新能源机组的聚合调配。该模块的上线并未改变分布式能源并网的物理形式，而是实时监测江北新区各类用户的用能情况及分布式新能源发电情况，通过串联分布式光伏、储能及多种可控负荷，参与电网调峰辅助服务，进而对虚拟电厂内部的各类能源出力进行实时调节。

在电源方面，虚拟电厂在用电高峰时段，鼓励分布式能源出力及储能系统的放电行为，并结合可控负荷缓解电网高峰负荷压力。此外，江北新区智慧能源协调控制系统的虚拟电厂模块增加了分布式能源交易平台，在内部开展互补交易，发挥虚拟电厂的聚合性及协控能力。

在可控负荷的聚合方面，江北新区智慧能源协调控制系统接入电动汽车充电桩、光伏、用户侧储能等，未来计划接入电网侧储能等多类型数据，从而实现能源系统"源-网-荷-储"的互补协同运行，提升能源综合利用效率，支撑城市能源互联网智慧运营。

4. 天津滨海新区虚拟电厂项目

天津滨海新区虚拟电厂项目总装机容量约为 20MW，接入 10MW 用户可控负荷，同时接入电动汽车、10MW 集中式储能负荷、5.75MW 分布式电源，结合分时电价、梯度电价机制，构建虚拟电厂控制的能源协调控制群。此外，虚拟电厂可与电网调度相协调，通过需求响应、提供辅助服务等方式协调天津电网的供需平衡，实现区域内多种资源的优化配置，如图 1-8 所示。

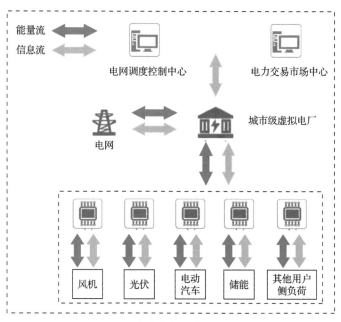

图 1-8　天津滨海新区虚拟电厂项目

天津滨海新区虚拟电厂项目是政府与电力公司的联合共建项目，带头发展国内虚拟电厂业务的落地实施。项目目前覆盖范围较小，结合自主可控的负荷感知，贴近终端信息系统，实现了感知层数据的有效采集及上传。通过多种资源的灵活调配、储能的应用及对居民侧的激励参与政策，主体参与意愿积极，项目效果良好，有效缓解了电力供需矛盾，减缓电网投资（虚拟电厂 20MW 调控量可以延缓发电建设投资约 1 亿元）。此外，在节能减排上，该项目实现二氧化碳减排约 135.01 万 t，极大地提升了区域内的用能效率。

第2章 虚拟电厂构成单元建模及常规运行优化模型

近年来，为应对能源短缺与环境恶化的双重压力，以风力发电、光伏发电(简称风光)为代表的分布式能源发电发展规模逐渐扩大，在能源格局中的地位日益显著。但由于其自身局限性，发电机组地理位置分布分散、机组容量较小、间歇波动性明显，分布式能源发电机组的直接并网会给电网的安全稳定带来极大冲击，因此，研究灵活、安全、可靠的分布式能源控制技术对于实现大规模分布式能源并网有着重要的意义。虚拟电厂在不改变分布式电源并网方式的前提下，通过先进的控制、计量、通信等技术聚合分布式电源、储能、可控负荷等不同类型的分布式能源，并通过更高层面的软件架构实现多个分布式能源的协调优化运行。本章对虚拟电厂的构成单元进行建模，再构造常规运行优化模型。其中，在虚拟电厂构成单元建模中主要考虑微型燃气轮机、风电机组、光伏机组、电转气设备、需求响应及储能系统等。进一步，构造传统虚拟电厂运行优化模型，并对所提模型进行模糊线性化处理，确立虚拟电厂运行优化策略。

2.1 虚拟电厂构成单元建模

2.1.1 微型燃气轮机

微型燃气轮机(MT)具有启停时间较短、功率调节灵活的特点，在虚拟电厂运行中，可调节可再生电力并网实现虚拟电厂内部协调运行，也可为电力市场提供辅助服务，以实现自身经济效益最大，MT 的出力模型如下：

$$C_{\mathrm{MT},t}^{\mathrm{f}} = a_{\mathrm{MT}} + b_{\mathrm{MT}} g_{\mathrm{MT},t} + c_{\mathrm{MT}} g_{\mathrm{MT},t}^2 \tag{2-1}$$

$$C_{\mathrm{MT},t}^{\mathrm{s}} = \left[u_{\mathrm{MT},t}(1 - u_{\mathrm{MT},t-1}) \right] D_{\mathrm{MT},t} \tag{2-2}$$

式中，$C_{\mathrm{MT},t}^{\mathrm{f}}$ 和 $C_{\mathrm{MT},t}^{\mathrm{s}}$ 分别为 MT 发电燃料成本和发电启停成本；a_{MT}、b_{MT} 和 c_{MT} 为 MT 发电能耗系数；$g_{\mathrm{MT},t}$ 为 MT 的发电功率；$u_{\mathrm{MT},t}$ 为 MT 发电状态变量，为 0-1 变量，1 表示 MT 处于运行状态，0 表示 MT 处于停机状态；$D_{\mathrm{MT},t}$ 为 MT 发电启动成本，与 MT 的冷启动和热启动状态有关。

MT 运行约束条件主要有出力约束、爬坡约束和启停约束，具体表述如下：

$$u_{\mathrm{MT},t} g_{\mathrm{MT}}^{\min} \leqslant g_{\mathrm{MT},t} \leqslant u_{\mathrm{MT},t} g_{\mathrm{MT}}^{\max} \tag{2-3}$$

$$u_{\mathrm{MT},t}\Delta g_{\mathrm{MT}}^{-} \leqslant g_{\mathrm{MT},t} - g_{\mathrm{MT},t-1} \leqslant u_{\mathrm{MT},t}\Delta g_{\mathrm{MT}}^{+} \tag{2-4}$$

$$(T_{\mathrm{MT},t-1}^{\mathrm{on}} - M_{\mathrm{MT}}^{\mathrm{on}})(u_{\mathrm{MT},t-1} - u_{\mathrm{MT},t}) \geqslant 0 \tag{2-5}$$

$$(T_{\mathrm{MT},t-1}^{\mathrm{off}} - M_{\mathrm{MT}}^{\mathrm{off}})(u_{\mathrm{MT},t} - u_{\mathrm{MT},t-1}) \geqslant 0 \tag{2-6}$$

式中，$g_{\mathrm{MT}}^{\max}$ 和 $g_{\mathrm{MT}}^{\min}$ 为 MT 出力的上下限；$\Delta g_{\mathrm{MT}}^{+}$ 和 $\Delta g_{\mathrm{MT}}^{-}$ 为 MT 的爬坡上下限；$T_{\mathrm{MT},t-1}^{\mathrm{on}}$ 为在时刻 t–1 时 MT 已运行的时间；$M_{\mathrm{MT}}^{\mathrm{on}}$ 为 MT 的最短启动时间；$T_{\mathrm{MT},t-1}^{\mathrm{off}}$ 为在时刻 t–1 时 MT 已停运的时间；$M_{\mathrm{MT}}^{\mathrm{off}}$ 为 MT 最短停机时间。

2.1.2　风电机组

受风电机组技术性参数限定，风电出力随风速变化呈现阶段性特征：

$$g_{\mathrm{WPP},t} = \begin{cases} 0, & 0 \leqslant v_t < v_{\mathrm{in}}, \quad v_t > v_{\mathrm{out}} \\ 0.5 C_{\mathrm{w}} \rho A_{\mathrm{WT}} v_t^3, & v_{\mathrm{in}} \leqslant v_t < v_{\mathrm{rated}} \\ g_{\mathrm{WPP},t}^{\mathrm{r}}, & v_{\mathrm{rated}} \leqslant v_t \leqslant v_{\mathrm{out}} \end{cases} \tag{2-7}$$

$$0 \leqslant g_{\mathrm{W},t} \leqslant g_{\mathrm{WPP},t}^{\mathrm{r}} \tag{2-8}$$

式中，C_{w} 为风电机组性能参数；ρ 为空气密度；A_{WT} 为风电机组叶片扫过面积在风速垂直平面上的投影；v_t 为风电机在时刻 t 的实时风速；v_{in}、v_{rated} 和 v_{out} 分别为切入风速、额定风速和切出风速；$g_{\mathrm{WPP},t}^{\mathrm{r}}$ 为风电机组额定功率。当风速低于切入风速或高于切出风速时，风电机组将停止工作。若风速介于额定风速 v_{rated} 与切出风速 v_{out} 之间，风电机组将以额定功率进行出力，其他情况下风电机组的出力依赖于风速大小。而考虑到风速在不同高度上的差异，将特定高度处的风速转换成风电机组塔高处的实际风速。

$$f(v_t') = \left(\frac{h}{h'}\right)^{\beta} v_t' \tag{2-9}$$

式中，v_t' 为在高度 h' 处的测量风速；$f(v_t')$ 为风电机组在塔高 h 处测量的风速；β 为测算系数。

2.1.3　光伏机组

光伏发电基于半导体面上的光生伏特效应，将所吸收的太阳能直接转化为电能。假设光伏设备配有最大功率点跟踪功能，其功率输出可以直接表示为[5]

$$g_{\mathrm{PV},t} = \left[1 - \gamma \left(T_{\mathrm{air}} + \frac{T_{\mathrm{n}} - 20}{800} \theta_t - T_{\mathrm{ref}} \right) \right] \eta_{\mathrm{PV}} \theta_t S_{\mathrm{PV}} N_{\mathrm{PV}} \qquad (2\text{-}10)$$

式中，γ 为温度参数，代表光伏面板的光电转换效率；T_{air} 为大气环境温度；T_{n} 为正常工作温度；T_{ref} 为参考温度；η_{PV} 为参考效率；θ_t 为 t 时刻的光辐射强度；S_{PV} 为单个面板的面积；N_{PV} 为光伏面板数量。

光伏发电同样具有随机性、间歇性、波动性等特征，其出力强度与光辐射强度有关，具体公式如下：

$$f(\theta) = \begin{cases} \dfrac{\theta^{\alpha-1}(1-\theta)^{\beta-1}}{\displaystyle\int_0^1 \theta^{\alpha-1}(1-\theta)^{\beta-1}\mathrm{d}\theta}, & 0 \leqslant \theta < 1, \alpha \geqslant 0, \beta \geqslant 0 \\ 0, & \text{其他} \end{cases} \qquad (2\text{-}11)$$

式中，θ 为光辐射强度；α 和 β 为贝塔分布的形状参数。基于光辐射强度的历史数据，在获取光辐射强度的期望值 μ 和方差值 σ 后，β 和 α 值为

$$\beta = (1-\mu)\left[\frac{\mu(1-\mu)}{\sigma^2} - 1 \right] \qquad (2\text{-}12)$$

$$\alpha = \frac{\mu\beta}{1-\mu} \qquad (2\text{-}13)$$

光辐射强度的累积概率分布为

$$p(\theta) = \int_{\theta_{\min}}^{\theta_{\max}} f(\theta)\mathrm{d}\theta \qquad (2\text{-}14)$$

式中，$\theta_{\max}$、$\theta_{\min}$ 分别为光辐射强度的上限值和下限值。

2.1.4　电转气设备

风光出力具有波动性、反调峰特性，通过引入电转气(power to gas，P2G)设备，可在负荷的低谷时段实现富余风电的转化利用，并结合储气设备实现高峰时段的发电利用或直接出售 CH_4 进行获利。此间，电转气的行为可将电与气在电力系统中源-荷的角色进行置换，实现了电-气的网络互联，提高了系统对可再生能源电力的消纳能力，减少系统碳排放量，提升系统经济和环境效益。

电转气设备通过电解和甲烷化实现电-气的转化。电解是将多余电能通过电解水产生 H_2，甲烷化过程在电解的基础上，通过催化剂推动 H_2 和 CO_2 反应生成 CH_4 和 H_2O，具体化学反应式如下：

$$2H_2O \xrightarrow{\text{电解}} 2H_2\uparrow + O_2\uparrow \tag{2-15}$$

$$CO_2 + 4H_2 \longrightarrow CH_4 + 2H_2O \tag{2-16}$$

电能转化成为 CH_4 后可注入天然气网络或者储气装置。可以看到，P2G 化学反应中 H_2O 的投入和产出相同，仅消耗 CO_2，有利于降低电力子系统的碳排放。图 2-1 展现了 P2G 的技术原理。

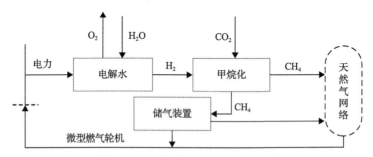

图 2-1　P2G 技术原理及能量流向图

P2G 技术结合低谷时段的富余电力进行电解水，并通过甲烷化过程实现 CH_4 的生成。其运行原理如下：

$$Q_{pg,t} = P_{pg,t}\eta_{pg} \tag{2-17}$$

$$P_{pg,t}^{GST} = Q_{MT,t}^{GST}\eta_{MT} \tag{2-18}$$

式中，$Q_{pg,t}$ 为通过 P2G 生成的 CH_4 量；$P_{pg,t}$ 为 P2G 过程的用电量；η_{pg} 为 P2G 的电气转换效率；$P_{pg,t}^{GST}$ 为 MT 利用储气罐（gas storage tank，GST）中的 CH_4 所发的电量；$Q_{MT,t}^{GST}$ 为 MT 发电时所用的来自 GST 的 CH_4 量；η_{MT} 为 MT 的气电发电效率。

GST 用来存储电转气设备合成的 CH_4 并结合价格进行合理分配，可在负荷高峰时段利用储气发电，或者选择将其出售到天然气网络。GST 中的 CH_4 运行状态如下：

$$Q_{GST,t} = Q_{GST,T_0} + \sum_{t=1}^{T}\left(Q_{GST,t}^{pg} - Q_{MT,t}^{GST} - Q_{GN,t}^{GST}\right) \tag{2-19}$$

式中，$Q_{GST,t}$ 为 GST 在 t 时刻的储气量；Q_{GST,T_0} 为 GST 初始状态的储气量；T 为时段总数；$Q_{GST,t}^{pg}$ 为 P2G 后储存的 CH_4 量；$Q_{MT,t}^{GST}$ 为在 t 时刻 GST 向 MT 输入的 CH_4 量；$Q_{GN,t}^{GST}$ 为 GST 在 t 时刻售卖给天然气网络的气量。同时，设定 GST 不能

同时进行储气和释气操作，具体如下：

$$Q_{\text{GST},t}^{\text{P2G}} \cdot \left\{ Q_{\text{MT},t}^{\text{GST}}, Q_{\text{GST},t}^{\text{Gas}} \right\} = 0 \qquad (2\text{-}20)$$

式中，$Q_{\text{GST},t}^{\text{P2G}}$ 为 GST 在时刻 t 进入的 P2G CH$_4$ 量；$Q_{\text{GST},t}^{\text{Gas}}$ 为 GST 在时刻 t 的储气量。

2.1.5　需求响应

需求响应可通过调节负荷侧的用电行为，引导负荷的自主性变化，从而对虚拟电厂发电调度产生正向影响。本节引入 IBDR，以可中断负荷作为响应资源，需求响应的成本为可中断负荷响应前后 VPP 售电收入的差额。可中断负荷响应前后，VPP 的售电收益分别为

$$R_t^{\text{L}} = \lambda_t^{\text{load}} P_t^{\text{load}} \qquad (2\text{-}21)$$

$$R_t^{\text{IL}} = \lambda_t^{\text{load}} (P_t^{\text{load}} - P_t^{\text{IBDR}}) - a(P_t^{\text{IBDR}})^2 - b P_t^{\text{IBDR}} \qquad (2\text{-}22)$$

式中，R_t^{L}、R_t^{IL} 分别为可中断负荷响应前后的系统收益；λ_t^{load} 为内部负荷的售电价格；P_t^{load} 为内部负荷量；P_t^{IBDR} 为可中断负荷的相应出力；a、b 分别为补偿函数的二次项和一次项系数。

需求响应的成本为负荷响应前后 VPP 售电收入的差额：

$$C_t^{\text{DR}} = R_t^{\text{L}} - R_t^{\text{IL}} = a(P_t^{\text{IBDR}})^2 + (b + \lambda_t^{\text{load}}) P_t^{\text{IBDR}} \qquad (2\text{-}23)$$

2.1.6　储能系统

虚拟电厂中，储能系统的引入可以为分布式电源的运行提供较好的平衡保障。由于可再生能源出力与用能负荷具有逆向分布的特性，因此，在负荷低谷时段，即可再生能源富余时段，可用富足的电量对储能系统进行充电，减少可再生能源弃能；负荷高峰时段通常是可再生能源出力较低的时段，为了减轻常规机组的发电压力，储能系统可放电保障电力系统的稳定运行。储能装置的运作过程如图 2-2 所示。

储能系统的出力可表示为

$$\text{SOC}(t) = \text{SOC}(t-1) + \frac{\eta_{\text{ch}} P_{\text{ch}}(t)}{E_{\text{n}}} \Delta t \qquad (2\text{-}24)$$

$$\text{SOC}(t) = \text{SOC}(t-1) + \frac{P_{\text{dis}}(t)}{\eta_{\text{dis}} E_{\text{n}}} \Delta t \qquad (2\text{-}25)$$

式中，$SOC(t)$ 为 t 时刻储能装置的荷电状态；η_{ch} 与 η_{dis} 分别为储能系统的充电效率及放电效率；$P_{ch}(t)$ 与 $P_{dis}(t)$ 为储能系统在 t 时刻的充放电功率；E_n 为储能系统的额定容量。

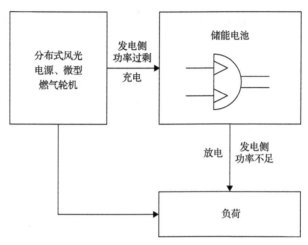

图 2-2　储能装置的运作过程

在运行过程中，储能装置需满足的相关技术约束如下：

$$SOC_{min} \leqslant SOC(t) \leqslant SOC_{max} \tag{2-26}$$

$$P_{ch}^{min} \leqslant P_{ch}(t) \leqslant P_{ch}^{max} \tag{2-27}$$

$$P_{dis}^{min} \leqslant P_{dis}(t) \leqslant P_{dis}^{max} \tag{2-28}$$

$$0 \leqslant P_{ch,t}^{ESS} \leqslant \varphi_{ESS} P_{ch,max}^{ESS} \tag{2-29}$$

$$0 \leqslant P_{dis,t}^{ESS} \leqslant \varphi_{ESS} P_{dis,max}^{ESS} \tag{2-30}$$

式中，φ_{ESS} 为储能设备的充放电状态，储能系统的充电与放电状态不能同时在；$P_{ch,t}^{ESS}$ 和 $P_{dis,t}^{ESS}$ 为储能装置在 t 时刻的充放电功率。

2.2　虚拟电厂常规运行优化模型

风力发电厂（WPP）和太阳能发电厂（PV）具有较高的经济环境特性，其规模化并网能够带来显著的经济和环境收益，但其自身出力的不确定性也会带来较大的运营风险。同时，随着温室效应的不断加剧，碳排放量将成为 VPP 运营的重要约束。根据上述分析，如何平衡收益、风险以及碳排放三者间的相互关系，是 VPP 优化运营所面临的关键决策问题。本节考虑 WPP 和 PV 的不确定性，以及 VPP

运营的约束条件，构造多目标随机调度优化模型。

2.2.1　目标函数

为了兼顾 WPP 和 PV 带来的经济价值和环境价值，本节选择最大化运营收益、最小化运营风险以及最小化碳排放总量作为目标函数，具体目标函数如下。

1. 最大化运营收益

目标函数如下：

$$\max \text{obj}_1 = \sum_{t=1}^{T} \left\{ R_{\text{WPP},t} + R_{\text{PV},t} + R_{\text{BPG},t} + R_{\text{CGT},t} + R_{\text{ESS},t} + R_{\text{IBDR},t} - g_{\text{UG},t} P_{\text{UG},t} \right\} \quad (2\text{-}31)$$

式中，$R_{\text{WPP},t}$、$R_{\text{PV},t}$、$R_{\text{BPG},t}$、$R_{\text{CGT},t}$、$R_{\text{ESS},t}$ 和 $R_{\text{IBDR},t}$ 分别为 WPP、PV、生物质发电（BPG）、燃气轮机（CGT）、ESS 和 IBDR 在时刻 t 的收益；$P_{\text{UG},t}$、$g_{\text{UG},t}$ 分别为 VPP 向公共电网购电的价格和 VPP 在时刻 t 向公共电网（UG）购买的电量。由于 WPP 和 PV 的发电边际成本几乎为零，故其运营收益等于电量与电价的乘积。CGT 的运营收益等于发电收入减去发电成本，其发电收入等于电量和电价的乘积，而发电成本包括燃料成本和启停成本，具体计算如下：

$$R_{\text{CGT},t} = P_{\text{CGT},t} g_{\text{CGT},t} - \left(C_{\text{CGT},t}^{\text{pg}} + C_{\text{CGT},t}^{\text{ss}} \right) \quad (2\text{-}32)$$

式中，$P_{\text{CGT},t}$ 为 t 时刻 CGT 的发电上网电价；$g_{\text{CGT},t}$ 为 CGT 在时刻 t 的发电出力；$C_{\text{CGT},t}^{\text{pg}}$、$C_{\text{CGT},t}^{\text{ss}}$ 为 CGT 在时刻 t 的燃料成本和启停成本：

$$C_{\text{CGT},t}^{\text{pg}} = a_{\text{CGT}} + b_{\text{CGT}} g_{\text{CGT},t} + c_{\text{CGT}} \left(g_{\text{CGT},t} \right)^2 \quad (2\text{-}33)$$

$$C_{\text{CGT},t}^{\text{ss}} = \left[u_{\text{CGT},t}(1 - u_{\text{CGT},t-1}) \right] \times \begin{cases} N_{\text{CGT}}^{\text{hot}}, & T_{\text{CGT}}^{\min} < T_{\text{CGT},t}^{\text{off}} \leqslant T_{\text{CGT}}^{\min} + T_{\text{CGT}}^{\text{cold}} \\ N_{\text{CGT}}^{\text{cold}}, & T_{\text{CGT},t}^{\text{off}} > T_{\text{CGT}}^{\min} + T_{\text{CGT}}^{\text{cold}} \end{cases} \quad (2\text{-}34)$$

其中，a_{CGT}、b_{CGT} 和 c_{CGT} 为 CGT 发电的成本系数；$u_{\text{CGT},t}$ 为 t 时刻 CGT 的运行状态，是 0-1 变量；$N_{\text{CGT}}^{\text{hot}}$ 和 $N_{\text{CGT}}^{\text{cold}}$ 分别为 CGT 的热启动成本和冷启动成本；$T_{\text{CGT}}^{\min}$ 为 CGT 的最小允许停机时间；$T_{\text{CGT}}^{\text{cold}}$ 为 CGT 的冷启动时间；$T_{\text{CGT},t}^{\text{off}}$ 为 CGT 在 $0 \sim t$ 的连续停机时间。

同样，BPG 的运营收益等于发电收入减去发电成本，而发电收入等于电价和电量的乘积。发电成本同样包括燃料成本和启停成本[6]。进一步，ESS 通过利用分时电价进行充电和放电，运营收益等于售电收入减去充电成本。IBDR 的运营收益则等于需求响应供应商（DRP）在不同时段提供的电价和电量的乘积。ESS 和

IBDR 的运营收益计算如下：

$$R_{\text{ESS},t} = P_{\text{ESS},t}^{\text{dis}} g_{\text{ESS},t}^{\text{dis}} - P_{\text{ESS},t}^{\text{ch}} g_{\text{ESS},t}^{\text{ch}} \tag{2-35}$$

$$R_{\text{IBDR}} = \sum_{i=1}^{I} \sum_{j=1}^{J} \Delta L_{i,t}^{j} P_{i,t}^{j} \tag{2-36}$$

式中，$P_{\text{ESS},t}^{\text{dis}}$ 和 $P_{\text{ESS},t}^{\text{ch}}$ 分别为 ESS 在时刻 t 的充放电价格；$g_{\text{ESS},t}^{\text{dis}}$ 和 $g_{\text{ESS},t}^{\text{ch}}$ 分别为 ESS 在时刻 t 的充放电电量；$P_{i,t}^{j}$ 为在时刻 t 步骤 j 中 DRP_i 的输出价格；$\Delta L_{i,t}^{j}$ 为用户 i 在步骤 j、时刻 t 提供的响应负荷。

2. 最小化运营风险

WPP 和 PV 的规模化并网能带来显著的经济收益，但其出力的不确定性也将带来较大的风险，如何度量 VPP 运营风险水平是制定 VPP 最优决策方案的关键。因此，本节选择 CVaR(conditional value at risk) 值作为风险指标，并以最小化风险水平作为 VPP 运营目标，具体目标函数如式 (2-37) 所示。式 (2-37) 计算了 VPP 运营的 CVaR 值，关于 CVaR 理论的具体介绍可见文献[7]，本书不再赘述。

$$\min \text{obj}_2 = \alpha + \frac{1}{1-\beta} \int_{y \in \mathbf{R}^m} \left(f(\boldsymbol{G}, \boldsymbol{y}) - \alpha \right)^+ p(\boldsymbol{y}) \mathrm{d}g \tag{2-37}$$

式中，α 为 VPP 运行损失的临界值，用以判定 VPP 运行整体风险状况；$f(\boldsymbol{G}, \boldsymbol{y})$ 为 VPP 运行的损失函数，等于 $-\text{obj}_1$，$\boldsymbol{G}^{\text{T}} = \left[g_{\text{VPP},t}(1), g_{\text{VPP},t}(2), \cdots, g_{\text{VPP},t}(T) \right]$ 为决策向量，$\boldsymbol{y}^{\text{T}} = \left[\boldsymbol{g}_{\text{WPP},t}, \boldsymbol{g}_{\text{PV},t}, \boldsymbol{L}_t \right]$ 为多元随机向量，$\boldsymbol{g}_{\text{WPP},t}$ 为 WPP 在 t 时刻的可用功率，$\boldsymbol{g}_{\text{PV},t}$ 为 PV 在 t 时刻的最大输出功率，$\boldsymbol{L}_t$ 为 t 时段的负荷需求量；β 为 VPP 运行的置信度；$\boldsymbol{y}$ 为不确定性因子的投资组合向量；$p(\boldsymbol{y})$ 为 $\boldsymbol{y}$ 的联合概率密度。式 (2-37) 达到最小时的 α 值，即为 VaR(value at risk) 值。VaR 值估算了特定置信水平下的 VPP 调度方案的最大可能损失，但不能考量风险尾部情况，而 CVaR 方法则能够解决上述问题。由于式 (2-37) 难以直接求解，可通过取随机向量 $\boldsymbol{g}$ 的 N 个样本值 $g_1, g_2, \cdots, g_N$，用式 (2-37) 的样本值代替期望值，则式 (2-37) 可以改写如下：

$$\min \text{obj}_2 = \alpha + \frac{1}{N(1-\beta)} \sum_{k=1}^{N} \left(f(\boldsymbol{G}, \boldsymbol{y}) - \alpha \right)_k^+ \tag{2-38}$$

3. 最小化碳排放总量

VPP 中 CGT、BPG 的发电出力均伴随着 CO_2 的排放。同时，由于 VPP 与公共电网相连，当电源可用出力小于负荷需求时，VPP 需向外部电网购电。虽然这未给 VPP 带来新增 CO_2 排放，但当前电源结构中燃煤发电仍属于主要电源，这部分电量产生的碳排放也应当看作 VPP 运营产生的碳排放。相应地，本节选择最小碳排放总量作为目标函数，具体如下：

$$\min \text{obj}_3 = \sum_{t=1}^{T} [f(g_{CGT,t}) + f(g_{BPG,t}) + f(g_{UG,t})] \tag{2-39}$$

式中，$f(g_{CGT,t})$ 和 $f(g_{BPG,t})$ 分别为 CGT 和 BPG 在时刻 t 发电出力所产生的 CO_2 排放总量；$f(g_{UG,t})$ 为 VPP 向公共电网购电间接承担的 CO_2 排放总量。一般来说，发电出力与 CO_2 排放的关系为一元二次函数。以 BPG 为例，具体计算如下：

$$f(g_{BPG,t}) = a_{BPG} + b_{BPG} g_{BPG,t} + c_{BPG} (g_{BPG,t})^2 \tag{2-40}$$

式中，a_{BPG}、b_{BPG}、c_{BPG} 分别为 BPG 发电的碳排放系数。

进一步，$f(g_{UG,t})$ 主要根据当前电源结构中含碳电源的占比及度电碳排放系数进行计算，具体如下：

$$f(g_{UG,t}) = \sum_{t=1}^{T} g_{UG,t} \gamma_{CO_2} \psi_{CO_2} \tag{2-41}$$

式中，γ_{CO_2}、ψ_{CO_2} 为公共电网中含碳电源的平均占比及度电碳排放系数。对中国来说，当前燃煤发电的占比约为 70%，度电碳排放系数约为 0.997。

2.2.2　约束条件

VPP 安全可靠运行需要满足负荷供需平衡约束、柔性负荷波动约束、碳排放总量约束、机组出力约束以及系统储备约束等。

1. 负荷供需平衡约束

具体约束如下：

$$\left\{ \begin{array}{l} g_{WPP,t}(1-\varphi_{WPP}) + g_{PV,t}(1-\varphi_{PV}) + g_{BPG,t}(1-\varphi_{BPG}) \\ +g_{CGT,t}(1-\varphi_{CGT}) + (g_{ESS,t}^{dis} - g_{ESS,t}^{ch}) + u_{IB,t}\Delta L_{IB,t}^{E} \end{array} \underbrace{\qquad\qquad}_{\text{日前调度VPP输出功率}} \right\} + g_{UG,t} \geq L_t - u_{PB,t}\Delta L_{PB,t}$$

$$\tag{2-42}$$

式中，$g_{WPP,t}$、$g_{PV,t}$ 为 WPP 和 PV 在时刻 t 的发电出力；$\Delta L_{IB,t}^{E}$ 为 IBDR 在时刻 t

在能量市场出力变化量；φ_{WPP}、φ_{PV}、φ_{BPG}、φ_{CGT} 分别为 WPP、PV、BPG 和 CGT 的厂用电率；L_t 为 t 时段的负荷需求量；$u_{\text{PB},t}$ 为 PBDR 在 t 时刻的运行状态；$\Delta L_{\text{PB},t}$ 为 PBDR 在时间 0～t 提供的出力变化。

2. 柔性负荷波动约束

具体约束如下：

$$\Delta L_t = (u_{\text{IB},t}\Delta L_{\text{IB},t} + u_{\text{PB},t}\Delta L_{\text{PB},t}) \tag{2-43}$$

$$u_t\Delta L^- \leqslant \Delta L_t - \Delta L_{t-1} \leqslant u_t\Delta L^+ \tag{2-44}$$

$$(T_{t-1}^{\text{on}} - M^{\text{on}})(u_{t-1} - u_t) \geqslant 0 \tag{2-45}$$

$$(T_{t-1}^{\text{off}} - M^{\text{off}})(u_t - u_{t-1}) \geqslant 0 \tag{2-46}$$

式中，ΔL^+ 和 ΔL^- 分别为爬坡上限和下限；T_{t-1}^{on} 为到时刻 $t-1$ 的连续运行时间；M^{on} 为 IBDR 的最小启动时间；T_{t-1}^{off} 为 IBDR 在时刻 $t-1$ 的连续停机时间；M^{off} 为最短停机时间；$u_{\text{IB},t}$ 为 IBDR 在 t 时刻的运行状态；$\Delta L_{\text{IB},t}$ 为 IBDR 在时间 0～t 提供的出力变化；u_t 为 IBDR 的调度状态，是 0-1 变量，1 代表提供 IBDR 响应出力，0 代表不提供 IBDR 响应出力。此外，IBDR 既可以参加能量市场调度，又可以参加备用市场调度，其出力分配需满足如下约束条件：

$$\Delta L_{\text{IB},t}^{\text{E}} + \Delta L_{\text{IB},t}^{\text{up}} \leqslant \Delta L_{\text{IB},t}^{\text{max}} \tag{2-47}$$

$$\Delta L_{\text{IB},t}^{\text{E}} + \Delta L_{\text{IB},t}^{\text{down}} \geqslant \Delta L_{\text{IB},t}^{\text{min}} \tag{2-48}$$

式中，$\Delta L_{\text{IB},t}^{\text{E}}$ 为 IBDR 在能源市场调度中产生的调度电力出力变化；$\Delta L_{\text{IB},t}^{\text{up}}$ 和 $\Delta L_{\text{IB},t}^{\text{down}}$ 为 IBDR 在储备市场的调度权；$\Delta L_{\text{IB},t}^{\text{max}}$ 为 IBDR 在时刻 t 的最大输出；$\Delta L_{\text{IB},t}^{\text{min}}$ 为 IBDR 在时刻 t 的最小输出。

3. 碳排放总量约束

VPP 中 CO_2 随着 CGT 和 BPG 的发电量的增加而增加。在碳交易机制背景下，本节引入最大允许排放量（maximum total emission allowances，MTEA）这一指标，VPP 在运行时需要考虑其碳排放量不超过 MTEA，具体约束条件如下：

$$\text{obj}_3 \leqslant \text{MTEA} \tag{2-49}$$

4. 机组出力约束

具体约束如下:

$$0 \leqslant g_{\text{RE},t} \leqslant g^*_{\text{RE},t}, \quad \text{RE} = \{\text{WPP,PV}\} \tag{2-50}$$

$$u_{\text{NRE},t} g^{\min}_{\text{NRE},t} \leqslant g_{\text{NRE},t} \leqslant u_{\text{NRE},t} g^{\max}_{\text{NRE},t}, \quad \text{NRE} = \{\text{CGT,BPG}\} \tag{2-51}$$

$$g^{\min}_{\text{ESS},t} \leqslant g_{\text{ESS},t} \leqslant g^{\max}_{\text{ESS},t} \tag{2-52}$$

式中, $g_{\text{RE},t}$、$g_{\text{NRE},t}$ 分别为可再生能源机组和非可再生能源机组在时刻 t 的发电出力; $g^*_{\text{RE},t}$ 为可再生能源机组在时刻 t 的可用发电出力; $g^{\max}_{\text{NRE},t}$ 和 $g^{\min}_{\text{NRE},t}$ 为非可再生能源机组的最大和最小出力; $u_{\text{NRE},t}$ 为非可再生能源机组的运行状态,且为 0-1 变量; $g^{\max}_{\text{ESS},t}$、$g^{\min}_{\text{ESS},t}$ 分别为 ESS 的最大和最小可用出力。同时,CGT 和 BPG 还需满足启停时间约束和上下爬坡约束,如式(2-44)~式(2-46)所示。

5. 系统储备约束

具体约束如下:

$$g^{\max}_{\text{VPP},t} - g_{\text{VPP},t} + \Delta L_{\text{PB},t} + \Delta L^{\text{up}}_{\text{IB},t} \geqslant r_1 L_t + r_2 g_{\text{WPP},t} + r_3 g_{\text{PV},t} \tag{2-53}$$

$$g_{\text{VPP},t} - g^{\min}_{\text{VPP},t} + \Delta L^{\text{down}}_{\text{IB},t} \geqslant r_4 g_{\text{WPP},t} + r_5 g_{\text{PV},t} \tag{2-54}$$

式中, $g^{\max}_{\text{VPP},t}$ 和 $g^{\min}_{\text{VPP},t}$ 为 VPP 在时刻 t 的最大和最小可用出力; $g_{\text{VPP},t}$ 为 VPP 在时刻 t 的发电出力; $\Delta L_{\text{PB},t}$ 为 IBDR 在时间 0~t 提供的出力; r_1、r_2 和 r_3 分别为负荷、WPP 和 PV 的上旋转备用系数; r_4 和 r_5 分别为 WPP 和 PV 的下旋转备用系数。

2.2.3　模糊线性处理

对于多目标优化问题,需对目标函数进行加权将其转为单目标优化模型,进行数学模型求解。本节的目标函数包括最大化运营收益、最小化运营风险和最小化碳排放总量三个目标函数,在满足 VPP 运行约束的条件下,如何取得兼顾三个目标函数优化诉求的满意解是模型求解的关键[8]。但由于不同目标函数具有不同的量纲和优化方向,难以直接进行加权,故需对其进行预处理。模糊满意度理论能够通过分析目标函数值与理想值间的距离,将数值优化转换为程度优化[9]。本节分别选择升半直线形隶属度函数处理最大化运营收益目标函数,选择降半梯度隶属度函数处理最小化运营风险和最小化碳排放总量目标函数,具体过程如下。

式(2-55)为升半直线形隶属度函数,主要用于处理最大化运营收益目标函数。

$$\rho(\text{obj}_i) = \begin{cases} 0, & \text{obj}_i \leqslant \text{obj}_i^* \\ \dfrac{\text{obj}_i^* + \vartheta_i - \text{obj}_i}{\vartheta_i}, & \text{obj}_i^* < \text{obj}_i < \text{obj}_i^* + \vartheta_i \\ 1, & \text{obj}_i \geqslant \text{obj}_i^* + \vartheta_i \end{cases} \quad (2\text{-}55)$$

式中, $\rho(\text{obj}_i)$ 为目标函数 obj_i 的隶属度函数, obj_i 为第 i 个目标函数值; obj_i^* 为第 i 个目标函数的理想值; ϑ_i 为决策者可接受的第 i 个目标的增加值,是指将目标进行一定的伸缩。

式(2-56)为降半梯度隶属度函数,主要用于处理最小化运营风险目标函数和最小化碳排放总量目标函数。

$$\rho(\text{obj}_i) = \begin{cases} 1, & \text{obj}_i \leqslant \text{obj}_i^* \\ \dfrac{\text{obj}_i - (\text{obj}_i^* + \vartheta_i)}{\vartheta_i}, & \text{obj}_i^* < \text{obj}_i < \text{obj}_i^* + \vartheta_i \\ 0, & \text{obj}_i \geqslant \text{obj}_i^* + \vartheta_i \end{cases} \quad (2\text{-}56)$$

图 2-3 是升半直线形隶属度函数和降半梯度隶属度函数。

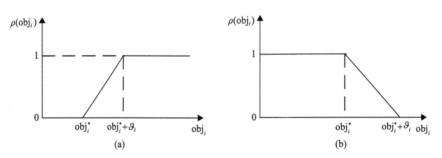

图 2-3　升半直线形隶属度函数和降半梯度隶属度函数

进一步,式(2-55)确定了 VPP 动态鲁棒优化调度模型的目标函数,但由式(2-31)、式(2-37)、式(2-39)可知,目标函数中含二次项,属于混合整数非线性规划(MINLP)问题。MINLP 问题求解难度较大,花费时间较多,所得解难以实现最优。同样,CGT 机组运行约束中也存在非线性约束条件,在进行模型求解前应对所提目标函数和约束条件进行线性化处理,此过程在本书作者之前的工作中也有研究[10]。目标函数和约束条件线性化后,MINLP 模型将转换为混合整数线性规划(MILP)模型。

2.2.4　目标权重计算

在进行目标函数赋权时，如何确立最优的目标函数的权重系数是确立 VPP 最优化调度的核心。一般来说，赋权方法包括主观赋权法和客观赋权法。前者主要根据主观经验进行赋权，能够充分利用决策者自身的经验知识，但也容易受决策者主观性的影响，权重系数可能存在误差。客观赋权法则主要依赖客观数据，借助数学理论和方法确定权重系数，能够克服主观赋权法的不足。为进行目标函数权重的计算，本节提出了收益表概念，即以目标函数 $obj_i(i=1,2,\cdots,I，I$ 为目标函数的总数)作为优化目标，求解所提模型的优化结果，并计算该优化目标 $obj_{ik}(k=1,2,\cdots,I)$ 的其他目标函数值。表 2-1 是多目标函数的收益表。

表 2-1　多目标函数的收益表

	obj_1	obj_2	$\cdots$	obj_I
obj_1	obj_{11}	obj_{12}	$\cdots$	obj_{I1}
obj_2	obj_{21}	obj_{22}	$\cdots$	obj_{I2}
$\vdots$	$\vdots$	$\vdots$	$\vdots$	$\vdots$
obj_I	obj_{I1}	obj_{I2}	$\cdots$	obj_{II}

根据表 2-1，可得到预处理后的目标函数决策矩阵$[obj_{ik}]_{I\times I}$，进一步，本节应用熵权法进行目标函数权重的计算。熵权法能够根据目标函数的变异程度，利用信息熵计算出各指标的熵权，再通过熵权对各目标的权重进行修正，从而得出较为客观的指标权重。关于熵权法的介绍可见文献[11]。图 2-4 为多目标模型的求解流程图。

1. 计算目标函数 obj_i 的熵 E_i

具体计算如下：

$$E_i = -\psi \sum_{j=1}^{n} r_{ij} \ln r'_{ij}, \quad i=1,2,\cdots,k \tag{2-57}$$

式中，$\psi = 1/\ln k$ 为与样本数有关的常数，使 $E_i \in [0,1]$；k 为目标函数总数；r'_{ij} 满足 $0 < r'_{ij} < 1$ 和 $\sum_{j=1}^{n} r'_{ij} = 1$，且当 $r_{ij} = 0$ 时，$r_{ij} \ln r_{ij} = 0$。

2. 目标函数 obj_i 的权重计算

具体计算如下：

$$d_i = 1 - E_i, \quad i=1,2,\cdots,k \tag{2-58}$$

$$\lambda_i = \frac{d_i}{\sum\limits_{i=1}^{i} d_i}, \quad i = 1, 2, \cdots, k \tag{2-59}$$

式中，d_i 为目标函数 obj_i 的信息偏差度；λ_i 为目标函数 obj_i 的权重。

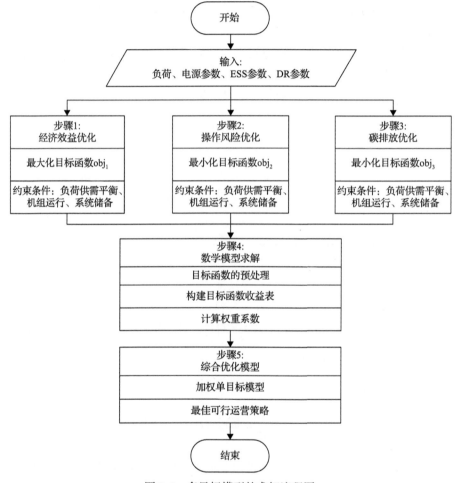

图 2-4　多目标模型的求解流程图

根据不同目标函数的权重系数，可获得综合单目标函数，具体如下：

$$\mathrm{OBJ} = \sum_{i=1}^{I} \lambda_i \rho(\mathrm{obj}_i) \tag{2-60}$$

式中，OBJ 为综合单目标函数，OBJ 函数的解兼顾各目标函数的耦合系统调度最佳满意解。

2.3　算 例 分 析

2.3.1　基础数据

　　本节选择改进的 IEEE 30 节点系统作为仿真系统，最大和最小负荷分别为
2.25MW 和 1.5MW。其中，在 2 号节点处增加 1×1MW 的 WPP，在 6 号节点增
加 1×0.5MW·h 的 ESS，在 5 号节点增加 1×0.5MW 的 WPP、1×0.5MW 的 PV
和 1×1MW 的 CGT，在 8 号节点增加 1×0.5MW 的 WPP、1×0.5MW 的 PV 和
1×1MW 的 BPG。VPP 的调度控制中心主要负责网络拓扑结构中虚线框内机组的
优化调度运行。其中，CGT 机组上下坡速率分别为 0.1MW/h 和 0.2MW/h，启停
时间分别为 0.15h 和 0.15h，启停成本为 0.102 元/(kW·h)。参照文献[12]将其成本
曲线分两段线性化，两段的斜率系数分别为 110 元/MW 和 362 元/MW。ESS 的充
电功率为 0.1MW，放电功率为 0.12MW，充放电损耗约为 4%，初始蓄能量为 0。
图 2-5 是 IEEE 30 节点系统的修改拓扑。

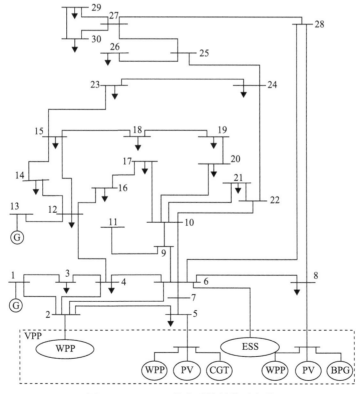

图 2-5　IEEE 30 节点系统的修改拓扑

1~3 为系统节点号

进一步，选取中国东部沿海某岛屿的独立微电网获取风光和生物质能数据。根据该岛屿风速与光辐射强度在一周内的变化曲线，拟合风速分布参数和光辐射强度分布参数。其中，风机参数为 $v_{in}=3m/s$，$v_{rated}=14m/s$，$v_{out}=25m/s$，形状参数和尺度参数为 $\varphi=2$，$\vartheta=2\bar{v}/\sqrt{\pi}$，$\bar{v}$ 为平均风速[12]。拟合强度参数 α 和 β 分别为 0.39 和 8.54[9]。场景模拟方法被用于模拟风速和光辐射强度的场景，获得 10 组典型模拟场景，并选择发生概率最大的场景计算 WPP 和 PV 的可用出力[13]。该岛屿的沼气来源主要为用户沼气池和大型养猪场，结合岛屿温度对沼气产量的影响程度，典型负荷日沼气产量约为 4746m³，沼气与输出功率间的转化关系为 0.55～0.62m³/kW[10]。假设 WPP 和 PV 的预测误差为 0.08 和 0.06，两个初始鲁棒系数都为 0.5。选取某岛屿典型负荷日的负荷需求作为输入数据。图 2-6 为典型负荷日负荷、WPP 和 PV 的预测值。

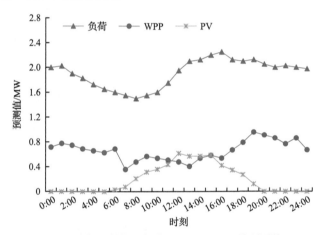

图 2-6　典型负荷日负荷、WPP 和 PV 的预测值

该岛屿上 WPP、PV、CGT 和 BPG 的发电上网电价分别为 0.57 元/(kW·h)、0.7 元/(kW·h)、0.41 元/(kW·h) 和 0.75 元/(kW·h)。可见，BPG 上网电价较高，当追求经济效益时，会被优先调用，但当追求最小化碳排放总量时，WPP 和 PV 将被优先调用。参照文献[8]，划分负荷峰、平、谷时段(12:00～21:00、0:00～3:00 和 21:00～24:00、3:00～12:00)，选取电力需求弹性矩阵。PBDR 前，终端用户用电电价为 0.59 元/(kW·h)，PBDR 后平时段价格维持不变，峰时段用电价格上调 30%，谷时段用电价格下调 50%。参照文献[9]，设定 DRP 的报量和报价，确定出力计划。同时，为避免用户过度响应，导致峰谷倒挂现象，设定 IBDR 产生的输出功率不超过 ±0.1MW，PBDR 产生的负荷波动不超 ±0.1MW，即柔性负荷波动功率不超过 ±0.2MW。最后，设定初始置信度 β 和鲁棒系数 Γ 均为 0.9，风光预测精度 e 为 0.9，进而进行多目标模型的求解。

2.3.2 算例结果

本节主要验证所提多目标模型求解算法的有效性，以确定最优的权重系数，转换多目标模型为单目标模型，进而求取 VPP 的综合调度结果。首先，分别以最大化运营效益、最小化运营风险和最小化碳排放总量作为目标函数，求取不同优化模式下的 VPP 调度结果。图 2-7 是不同优化模式下 VPP 的出力。

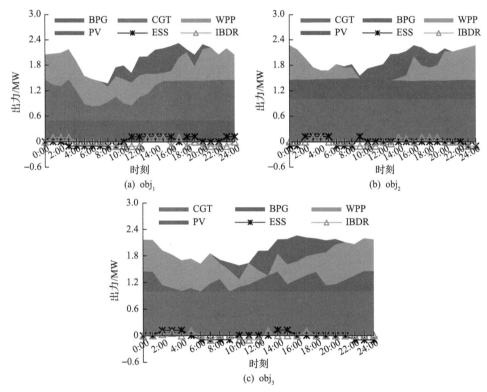

图 2-7 不同优化模式下 VPP 的出力(扫码见彩图)

根据图 2-7，不同优化模式下 VPP 的调度结果存在较大的差异性。在模式 obj$_1$ 中，由于 BPG 发电上网电价要高于 CGT，故为追求最大化经济收益，BPG 优先被调用，调度周期内处于满发状态，而 CGT、ESS、IBDR 主要用于为 WPP 和 PV 提供备用，总的运营收益为 20665.56 元，其他两种模式运营收益仅为 18223.49 元和 18518.24 元。在模式 obj$_2$ 中，为了规避 WPP 和 PV 的不确定性带来的风险，会优先调用 CGT 和 BPG 满足负荷需求，故 PV 和 WPP 出力较低，分别为 4.183MW 和 8.214MW。在模式 obj$_3$ 中，由于 BPG 碳排放系数要高于 CGT，故在控制碳排放总量时，会优先减少 BPG 发电出力，负荷需求主要由 WPP、PV 和 CGT 满足，故 BPG 总的发电量达到最低，仅为 5.632MW·h。表 2-2 是 VPP 操作的收益表。

表 2-2　VPP 操作的收益表

模式	出力/(MW·h)						目标函数的值		
	CGT	BPG	PV	WPP	ESS	IBDR	obj_1/元	obj_2/元	obj_3/t
obj_1	17.654	12	4.182	13.379	(1.2, −0.8)	(0.6, −1.2)	20665.56	6078.11	6.607
obj_2	24	11.082	4.183	8.214	(0.6, −0.7)	(0.64, −0.74)	18223.49	4049.66	7.438
obj_3	24	5.632	4.182	13.38	(0.6, −0.7)	(0.4, −0.4)	18518.24	5786.95	5.829

根据表 2-2，各目标函数值在其自身优化模式下达到最优，相应地，可以确定不同优化目标的最大值和最小值。应用式(2-55)和式(2-56)对目标函数进行模糊化处理，运用式(2-58)和式(2-59)计算得到目标函数的权重系数分别为 0.342、0.355、0.303。进一步，根据式(2-60)可以得到加权综合目标函数，则可以得到综合优化模式(OBJ)下的 VPP 调度方案，三个目标函数值分别为 18587.667 元、5808.646 元、6.585t。图 2-8 是综合优化模式下 VPP 的出力。

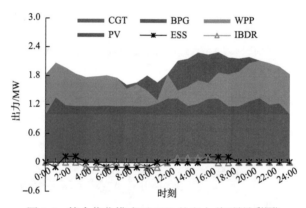

图 2-8　综合优化模式下 VPP 的出力(扫码见彩图)

根据图 2-8，在综合优化模式下，WPP 和 PV 的发电量要高于模式 obj_2，CGT处于满发状态，而 BPG 则被用于为 WPP 和 PV 提供备用服务。从负荷分布来看，低谷时段，ESS 进行充电蓄能，累计蓄能量为−0.5MW·h。IBDR 提供负出力，累计出力为−0.5MW·h。在峰时段，ESS 进行释能放电，累计发电出力为 0.36MW·h。IBDR 提供正出力，累计出力为 0.4MW·h。可知，为了兼顾不同目标函数的优化诉求，CGT、WPP 和 PV 会被调用满足负荷需求，而 BPG、ESS 和 IBDR 则主要为 WPP 和 PV 提供备用服务。这意味着 VPP 能够利用不同分布式电源间的互补特性，利用 WPP 和 PV 的高环境友好特性追求经济效益和环境效益，利用 CGT满足基荷需求，利用 BPG、ESS 和 IBDR 提供备用服务，最终实现 VPP 的最优化运行。

2.3.3 结果分析

本书所提 VPP 调度模型包括最大化运营收益、最小化运营风险及最小化碳排放总量三个目标函数，并借助鲁棒随机优化理论描述 WPP 和 PV 的不确定性，讨论了 PBDR 对 VPP 运行的优化效果。可见，不确定性、PBDR、META 是 VPP 运行的关键因素，故本节对其进行深入分析。

1. 不确定性对 VPP 运行的影响

本节主要讨论不确定性对 VPP 运行的影响。进一步，为了对比分析，计算无不确定性的 VPP 的运行调度结果，也就是不考虑应用鲁棒随机优化理论描述 WPP 和 PV 的不确定性。根据调度结果，若不考虑不确定性，为了实现 VPP 运营效益的最大化和碳排放总量的最小化，VPP 会优先调用 WPP 和 PV 满足负荷需求，相应地，其发电量分别为 14.638MW·h 和 4.576MW·h。图 2-9 是不考虑不确定性的 VPP 的出力。

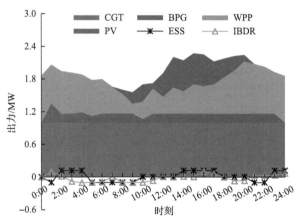

图 2-9　不考虑不确定性的 VPP 的出力(扫码见彩图)

根据图 2-9，如果不考虑不确定性，WPP、PV 发电出力要高于考虑不确定性的结果。BPG、ESS 和 IBDR 则被调用提供备用服务。其中，ESS 的充电和放电电量分别为 0.8MW·h 和 1.08MW·h。IBDR 提供的正负出力分别为 0.468MW·h 和 0.789MW·h。总体来说，若不考虑 WPP 和 PV 的不确定性，VPP 电源结构会发生较大变化，但较高的 WPP 和 PV 发电并网也给 VPP 运行带来了较大的缺电风险，这意味着不同的风险态度会影响决策者制定的 VPP 最优调度策略。图 2-10 为考虑/不考虑不确定性的电源结构。

根据图 2-10，如果不考虑不确定性，WPP、PV 和 CGT 为负荷需求的主要的动力来源。然而，考虑到不确定性，WPP、CGT 和 BPG 是主要的动力来源。这意

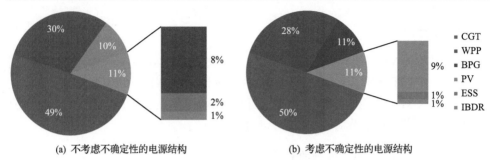

(a) 不考虑不确定性的电源结构　　　　　(b) 考虑不确定性的电源结构

图 2-10　考虑/不考虑不确定性的电源结构(扫码见彩图)

味着若决策者考虑 WPP 和 PV 带来的不确定性,为了规避 VPP 运营风险,会适度降低 WPP 和 PV 的发电出力比例,分别由 30%和 10%降低至 28%和 9%。相应地,CGT 和 BPG 的发电出力比例则由 49%和 8%增加至 50%和 11%。总体来说,不确定性会直接影响 VPP 的出力结构,这也将直接影响 VPP 调度的目标函数值。表 2-3 是考虑/不考虑不确定性的 VPP 运行的调度结果。

表 2-3　考虑/不考虑不确定性的 VPP 运行的调度结果

是否考虑不确定性	出力/(MW·h)						目标函数的值		
	CGT	BPG	WPP	PV	ESS	IBDR	obj$_1$/元	obj$_2$/元	obj$_3$/t
不考虑	24	3.895	14.638	4.576	(1.08,−0.8)	(0.468,−0.789)	18927.947	5914.983	6.108
考虑	24	5.198	13.694	4.28	(0.6,−0.6)	(0.4,−0.5)	18587.667	5808.646	6.585

根据表 2-3,如果不考虑不确定性,obj$_1$、obj$_2$ 的值分别增加了 340.28 元和 106.337 元,但 obj$_3$ 的值降低了 0.477t。这表明若决策者不考虑不确定性,VPP 会更多地调用 WPP 和 PV 满足负荷需求,从而博取更高的经济收益和环境效益,但 VPP 运营风险也较高。如何兼顾 VPP 运营收益、运营风险以及碳排放总量是制定 VPP 最优调度方案的关键问题。进一步,由于 WPP、PV 发电并网电量直接影响 VPP 运营收益、运营风险及碳排放总量,故对比分析不同的预测误差 e、置信度 β 和鲁棒系数 Γ 对发电出力和运营风险的影响。图 2-11 为不同运行参数下可再生能源的出力与运营风险。

根据图2-11(a),分析预测误差 e 和鲁棒系数 Γ 对可再生能源(renewable energy,RE)出力的影响。当 $e \leqslant 10\%$ 时,Γ 增加所带来的 RE 出力降低幅度相对较低;当 $e \geqslant 15\%$ 时,Γ 增加所带来的 RE 出力降低幅度相对较高,这表明较低的预测误差会放大不确定性所带来的风险。进一步,分析鲁棒系数 Γ 和置信度 β 对 VPP 运行的影响[图 2-11(b)]。当 $\Gamma \leqslant 0.85$ 时,β 的增长会导致运营风险增长幅度较大,表明当决策者考虑不确定性时,VPP 运营方案会发生显著变动。当 $\Gamma \in (0.85, 0.95)$ 时,β 的增长带来的运营风险增长幅度较低。当 $\Gamma \geqslant 0.95$ 时,β 的增长带来的运营风险增长幅度很大，此时决策者属于极度风险厌恶型，较小的不确定性都会带来较大的运营风险。进一步，分析不同鲁棒系数 Γ 和不同置信度 β 下的运营收益和碳排放总量，如表 2-4 所示。

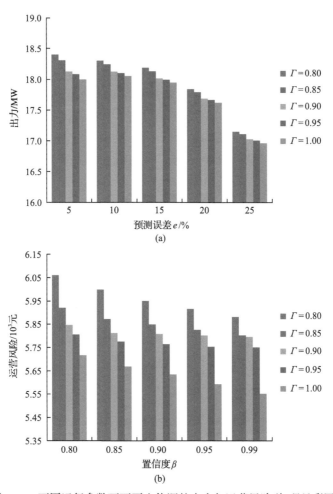

图 2-11　不同运行参数下可再生能源的出力与运营风险(扫码见彩图)

表 2-4　不同鲁棒系数和置信度下的运营收益和碳排放总量

β	运营收益/万元					碳排放总量/t				
	0.80	0.85	0.90	0.95	1.00	0.80	0.85	0.90	0.95	1.00
0.80	1.940	1.895	1.871	1.858	1.830	6.295	6.521	6.572	6.579	6.669
0.85	1.920	1.879	1.860	1.848	1.814	6.341	6.523	6.579	6.605	6.707
0.90	1.904	1.872	1.859	1.845	1.803	6.388	6.535	6.585	6.631	6.746
0.95	1.893	1.865	1.857	1.841	1.790	6.427	6.548	6.589	6.658	6.801
0.99	1.882	1.857	1.855	1.841	1.777	6.482	6.582	6.628	6.712	6.871

　　根据表 2-4，分析不同 Γ 和 β 下 VPP 的运营收益。随着 Γ 和 β 的增加，VPP 运营收益逐步降低，当 Γ=1.00 且 β=0.99 时，该值达到最小值，即 1.777×10^4 元。当 $\Gamma \in (0.85, 0.95)$ 且 $\beta \in (0.85, 0.95)$ 时，运营收益相对稳定，此时，VPP 运营收益变动幅度较低。进一步，分析不同 Γ 和 β 下 VPP 的碳排放总量。随着 Γ 和 β 的增加，VPP 的碳排放总量升高，当 Γ=1.00 且 β=0.99 时，总的碳排放量达到最高，即 6.871t。当 $\Gamma \in (0.8, 0.9)$ 且 $\beta \in (0.85, 0.95)$ 时，VPP 的碳排放总量变动幅度较低。结合图 2-11 所得结论，当 $\beta \in (0.85, 0.95)$ 且 $\Gamma \in (0.8, 0.9)$ 时，决策者会均衡 VPP 的运营收益和风险，故决策方案处于相对稳定的状态，但整体上 RE 出力和运营风险均会随着 Γ 和 β 的增加而降低。总体来说，本书所提风险规避模型能够较好地描述 VPP 运行的不确定性风险，决策者需在提升不确定性预测精度的同时，设置合理的置信度和鲁棒系数，从而制定最优的 VPP 运营策略。

　　2. PBDR 对 VPP 运行的影响

　　PBDR 能够通过峰谷分时电价激励终端用户响应 VPP 运行调度，转移部分峰时段负荷需求至谷时段，实现负荷曲线的"削峰填谷"，这对于提升谷时段清洁能源发电并网空间，缓解峰时段负荷供需关系有着重要的影响。此外，本节讨论 PBDR 前后的负荷需求曲线，对比 PBDR 对 VPP 运行的影响。图 2-12 为 PBDR 前后的负荷需求。

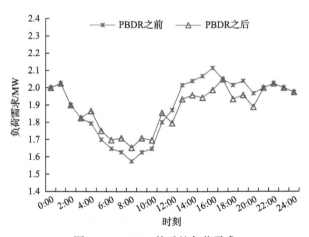

图 2-12　PBDR 前后的负荷需求

　　根据图 2-12，PBDR 前后的最大和最小负荷分别为 2.115MW、1.575MW 和 2.050MW、1.654MW。相应地，峰谷比由 1.343 降低至 1.239。可见，PBDR 能够实现负荷曲线的"削峰填谷"，特别是谷时段增加的负荷需求为 WPP 并网提供了更大的空间，这将有利于提升运营收益和减少碳排放总量，而峰时段降低的负荷需求释放了 BPG、ESS 和 IBDR 的备用能力，有利于降低 VPP 运营风险。图 2-13

是加入 PBDR 后 VPP 的出力。

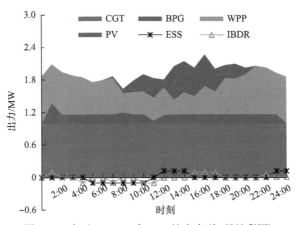

图 2-13　加入 PBDR 后 VPP 的出力(扫码见彩图)

根据图 2-13，由于加入 PBDR 后负荷需求曲线更加平缓，VPP 接纳 WPP 和 PV 发电出力的能力相对较高。对比 PBDR 前的调度结果，峰时段 WPP 和 PV 发电出力均明显增加，谷时段 WPP 出力也有所增加。这是由于峰时段较低的负荷需求释放了 BPG、IBDR 的备用能力，能为 WPP 和 PV 发电并网提供更多的备用服务。另外，谷时段增长的需求负荷为 WPP 并网提供了更大的空间。WPP、PV 的总出力分别增加了 0.629MW·h 和 0.197MW·h。表 2-5 是 PBDR 前后 VPP 运行调度结果。

表 2-5　PBDR 前后 VPP 运行调度结果

PBDR 前后	废弃的能量		负载需求			目标函数的值		
	WPP/(MW·h)	PV/(MW·h)	峰/MW	谷/MW	比率	obj_1/元	obj_2/元	obj_3/t
PBDR 前	2.046	0.640	2.115	1.575	1.343	18587.667	5808.646	6.585
PBDR 后	1.417	0.443	2.050	1.654	1.240	19098.337	5895.776	6.238

根据表 2-5，PBDR 能够平缓负荷需求曲线，提升 WPP 和 PV 的并网空间。相应地，obj_1 和 obj_2 的值分别增加了 510.67 元、87.13 元，收益增幅(2.75%)要高于风险增幅(1.5%)，同样，obj_3 的值由 6.585t 降低至 6.238t，降低幅度为 5.27%。可见，PBDR 能够实现负荷曲线的"削峰填谷"，为 WPP 和 PV 提供更大的并网空间，产生显著的碳减排效应。总体来说，PBDR 能够提升 VPP 运行的经济效益和环境效益，并且合理控制其运营风险，有利于实现 VPP 的整体最优化运行。

3. META 对 VPP 运行的影响

本书考虑了 VPP 运行的效益、风险及碳排放总量，并设置了 META 作为 VPP

运行的边界条件。书中 VPP 主要的碳排放源包括 CGT、BPG 和 UG，META 会影响 VPP 的电源结构。当 META 较低时，VPP 会优先调用 WPP、PV 满足负荷需求，同时，CGT 和 BPG 的碳排放系数将决定 CGT、BPG 的调用次序。当 META 较高时，VPP 会优先追逐运营收益的最大化和风险的最小化，本节对 META 进行敏感性分析，讨论不同 META 下的废弃能量和目标函数值。图 2-14 是不同 META 下的废弃能量和目标函数值。

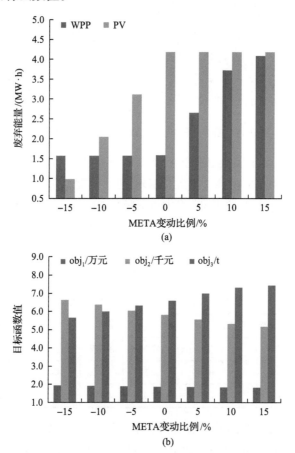

图 2-14　不同 META 下的废弃能量和目标函数值(扫码见彩图)

根据图 2-14，分析不同 META 下的废弃能量。当 META 变动比例由–15%增加至 0%时，VPP 会优先增加调用 PV 满足负荷需求，而当 META 变动比例由 0%增加至 15%时，PV 发电出力已达上限，此时将优先增加调用 WPP 满足负荷需求。进一步，分析不同 META 下的目标函数值。当 META 变动比例由–15%增加至 15%时，obj_2 的值由 6639.427 元降低至 5174.645 元，碳排放总量由 5.660t 增加至 7.438t，相应地，运营收益也有所降低。表 2-6 是不同 META 下 VPP 运行的调度结果。

表 2-6　不同 META 下 VPP 运行的调度结果

META 变动比例/%	出力/(MW·h)						目标函数值		
	CGT	BPG	WPP	PV	ESS	IBDR	obj_1/元	obj_2/元	obj_3/t
−15	24	1.991	13.702	7.479	(1.2, −0.9)	(0.8, −1.0)	19353.317	6639.427	5.660
−10	24	3.060	13.702	6.410	(1.0, −0.8)	(0.6, −0.8)	19097.73	6380.351	5.993
−5	24	4.129	13.702	5.341	(0.8, −0.7)	(0.6, −0.6)	18842.144	6042.303	6.326
0	24	5.198	13.694	4.280	(0.6, −0.6)	(0.4, −0.5)	18587.667	5808.646	6.585
5	24	6.267	12.625	4.280	(0.48, −0.5)	(0.4, −0.4)	18479.545	5556.99	6.991
10	24	7.336	11.556	4.280	(0.48, −0.4)	(0.4, −0.4)	18371.424	5326.583	7.324
15	24	7.700	11.192	4.280	(0.36, −0.4)	(0.4, −0.4)	18334.648	5174.645	7.438

　　根据表 2-6 分析不同 META 时的电源结构。随着 META 变动比例的增加，WPP、PV 出力会逐步降低，而 BPG 出力会逐步增加。这是由于 BPG 发电上网电价较高，故当 META 变动比例较高时，决策者会优先追逐经济效益，故而更多地调用 BPG 发电，这也使得 ESS 和 IBDR 的出力有所降低，表明 VPP 对备用服务的需求有所降低。反之，当 META 变动比例较低时，BPG 发电的碳排放将会降低其发电优势，故而更多地调用 WPP 和 PV 满足负荷需求，获取较高的经济效益和环境效益，但需制定合理的风险防控策略。总体来说，政府及相关部门需设置合理的 META 变动比例，以提升 WPP 和 PV 的并网空间，实现 VPP 整体的最优化运行。

第3章 计及不确定性的虚拟电厂双层随机调度优化模型

可再生能源机组输出功率波动、负荷需求波动等不确定性因素可能造成 VPP 调度计划与实际运行状况存在偏差，如何削弱不确定性因素对调度策略的影响，提升 VPP 运行效益成为关键问题。一般来说，鲁棒随机优化理论、机会约束规划理论和场景模拟方法被用于描述不确定性因素。但鲁棒随机优化理论仅能描述约束条件中的不确定性因素，机会约束规划理论能够约束目标函数中的不确定性因素，场景模拟方法如何取舍场景对方案效果影响较大。因此，本章通过将虚拟电厂调度阶段划分为日前调度和时前调度，并引入条件风险价值方法度量不确定性风险，分别构造计及需求响应的虚拟电厂双层调度优化模型及随机调度优化模型，并对所提模型进行算例分析，建立考虑不确定性风险的虚拟电厂调度优化策略。

3.1 计及需求响应的虚拟电厂双层调度优化模型

3.1.1 虚拟电厂结构框架

由于电力系统调度属于事前调度，风电和光伏发电需要根据实时来风和太阳能辐射强度来确定，这意味着系统需在获取确定的 WPP 和 PV 输出功率前制定调度计划。本书将调度阶段划分为日前调度阶段和时前调度阶段，建立虚拟电厂双层调度优化模型。图 3-1 为虚拟电厂基本结构图。

在日前调度阶段，应用相关场景模拟方法确定风光日前输出功率，制定虚拟电厂日前调度计划。为提升虚拟电厂的调节特性，WPP、PV 和 ESS 在日前阶段被调用形成初始调度方案，IBDR 在时前阶段被调用来修正日前阶段调度方案。最大化运营收益被当作虚拟电厂日前调度的目标函数，综合考虑负荷供需平衡约束、分布式电源出力约束和系统备用约束。在时前调度阶段，风电和光伏发电时前预测功率被用于修正日前调度方案，最大化风电和光伏发电利用率、最小化系统净负荷波动和最小化系统发电成本被当作目标函数，第一个目标函数用于优化储能和需求响应运行策略实现风光输出功率最大化，第二个目标函数用于优化 CGT 运行计划实现发电成本最小化。其中，IBDR 在时前阶段被调用参与能源市场和备用市场调度，以实现系统运营方案最优化的目标。

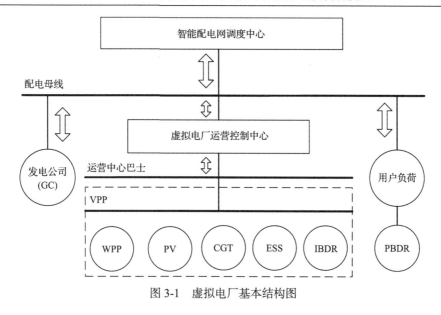

图 3-1　虚拟电厂基本结构图

3.1.2　上层日前调度优化模型

在日前调度阶段，WPP、PV、CGT 和储能系统被调用，对风电和光伏发电输出功率进行模拟，得到不同情景下风电和光伏发电输出功率的模拟结果。本节以最大化运营收益为目标，构建虚拟电厂日前调度优化模型，具体目标函数如下：

$$\max R = \sum_{t=1}^{T} \sum_{s=1}^{S} \gamma_s \left(\pi_{\mathrm{WPP},t} + \pi_{\mathrm{PV},t} + \pi_{\mathrm{ESS},t} + \pi_{\mathrm{CGT},t} \right)_s \tag{3-1}$$

式中，R 为虚拟电厂最大化运营收益目标函数；γ_s 为场景 s 的权重系数；$\pi_{\mathrm{WPP},t}$、$\pi_{\mathrm{PV},t}$、$\pi_{\mathrm{ESS},t}$、$\pi_{\mathrm{CGT},t}$ 分别为 WPP、PV、ESS 和 CGT 在场景 s 下的运营收益；T 和 S 为时段总数和场景总数。

WPP、PV、CGT 和 ESS 在上层日前调度优化模型中被调用，IBDR 主要在下层时前调度优化模型中被调用，但 PBDR 可以用来在日前阶段影响用户负荷需求分布。因此，上层模型需要考虑的约束条件包括负荷供需平衡约束、PBDR 运行约束和系统备用约束等。

1）负荷供需平衡约束

具体如下：

$$\underbrace{g_{\mathrm{WPP},t}(1-\varphi_{\mathrm{WPP}}) + g_{\mathrm{PV},t}(1-\varphi_{\mathrm{PV}}) + (g_{\mathrm{ESS},t}^{\mathrm{dis}} - g_{\mathrm{ESS},t}^{\mathrm{ch}}) + g_{\mathrm{CGT},t}(1-\varphi_{\mathrm{CGT}})}_{\text{日前调度中VPP的输出}} + g_{\mathrm{GC},t}$$

$$= L_t - u_{\mathrm{PB},t}\Delta L_{\mathrm{PB},t} \tag{3-2}$$

式中，$u_{PB,t}$ 为 PBDR 的运行约束，是 0-1 变量，1 表示 PBDR 被实施，0 表示 PBDR 未被实施；$\Delta L_{PB,t}$ 为 PBDR 产生的负荷变动量，当 $\Delta L_{PB,t} \geqslant 0$ 时，负荷发生转移或削减，反之，其他时段的负荷转增至该时段；$g_{GC,t}$ 为 t 时段发电公司的供电量；L_t 为 t 时段的负荷需求量；φ_{WPP} 为风电输出功率损耗率；φ_{CGT} 为 CGT 输出功率损耗率。

2）PBDR 运行约束

负荷削减和负荷转移均能够发生在 PBDR 中，因此，为了平缓用电负荷需求曲线，PBDR 产生的负荷变动量需要满足如下约束条件：

$$\left| \Delta L_{PB,t} \right| \leqslant u_{PB,t} \Delta L_{PB,t}^{max} \tag{3-3}$$

$$u_{PB,t} \Delta \underline{L}_{PB} \leqslant \Delta L_{PB,t} - \Delta L_{PB,t-1} \leqslant u_{PB,t} \Delta \overline{L}_{PB} \tag{3-4}$$

$$\sum_{t=1}^{T} \Delta L_{PB,t} \leqslant \Delta L_{PB}^{max} \tag{3-5}$$

式中，$\Delta L_{PB,t}^{max}$ 为时刻 t 的最大负荷变动量；$\Delta \overline{L}_{PB}$ 和 $\Delta \underline{L}_{PB}$ 分别为负荷变动量上坡极限和下坡极限；ΔL_{PB}^{max} 为最大负荷变动量。

3）系统备用约束

具体约束条件如下：

$$g_{VPP,t}^{max} - g_{VPP,t} + \Delta L_{PB,t} \geqslant r_1 \cdot L_t + r_2 \cdot g_{WPP,t} + r_3 \cdot g_{PV,t} \tag{3-6}$$

$$g_{VPP,t} - g_{VPP,t}^{min} + \Delta L_{PB,t} \geqslant r_4 \cdot g_{WPP,t} + r_5 \cdot g_{PV,t} \tag{3-7}$$

式中，$g_{VPP,t}^{max}$ 和 $g_{VPP,t}^{min}$ 分别为虚拟电厂在时刻 t 的最大输出功率和最小输出功率；$g_{VPP,t}$ 为虚拟电厂在时刻 t 的输出功率；r_1、r_2 和 r_3 分别为负荷、风电和光伏发电的上旋转备用系数；r_4 和 r_5 分别为风电和光伏发电的下旋转备用系数。

3.1.3　下层时前调度优化模型

在下层调度优化模型中，风电和光伏发电的实时功率用于修正日前调度方案，特别是修正 ESS 和 CGT 机组发电计划。同时，IBDR 被调用来提供上下旋转备用。以系统净负荷最小化和系统运营成本最小化作为下层时前调度优化模型的目标函数，在时刻 $t-1$，下层时前调度优化模型根据实时功率通过调整 ESS 的运行行为和利用 IBDR 提供备用服务修正日前调度方案下时刻 t 的调度计划，具体包括两个步骤。

1）ESS 输出功率修正模型

系统净负荷最小化被作为优化目标，由于 IBDR 在下层时前调度优化模型中被调用为风电和光伏发电提供上下旋转备用服务，ESS 输出功率具体修正如下：

$$\min N_t = \left| -\left(g_{\text{ESS},t}^{\text{dis}} - g_{\text{ESS},t}^{\text{ch}}\right) - g_{\text{PV},t} - g_{\text{WPP},t} + \left(g_{\text{ESS},t}^{\text{dis}} - g_{\text{ESS},t}^{\text{ch}}\right)^* + g_{\text{PV},t}' + g_{\text{WPP},t}' + \Delta L_{\text{IB},t} \right| \tag{3-8}$$

$$\Delta L_{\text{IB},t} = \sum_{i=1}^{I} \left(\Delta L_{i,t}^{\text{E}} + \Delta L_{i,t}^{\text{R,down}} - \Delta L_{i,t}^{\text{R,up}}\right) \tag{3-9}$$

式中，N_t 为系统净负荷；$g_{\text{PV},t}'$ 和 $g_{\text{WPP},t}'$ 分别为风电和光伏发电在时刻 t 的输出功率；$\Delta L_{\text{IB},t}$ 为 IBDR 提供的备用容量；$\left(g_{\text{ESS},t}^{\text{dis}} - g_{\text{ESS},t}^{\text{ch}}\right)^*$ 为 ESS 修正的输出功率；I 为参与 IBDR 的用户数量；$\Delta L_{i,t}^{\text{E}}$ 为 IBDR 在能源市场调度中产生的调度电力负荷变化；$\Delta L_{i,t}^{\text{R,down}}$、$\Delta L_{i,t}^{\text{R,up}}$ 为 IBDR 在储备市场的调度权。同时，ESS 在时刻 t 修正后的发电出力不应影响时刻 t 以后的储能装置出力计划，这要求 ESS 运行时需要满足如下约束条件。

当储能系统处于放电状态时：

$$Q_{t'+1} = Q_{t'} - g_{\text{ESS},t'}^{\text{dis}}(1 + \rho_{\text{ESS},t'}^{\text{dis}}) \tag{3-10}$$

当储能系统处于充电状态时：

$$Q_{t'+1} = Q_{t'} + g_{\text{ESS},t'}^{\text{ch}}(1 + \rho_{\text{ESS},t'}^{\text{ch}}) \tag{3-11}$$

式(3-10)和式(3-11)中，$Q_{t'}$ 表示 ESS 在时刻 t' 储存的电能；$\rho_{\text{ESS},t'}^{\text{dis}}$ 和 $\rho_{\text{ESS},t'}^{\text{ch}}$ 分别表示 ESS 在时刻 t' 的充放电电能损耗率；$g_{\text{ESS},t'}^{\text{dis}}$ 和 $g_{\text{ESS},t'}^{\text{ch}}$ 分别表示 ESS 在时刻 t' 的充放电功率，$t' = t + 1$。

当 IBDR 被引入后，负荷供需平衡约束修正如下：

$$\left\{ \begin{array}{l} \underbrace{\begin{bmatrix} g_{\text{WPP},t}'(1 - \varphi_{\text{WPP}}) + g_{\text{PV},t}'(1 - \varphi_{\text{PV}}) + \\ (g_{\text{ESS},t}^{\text{dis}} - g_{\text{ESS},t}^{\text{ch}})^* + g_{\text{CGT},t}(1 - \varphi_{\text{CGT}}) \end{bmatrix}}_{\text{修正后的VPP输出}} \\ + g_{\text{GC},t} + \sum_{i=1}^{I}(\Delta L_{i,t}^{\text{E}} + \Delta L_{i,t}^{\text{R,down}}) \end{array} \right\} = L_t - u_{\text{PB},t}\Delta L_{\text{PB},t} + \sum_{i=1}^{I}(\Delta L_{i,t}^{\text{R,up}}) \tag{3-12}$$

然后，类似于 PBDR，IBDR 产生的负荷削减量需要满足最大负荷变动量约束和负荷变动量上下坡约束。此外，由于 IBDR 产生的负荷削减量要比 PBDR 产生的负荷削减量更加灵活，因此可被看作虚拟发电机组，这意味着虚拟发电机组需要满足如下约束：

$$(X_{t-1}^{\text{on}} - T_{\text{U}})(u_{\text{IB},t-1} - u_{\text{IB},t}) \geqslant 0 \tag{3-13}$$

$$(X_t^{\text{off}} - T_{\text{D}})(u_{\text{IB},t} - u_{\text{IB},t-1}) \geqslant 0 \tag{3-14}$$

式中，X_t^{on} 和 X_t^{off} 分别为时刻 t 负荷削减量的启停时间约束；T_{U} 和 T_{D} 分别为时刻 t 负荷削减量最小启停时间和最小停机时间；$u_{\mathrm{IB},t}$ 为 IBDR 的运行状态，1 表示 IBDR 被调用，0 表示 IBDR 未被调用。

2）IBDR 运行修正模型

需求响应能够平缓用电负荷曲线，降低系统缺电惩罚成本，但系统也需要承担需求响应实施成本。因此，以系统运行成本最小化作为目标函数，具体如下：

$$\min \pi = \sum_{t=1}^{T} \sum_{s=1}^{S} \gamma_s [(\pi_t^{\mathrm{PB}} + \pi_t^{\mathrm{IB}}) + (\pi_{\mathrm{CGT},t}^{\mathrm{pg}} + \pi_{\mathrm{CGT},t}^{\mathrm{ss}}) + \rho_{\mathrm{GC},t} g_{\mathrm{GC},t} + \rho_{\mathrm{SP},t} g_{\mathrm{SP},t}] \tag{3-15}$$

式中，s 表示系统缺电状态；$\rho_{\mathrm{GC},t}$ 和 $g_{\mathrm{GC},t}$ 分别为系统向发电公司购买电能的电价和电量；$\rho_{\mathrm{SP},t}$ 和 $g_{\mathrm{SP},t}$ 分别为系统缺电惩罚电价和缺电量；π_t^{PB}、π_t^{IB}、$\pi_{\mathrm{CGT},t}^{\mathrm{pg}}$、$\pi_{\mathrm{CGT},t}^{\mathrm{ss}}$ 分别为 s 场景下 t 时刻实施价格型需求响应、激励型需求响应的成本，以及燃气轮机的发电燃料成本和发电启停成本。修正 CGT 运行计划后的系统负荷供需平衡如式（3-16）所示：

$$\left\{ \begin{array}{l} \underbrace{\left[\begin{array}{l} g_{\mathrm{WPP},t}'(1-\varphi_{\mathrm{WPP}}) + g_{\mathrm{PV},t}'(1-\varphi_{\mathrm{PV}}) + \\ (g_{\mathrm{ESS},t}^{\mathrm{dis}} - g_{\mathrm{ESS},t}^{\mathrm{ch}})^* + g_{\mathrm{CGT},t}^*(1-\varphi_{\mathrm{CGT}}) \end{array} \right]}_{\text{修正后的VPP输出}} \\ + g_{\mathrm{GC},t} + \sum_{i=1}^{I} (\Delta L_{i,t}^{*\mathrm{E}} + \Delta L_{i,t}^{*\mathrm{R,down}}) \end{array} \right\} = L_t - u_{\mathrm{PB},t} \Delta L_{\mathrm{PB},t} + \sum_{i=1}^{I} (\Delta L_{i,t}^{*\mathrm{R,up}}) \tag{3-16}$$

式中，$g_{\mathrm{CGT},t}^*$ 为 CGT 在时刻 t 的修正发电出力；$\Delta L_{i,t}^{*\mathrm{E}}$ 为 IBDR 参与能源市场的修正出力计划；$\Delta L_{i,t}^{*\mathrm{R,down}}$ 和 $\Delta L_{i,t}^{*\mathrm{R,up}}$ 分别为 IBDR 参与备用市场的修正发电出力计划下限和上限。

在下层时前调度模型中，CGT 和 ESS 的运行状态是日前调度模型已经确定的，本书设定下层调度模型仅能调整 CGT 和 ESS 的发电出力以保证 VPP 的稳定运行。根据虚拟电厂双层调度优化模型，能够获得 WPP、PV、CGT、ESS 和 IBDR 的最终出力计划和 VPP 的最佳调度方案。深入分析可知，由于 CGT 和 ESS 的运行状态是已知的，但 WPP 和 PV 发电出力具有随机特性，因此为了缓解风光发电出力的随机性对 VPP 调度优化运行的影响，本节引入鲁棒随机优化理论修正日前调度模型，定义风电和光伏发电出力预测功率误差系数为 $e_{\mathrm{WPP},t}$ 和 $e_{\mathrm{PV},t}$，可以确定风电和光伏发电波动区间为 $[(1-e_{\mathrm{WPP},t}) \cdot g_{\mathrm{WPP},t}, (1+e_{\mathrm{WPP},t}) \cdot g_{\mathrm{WPP},t}]$ 和 $[(1-e_{\mathrm{PV},t}) \cdot g_{\mathrm{PV},t}, (1+e_{\mathrm{PV},t}) \cdot g_{\mathrm{PV},t}]$。为保证虚拟电厂调度模型存在可行解，修正约束条件如下：

$$\underbrace{\left[\begin{array}{l} g_{\text{WPP},t}(1-\varphi_{\text{WPP}})+g_{\text{PV},t}(1-\varphi_{\text{PV}}) \\ +(g_{\text{ESS},t}^{\text{dis}}-g_{\text{ESS},t}^{\text{ch}})+g_{\text{CGT},t}(1-\varphi_{\text{CGT}}) \end{array}\right]}_{\text{日前调度模型中VPP的输出}}+g_{\text{GC},t} \geqslant L_t - u_{\text{PB},t}\Delta L_{\text{PB},t} \quad (3\text{-}17)$$

设定 H_t 为系统净负荷，具体计算见式(3-18)：

$$H_t = (g_{\text{ESS},t}^{\text{dis}}-g_{\text{ESS},t}^{\text{ch}})+g_{\text{CGT},t}(1-\varphi_{\text{CGT}})+g_{\text{GC},t}-(L_t-u_{\text{PB},t}\Delta L_{\text{PB},t}) \quad (3\text{-}18)$$

然后，结合式(3-18)，式(3-17)可以修正为

$$-[g_{\text{WPP},t}(1-\varphi_{\text{WPP}})\pm e_{\text{WPP},t}\cdot g_{\text{WPP},t}]-[g_{\text{PV},t}(1-\varphi_{\text{PV}})\pm e_{\text{PV},t}\cdot g_{\text{PV},t}]\leqslant H_t \quad (3\text{-}19)$$

式(3-19)显示，随机性约束越强，随机特性的影响越大，为确保风光输出功率达到预测边界时，约束条件仍能满足要求，引入辅助变量 $\theta_{\text{WPP},t}$、$\theta_{\text{PV},t}$(为非负值)加强约束条件式(3-19)，设 $\theta_{\text{WPP},t}\geqslant\left|g_{\text{WPP},t}(1-\varphi_{\text{WPP}})\pm e_{\text{WPP},t}\cdot g_{\text{WPP},t}\right|$ 和 $\theta_{\text{PV},t}\geqslant\left|g_{\text{PV},t}(1-\varphi_{\text{PV}})\pm e_{\text{PV},t}\cdot g_{\text{PV},t}\right|$，则式(3-19)可修正如下：

$$\begin{aligned} &-\left(g_{\text{WPP},t}+e_{\text{WPP},t}W_{\text{WPP},t}\right)-\left(g_{\text{PV},t}+e_{\text{PV},t}W_{\text{PV},t}\right) \\ &\leqslant -W_{\text{WPP},t}+e_{\text{WPP},t}\left|W_{\text{WPP},t}\right|-W_{\text{PV},t}+e_{\text{PV},t}\left|W_{\text{PV},t}\right| \end{aligned} \quad (3\text{-}20)$$

$$\begin{aligned} &-W_{\text{WPP},t}+e_{\text{WPP},t}\left|W_{\text{WPP},t}\right|-W_{\text{PV},t}+e_{\text{PV},t}\left|W_{\text{PV},t}\right| \\ &\leqslant -W_{\text{WPP},t}+e_{\text{WPP},t}\theta_{\text{WPP},t}-W_{\text{PV},t}+e_{\text{PV},t}\theta_{\text{PV},t}\leqslant H_t \end{aligned} \quad (3\text{-}21)$$

式中，$W_{\text{WPP},t}$、$W_{\text{PV},t}$ 为风电和光伏出力。结合式(3-20)和式(3-21)与式(3-1)~式(3-7)、式(3-17)~式(3-19)，具备最强约束性的鲁棒随机优化模型被建立。该模型具备最强的鲁棒性，能够使模型解最保守，但在实际情况中，极端情况发生的概率很低，本书引入鲁棒系数 $\Gamma_{\text{WPP}}\in[0,1]$ 和 $\Gamma_{\text{PV}}\in[0,1]$ 修正式(3-20)和式(3-21)，具体如下：

$$\begin{aligned} &-\left(g_{\text{WPP},t}+e_{\text{WPP},t}W_{\text{WPP},t}\right)-\left(g_{\text{PV},t}+e_{\text{PV},t}W_{\text{PV},t}\right) \\ &\leqslant -W_{\text{WPP},t}+\Gamma_{\text{WPP}}e_{\text{WPP},t}\left|W_{\text{WPP},t}\right|-W_{\text{PV},t}+\Gamma_{\text{PV}}e_{\text{PV},t}\left|W_{\text{PV},t}\right| \end{aligned} \quad (3\text{-}22)$$

$$\begin{aligned} &-W_{\text{WPP},t}+\Gamma_{\text{WPP}}e_{\text{WPP},t}\left|W_{\text{WPP},t}\right|-W_{\text{PV},t}+\Gamma_{\text{PV}}e_{\text{PV},t}\left|W_{\text{PV},t}\right| \\ &\leqslant -W_{\text{WPP},t}+e_{\text{WPP},t}\theta_{\text{WPP},t}-W_{\text{PV},t}+e_{\text{PV},t}\theta_{\text{PV},t}\leqslant H_t \end{aligned} \quad (3\text{-}23)$$

结合式(3-1)~式(3-7)、式(3-17)~式(3-20)与式(3-22)和式(3-23)，可建立具备自由调节鲁棒系数的随机调度优化模型，该模型能够为决策者提供不同鲁棒系数下的最优决策方案。

3.1.4　算例分析

1. 基础数据

本书选择中国东部沿海某岛屿（东经 122.40°、北纬 30.10°）的独立微电网作为实例分析对象。该微电网系统配置 2×1MW 的风电机组、5×0.2MW 的光伏机组、1×1MW 的 CGT 机组和 1×0.5MW 的储能系统[13]。其中，CGT 机组主要为柴油发电机组，上下坡速率分别为 0.1MW/h 和 0.2MW/h，启停时间分别为 0.1h 和 0.2h，启停成本为 0.102 元/(kW·h)。参照文献[14]将其成本曲线分两段线性化，两段斜率系数分别为 110 元/MW 和 362 元/MW。设定储能系统最大充放电功率为 0.1MW，充放电过程损耗约为 4%，充放电价格服从实时电价[13]。设定风电机组参数为 v_{in} = 3m/s、v_{rated} = 14m/s 和 v_{out} = 25m/s，形状参数和尺度参数 φ = 2 和 $\vartheta = 2\bar{v}/\sqrt{\pi}$ [14]。根据该岛屿一周内光辐射强度变化曲线，拟合光辐射强度参数 α 和 β 分别为 0.39 和 8.54[13]。设定风电和光伏发电模拟误差为 0.08 和 0.03，鲁棒系数均为 0.5。

设定 CGT 机组发电上网电价为 0.52 元/(kW·h)，风电和光伏发电上网价格分别为 0.61 元/(kW·h) 和 1.0 元/(kW·h)。PBDR 前用户用电价格为 0.59 元/(kW·h)，划分负荷峰、平、谷时段（12:00～21:00、0:00～3:00 和 21:00～24:00、3:00～12:00）。PBDR 后，设定电力需求价格具备弹性，平时段用电价格维持不变，峰时段用电价格上调 30%，谷时段用电价格下调 50%[15]。为避免用户过度参与 PBDR，导致峰谷倒挂现象，限定 PBDR 产生的负荷波动幅度不超过原负荷需求的 10%。典型负荷日用户负荷峰值为 9MW，负荷、风电和光伏发电预测值如图 3-2 所示。

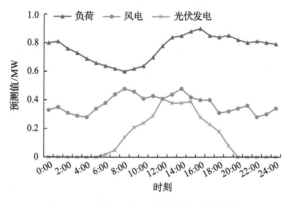

图 3-2　负荷、风电和光伏发电预测值

为分析风电和光伏发电的随机性对 VPP 运营优化的影响，本书根据 DR 和 ESS 是否参与优化调度划分出四种仿真情景，即基础情景（情景 1）、DR 情景（情景 2）、ESS 情景（情景 3）、引入 ESS 和 DR 情景（情景 4），对比分析不同情景下 VPP 的调度优化结果，讨论 DR 和 ESS 对 VPP 发电并网的优化效应。借助 GAMS 软件的 CPLEX 11.0 求解器求解所提模型。GAMS 软件在求解混合整数线性规划问题方面具有较强的优越性,能够在较短的求解时间内,获得最优的满意解,本书所提模型的求解时间低于 20s。

2. 算例结果

1)情景 1 VPP 调度优化结果

情景 1 主要用于分析双层优化调度模型的适用性和讨论鲁棒随机优化理论在克服 VPP 发电出力随机性方面的适用性。情景 1 中,风电和光伏发电实际可用出力分别为 8.97MW·h 和 3.28MW·h。在日前阶段和时前阶段,风电和光伏发电出力分别为 9.105MW·h 和 3.346MW·h、8.253MW·h 和 3.018MW·h。也就是说,如果按照风电和光伏发电日前预测结果安排系统调度,系统将会面临一定的缺电风险,相应地承担缺电惩罚成本,导致 VPP 运营收益降低。VPP 在日前阶段和时前阶段的运营收益分别为 11814.8 元和 11958.96 元,图 3-3 为 VPP 双层调度优化结果。

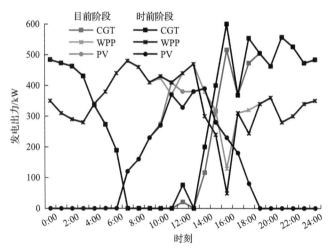

图 3-3 VPP 双层调度优化结果

然后,为了分析鲁棒随机优化理论在解决风电、光伏发电输出功率随机性问题方面的适用性,本书讨论了四种情景下的 VPP 调度优化结果,具体如表 3-1 所示。

表 3-1 不同鲁棒系数下 VPP 调度优化结果

$(\Gamma_{WPP}, \Gamma_{PV})$	VPP 发电量/(MW·h)			弃能量/(MW·h)		收益/元
	CGT	WPP	PV	WPP	PV	
(0,0)	7.371	8.253	3.018	0.717	0.262	11958.96
(0.5,0)	7.999	7.625	3.018	1.345	0.262	11908.72
(0,0.5)	7.601	8.253	2.788	0.717	0.492	11850.86
(0.5,0.5)	8.230	7.624	2.788	1.346	0.492	11800.54

　　对比鲁棒系数引入前，风电和光伏发电鲁棒系数的设置会降低风电和光伏发电出力的随机性给系统带来的影响，也就说，为了降低风电和光伏发电的随机性带来的风险，系统会降低风电和光伏发电出力。当 $\Gamma_{\text{WPP}} = 0.5$ 和 $\Gamma_{\text{PV}} = 0$ 时，风电出力降低 $0.628\text{MW} \cdot \text{h}$。当 $\Gamma_{\text{WPP}} = 0$ 和 $\Gamma_{\text{PV}} = 0.5$ 时，光伏发电出力降低 $0.23\text{MW} \cdot \text{h}$。当 $\Gamma_{\text{WPP}} = 0.5$ 和 $\Gamma_{\text{PV}} = 0.5$ 时，风电和光伏发电出力均明显降低。风电和光伏发电出力的减少，降低了系统运营风险，最大化避免了系统缺电惩罚成本，但可能也会降低 VPP 的运营收益。图 3-4 和图 3-5 分别为 $\Gamma_{\text{WPP}} = \Gamma_{\text{PV}} = 0.5$ 时的虚拟电厂调度优化结果以及不同鲁棒系数下 CGT 机组的发电出力。

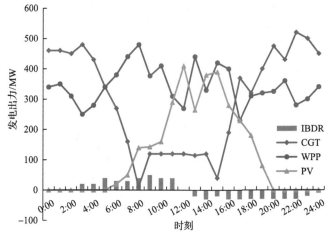

图 3-4　$\Gamma_{\text{WPP}} = \Gamma_{\text{PV}} = 0.5$ 时的虚拟电厂调度优化结果

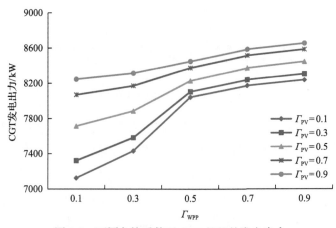

图 3-5　不同鲁棒系数下 CGT 机组的发电出力

　　对比图 3-3，若引入鲁棒系数，在峰时段，负荷需求较高，CGT 机组被调用以满足系统供需平衡约束，风电、光伏发电备用容量降低，为降低系统缺电惩罚成本，系统会减少调用风电和光伏发电出力。在非峰时段，负荷需求相对较低，CGT 机组可以为风电和光伏发电提供较多的备用容量，风电和光伏发电出力有所增加，如 21:00~24:00 时段和 0:00~4:00 时段。同时，为了维持系统供需平衡，CGT 机组和风电机组出力基本维持逆向匹配关系，这说明 CGT 机组是风电和光伏发电的主要备用电源。由于 VPP 的运营风险主要源于风电和光伏发电出力的随机性，为了最小化系统调度风险，系统会减少风电和光伏发电出力，相应调用更多 CGT 机组。

根据图 3-5，从单鲁棒系数作用来看，当 $\Gamma_{WPP}(\Gamma_{PV})$ 为常数时，随着 Γ_{PV} (Γ_{WPP}) 的增加，系统会增加 CGT 机组发电出力。从双鲁棒系数作用来看，CGT 机组发电出力增加趋势可分为三段，在 $\Gamma \leqslant 0.3$ 时，鲁棒系数较小，表明决策者风险态度偏好，故 CGT 机组发电出力增加斜率未达到最高。在 $\Gamma \in (0.3, 0.5)$ 时，鲁棒系数相对较大，决策者呈现风险厌恶，故 CGT 机组发电出力增加斜率达到最高。当 $\Gamma \geqslant 0.5$ 后，CGT 机组已接近出力上限，为利用风电和光伏发电增加调度效益，CGT 机组发电出力增加斜率比较平缓。也就是说，鲁棒优化理论能够为不同风险态度决策者提供决策工具。

总体来说，双层优化模型的构建便于系统提前安排调度计划，并结合风电、光伏发电实际出力调整调度计划，有利于降低系统缺电惩罚成本，提高 VPP 运营效益。鲁棒随机优化理论能够通过设置不同的鲁棒系数，为不同风险偏好型决策者提供调度决策依据。因此，所提双层随机调度优化模型能够均衡 VPP 运营风险和收益，实现系统的最优化运行。

2)情景 2 VPP 调度优化结果

情景 2 主要用于讨论需求响应对 VPP 运行的优化效应，设定 $\Gamma_{WPP} = \Gamma_{PV} =$ 0.5，逐步讨论 PBDR、IBDR 和 DR 参与下系统的调度优化结果。三种情景下 VPP 运营收益为 11721.68 元、12888.5 元和 12993.22 元。图 3-6 为需求响应引入前后的负荷需求曲线。

根据图 3-6，相比 DR 引入前，PBDR 的引入具有显著的削峰填谷效应，峰负荷为 0.87MW，谷负荷为 0.63MW，分别降低和增加了 0.03MW，峰谷比由 1.5 降低至 1.38。IBDR 的引入能够直接削减峰时段用电负荷，峰负荷为 0.85MW，降低了 0.05MW，但填谷效应没有 PBDR 明显，仅增加了 0.01MW，峰谷比为 1.39，高于 PBDR。同时引入 PBDR 和 IBDR 后，系统负荷曲线平缓化程度最高，峰负荷降低 0.06MW，谷负荷增加 0.05MW，峰谷比为 1.29，达到最低。总体来说，在日前阶段引入 PBDR 有利于平缓用电负荷曲线，增加系统备用容量。在时前调度阶段，引入 IBDR 能够调用用户侧为 VPP 发电提供上下旋转备用，有利于促进 VPP 中风电和光伏发电并网。表 3-2 为需求响应引入前后 VPP 运营优化结果。

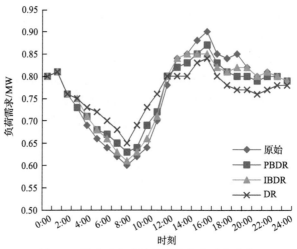

图 3-6　需求响应引入前后的负荷需求曲线

表 3-2　需求响应引入前后 VPP 运营优化结果

需求响应情况	VPP 发电量/(MW·h)				弃能量/(MW·h)		负荷需求/MW		
	CGT	WPP	PV	IBDR	WPP	PV	峰负荷	谷负荷	峰谷比
原始	8.230	7.624	2.788	—	1.346	0.492	0.9	0.6	1.5
PBDR	7.255	8.073	2.952	—	0.897	0.328	0.87	0.63	1.38
IBDR	8.592	8.234	2.887	±0.17	1.076	0.394	0.85	0.61	1.39
DR	7.470	8.592	3.018	±0.31	0.718	0.262	0.84	0.65	1.29

注："—"表示无数据。

表 3-2 和图 3-6 分析结论一致，若同时引入 PBDR 和 IBDR，VPP 运行结果将达到最佳。WPP 和 PV 并网电量达到最低，用户响应 VPP 优化调度的程度最高，IBDR 提供的上下旋转备用容量为 0.31MW，高于单独引入 IBDR 的情景，表明 PBDR 的实施能够促进 IBDR 参与调度，更大程度地削减峰负荷。同时，情景 2 下的谷负荷高于单独引入 PBDR 时的谷负荷，表明 IBDR 能够推动 PBDR 的填谷效应，即 PBDR 和 IBDR 间具有协同优化效应，系统弃风电量和弃光电量达到最低，分别为 0.718MW·h 和 0.262MW·h。图 3-7 和图 3-8 分别表示情景 2 下 VPP 调度优化结果以及不同备用价格下的备用容量。

由图 3-7 可知，由于 DR 的引入平缓了负荷需求曲线，在峰时段，CGT 参与系统能源调度的出力降低，为风电和光伏发电并网预留了更大的备用容量，风电和光伏发电出力分别增加 0.425MW 和 0.152MW。在谷时段，用户用电负荷增加，提高了风电和光伏发电并网空间，CGT 机组在提供备用的同时参与能源调度，风电和光伏发电并网电量分别增加 0.21MW·h 和 0.08MW·h。同时，为配合 VPP 输出功率特性，IBDR 在峰时段主要提供下旋转备用，在谷时段主要提供上旋转备用。相比 DR 引入前，风电和光伏的发电量增加 0.628MW·h 和 0.23MW·h，CGT 发电量降低 0.802MW·h。这表明引入 DR 能够促进风电和光伏发电的并网。

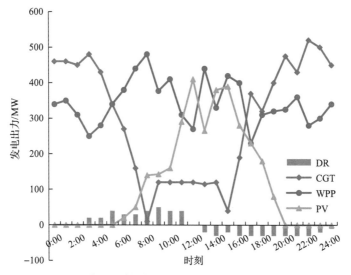

图 3-7 情景 2 下 VPP 调度优化结果

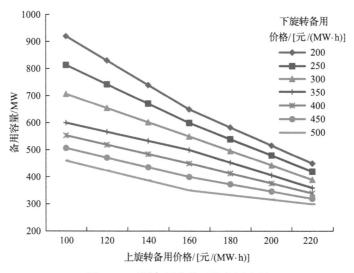

图 3-8 不同备用价格下的备用容量

进一步，讨论不同备用价格下，系统调度 IBDR 参与上下旋转备用的情况。其中，上旋转备用价格主要由 100 元/(MW·h) 逐步增加至 220 元/(MW·h)，下旋转备用价格主要由 200 元/(MW·h) 逐步增加至 500 元/(MW·h)。从整体趋势来看，随着备用价格的提高，系统为降低 VPP 运行备用成本会减少调度 IBDR 提供的上下备用容量，但为维持系统供需平衡，系统仍旧会调用部分备用容量。因此，无论从上旋转备用价格还是下旋转备用价格来看，随着备用价格的增加，系统调度备用容量的降低速率均是先增加后减小，当备用容量降低速率达到拐点时，系统会倾向承担部分备用成本以避免缺电惩罚成本，从而实现系统的最优运行。

3）情景 3 VPP 调度优化结果

情景 3 主要用于分析 ESS 对 VPP 运行优化的影响，设定 Γ_{WPP} 和 Γ_{PV} 为 0.5，讨论 ESS 参与下的系统调度优化结果。VPP 运营收益分别为 12238.22 元，风电和光伏发电并网电量分别为 8.772MW·h 和 3.050MW·h，ESS 充电电量为 0.3MW·h，放电电量为 0.22MW·h，弃风电量和弃光电量分别为 1.076MW·h 和 0.394MW·h。图 3-9 为情景 3 下 VPP 的发电出力。

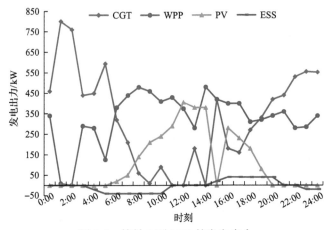

图 3-9　情景 3 下 VPP 的发电出力

根据图 3-9，在峰时段，ESS 进行放电能够替代部分 CGT 机组出力，提高了风电和光伏发电的备用容量，增加风电和光伏发电并网电量。在谷时段，ESS 进行充电，提高了负荷需求，增加了风电和光伏发电的容量空间。故与图 3-4 相比，风电和光伏发电在谷时段和峰时段出力均明显增加，弃风电量和弃光电量分别减少 0.27MW·h 和 0.092MW·h。但在平时段，ESS 只有在 23:00～24:00 时段进行少量充电，风电和光伏发电略有增加，在其他时刻基本维持不变。

4）情景 4 VPP 调度优化结果

情景 4 主要用于讨论 ESS 和 DR 对 VPP 运营的协同优化效应，VPP 运营收益是 12355.48 元，风电和光伏发电并网电量分别为 8.772MW·h 和 3.050MW·h。图 3-10 为情景 4 下 VPP 的发电出力。从图 3-10 可以看出，为配合 VPP 调度风电和光伏发电，ESS 和 IBDR 调度结果呈现反向分布。在谷时段，ESS 进行充电，IBDR 提供上旋转备用。在峰时段，ESS 进行放电，IBDR 提供下旋转备用。这既能降低系统对 CGT 机组的备用需求，又能提高风电和光伏发电的并网空间。两者综合作用下风电和光伏发电电量均达到最高。CGT 机组在峰时段出力达到最低，这为风电和光伏发电提供了更大的备用容量，有利于降低风电和光伏发电的随机性给系统带来的风险。

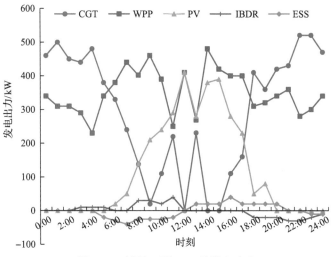

图 3-10　情景 4 下 VPP 的发电出力

3. 对比分析

为了深入分析 DR 和 ESS 对 VPP 调度的影响，本节收集整理了四种情景下的 VPP 调度优化结果，表 3-3 为不同情景下 VPP 的运营优化结果。

表 3-3　不同情景下 VPP 的运营优化结果

情景	VPP 发电出力/(MW·h)					弃能量/(MW·h)		负荷需求/MW		
	CGT	WPP	PV	IBDR	ESS	WPP	PV	峰负荷	谷负荷	峰谷比
情景 1	8.272	7.624	2.788	—	—	1.346	0.492	0.9	0.6	1.50
情景 2	7.470	8.592	3.018	±0.31	—	0.718	0.262	0.84	0.65	1.29
情景 3	7.772	7.894	2.886	—	(−0.3,0.22)	1.076	0.394	0.86	0.64	1.34
情景 4	6.939	8.772	3.050	±0.15	(−0.21,0.18)	0.538	0.230	0.83	0.685	1.21

根据表 3-3，DR 和 ESS 的引入均能促进 VPP 中风电和光伏发电的并网，当同时引入两者后，VPP 运营结果达到最优。从负荷需求曲线来看，ESS 和 DR 均能响应负荷曲线分布特点，进行充放电行为和提供上下旋转备用，产生削峰填谷效应，但 ESS 的优化效应要弱于 DR。单独引入 ESS 和 DR 后的峰谷比分别为 1.34 和 1.29，同时引入两者后的峰谷比降低至 1.21。图 3-11 和图 3-12 为不同情景下的负荷需求曲线和不同情景下的 VPP 发电出力。

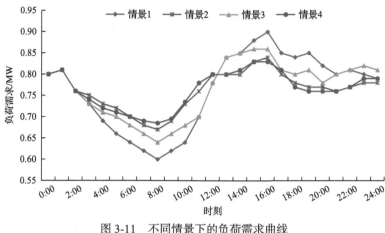

图 3-11　不同情景下的负荷需求曲线

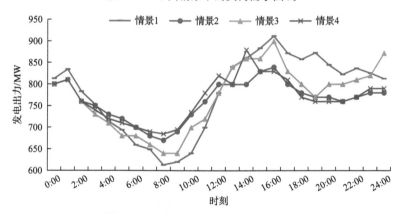

图 3-12　不同情景下的 VPP 发电出力

　　进一步，讨论 VPP 发电出力情况，若在 VPP 中引入 ESS，ESS 通过利用自身的充放电特性为风电和光伏发电提供备用服务，有利于平缓 VPP 的发电出力，减少 VPP 对 CGT 的备用需求，增加风电和光伏发电的并网空间。而用户侧 DR 的引入能够平缓用电负荷曲线，在峰时段降低负荷需求以提升 CGT 机组的备用能力，在谷时段增加负荷需求以增加风电和光伏发电的并网空间，最终实现平缓 VPP 发电出力的目标。同时引入 DR 和 ESS 后的 VPP 发电出力曲线的平缓化程度将达到最高。图 3-13 为不同鲁棒系数下 VPP 的运营收益。

　　最后，讨论不同鲁棒系数下 VPP 的运营收益，对风电和光伏发电鲁棒系数进行敏感性分析，鲁棒系数取值由 0.1 逐步增加至 0.9。随着鲁棒系数的增加，系统运营收益会逐步下降。下降斜率呈现三个阶段，当 $\Gamma_{PV} < 0.5$ 时，决策者的风险态度良好，能够承受风电和光伏发电的随机特性，愿意承受风险以获取风电和光伏发电的高收益。当 $0.5 \leqslant \Gamma_{PV} \leqslant 0.7$ 时，决策者不愿意承担风电和光伏发电随机性产生的风险，故会大幅降低风电和光伏发电出力，导致 VPP 运营收益较为明显地

降低。但值得注意的是，当 $\Gamma_{PV} > 0.7$ 后，由于 VPP 需要满足系统负荷需求，若继续快速减少风电和光伏发电出力，系统可能会产生缺电惩罚成本，故系统会放缓减少风电和光伏发电出力的速度。

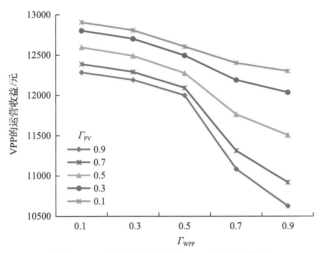

图 3-13　不同鲁棒系数下 VPP 的运营收益

3.2　考虑不确定性的虚拟电厂随机调度优化模型

3.2.1　CVaR 方法

近年来，金融领域衍化了多种风险分析工具。VaR 值是通过测算在正常的市场条件下和给定的置信度内，某一投资组合在特定时间内的最大可能损失，量化分析了风险特征[16]。但 VaR 值只能体现确定置信水平下的风险情况，不能考量风险尾部情况，在实际应用中存在一定的局限性。CvaR 值能够描述置信水平外的风险分布情况[16]，基本原理描述如下。

若以 $\boldsymbol{X}$ 表示投资组合向量，以随机向量 $\boldsymbol{Y} \in \mathbf{R}^m$（$\mathbf{R}^m$ 表示 m 维实数空间）表示随机因素，则 $\boldsymbol{X}$ 的损失函数可以表示为 $f(\boldsymbol{X}, \boldsymbol{Y})$；假定 $\boldsymbol{Y}$ 的联合概率密度函数为 $p(\boldsymbol{Y})$，对于确定的 $\boldsymbol{X}$，由 $\boldsymbol{Y}$ 引起的 $f(\boldsymbol{X}, \boldsymbol{Y})$ 不超过临界值 α（α 表示某一特定的损失水平）的损失积累分布函数为

$$\psi(\boldsymbol{X}, \alpha) = \int_{f(\boldsymbol{X}, \boldsymbol{Y}) \leqslant \alpha} p(\boldsymbol{Y}) \mathrm{d}\boldsymbol{Y} \tag{3-24}$$

式中，$\boldsymbol{X} \in \boldsymbol{\Omega}$，$\boldsymbol{\Omega}$ 为 n 维实数空间 $\mathbf{R}^n$ 的一个子集，$\boldsymbol{\Omega}$ 表示投资组合的可行集；$\psi(\boldsymbol{X}, \alpha)$ 为在 $\boldsymbol{X}$ 下的损失积累分布函数。文献[17]证明了 $\psi(\boldsymbol{X}, \alpha)$ 是关于 α 的非减

和右连续的。

根据式 (3-24) 可以计算在置信度为 β 时，由 Y 引起的损失 $f(X,Y)$ 不超过临界值 α 的 VaR 值和 CVaR 值，具体计算如式 (3-25) 和式 (3-26) 所示：

$$\alpha_\beta(X) = \min\{\alpha \in R : \psi(X,\alpha) \geqslant \beta\} \tag{3-25}$$

$$\phi_\beta(X) = \frac{1}{1-\beta} \int_{f(X,Y) \geqslant \alpha_\beta(X)} f(X,Y) p(Y) \mathrm{d}Y \tag{3-26}$$

式中，$\alpha_\beta(X)$ 和 $\phi_\beta(X)$ 分别为投资组合问题的 VaR 值和 CVaR 值，其中，$\phi_\beta(X)$ 是损失大于或等于 $\alpha_\beta(X)$ 时的 CVaR 值。由于难以直接获得 $\alpha_\beta(X)$ 的解析表达式，参照文献[18]构造近似求解算法，即通过引入变换函数 $F_\beta(X,\alpha)$ 来替代 $\phi_\beta(X)$，简化 CvaR 值的计算：

$$F_\beta(X,\alpha) = \alpha + \frac{1}{1-\beta} \int_{Y \in \mathbf{R}^m} \left[f(X,Y) - \alpha \right]^+ p(Y) \mathrm{d}Y \tag{3-27}$$

式中，$\left[f(X,Y) - \alpha \right]^+ = \max\{f(X,Y) - \alpha, 0\}$。当难以直接获取 $p(Y)$ 的解析式时，通常利用 Y 的历史数据或者蒙特卡罗模拟样本数据来估计式 (3-27) 的积分项。令 $Y_1, Y_2, \cdots, Y_N$ 为 Y 的 N 个样本数据，则函数 $F_\beta(X,\alpha)$ 的估计值为

$$\hat{F}_\beta(X,\alpha) = \alpha + \frac{1}{N(1-\beta)} \sum_{k=1}^{N} \left[f(X,Y) - \alpha \right]^+ \tag{3-28}$$

式中，$\hat{F}_\beta(X,\alpha)$ 为 $F_\beta(X,\alpha)$ 的估计值。

3.2.2 虚拟电厂随机调度模型

为考虑不确定性因素给 VPP 运行带来的风险，应用 CVaR 理论描述 VPP 调度运行风险。若 VPP 运行净收益优化目标为 $\Delta R(G,y)$，$G^\mathrm{T} = \left[g_{\mathrm{VPP},t}(1), g_{\mathrm{VPP},t}(2), \cdots, g_{\mathrm{VPP},t}(T) \right]$ 为决策向量，其中 $T=24$，$y^\mathrm{T} = \left[g_{\mathrm{WPP},t}, g_{\mathrm{PV},t}, L_t \right]$ 为多元随机向量，则 $\Delta R(G,y)$ 可以表示为

$$\begin{aligned}
\Delta R(G,y) &= R(G,y) - C(G,y) \\
&= \begin{bmatrix} P_{\mathrm{WPP},t} g_{\mathrm{WPP},t} + P_{\mathrm{PV},t} g_{\mathrm{PV},t} + P_{\mathrm{ESS},t} g_{\mathrm{ESS},t} + P_{\mathrm{CGT},t} g_{\mathrm{CGT},t} \\ - \rho_{\mathrm{ESS},t}^{\mathrm{chr}} g_{\mathrm{ESS},t}^{\mathrm{chr}} + \left(\pi_{\mathrm{CGT},t}^{\mathrm{pg}} + \pi_{\mathrm{CGT},t}^{\mathrm{ss}} \right) + \left(\pi_t^{\mathrm{PB}} + \pi_t^{\mathrm{IB}} \right) + \rho_{\mathrm{UG},t} g_{\mathrm{UG},t} \end{bmatrix}
\end{aligned} \tag{3-29}$$

根据式 (3-29) 定义 VPP 运行损失函数为 $f(G,y) = -\Delta R(G,y)$，设置信度为 β，

将所得 VPP 调度净收益的期望值作为临界值，即 $\alpha = -E\left[f\left(\boldsymbol{g}_{\text{VPP},t}\right)\right] = -f\left(\boldsymbol{y}_{\text{VPP},t}^{*}\right)$，构建考虑不确定性的 VPP 调度优化问题的目标函数，即

$$F_{\beta}\left(\boldsymbol{G},\alpha\right) = \alpha + \frac{1}{1-\beta}\int_{\boldsymbol{y}\in\mathbf{R}^{m}}\left[f\left(\boldsymbol{G},\boldsymbol{y}\right)-\alpha\right]^{+}p\left(\boldsymbol{y}\right)\mathrm{d}\boldsymbol{y} \tag{3-30}$$

根据式 (3-30)，选取随机向量 $\boldsymbol{y}$ 的 N 个样本值 $y_1, y_2, \cdots, y_N$，用 $F_{\beta}\left(\boldsymbol{G},\alpha\right)$ 样本值代替期望值[16]：

$$F_{\beta}\left(\boldsymbol{G},\alpha\right) = \alpha + \frac{1}{N\left(1-\beta\right)}\sum_{k=1}^{N}\left(f\left(\boldsymbol{G},\boldsymbol{y}\right)-\alpha\right)_{k}^{+} \tag{3-31}$$

为简化表达，引入虚拟变量 $z_k = \left[f\left(\boldsymbol{G},\boldsymbol{y}\right)-\alpha\right]_k$，$k = 1, 2, \cdots, N$，得到考虑不确定性的 VPP 调度优化 CVaR 模型：

$$\min \hat{F}_{\beta}\left(\boldsymbol{G},\alpha\right) = \alpha + \frac{1}{N\left(1-\beta\right)}\sum_{k=1}^{N}z_k$$

$$\text{s.t.}\begin{cases}\text{式}(3\text{-}3)\sim\text{式}(3\text{-}5) \\ \text{式}(3\text{-}13)\sim\text{式}(3\text{-}15) \\ \text{式}(3\text{-}33)\sim\text{式}(3\text{-}36) \\ z_k \geqslant 0 \\ \text{其他约束}\end{cases} \tag{3-32}$$

考虑不确定性的 VPP 调度优化模型仍需满足 CGT 和储能系统运行的约束条件。但由式 (3-29) 和式 (3-30) 可以看出，所提 CVaR 模型目标函数仅考虑风电和光伏发电的不确定性，未考虑负荷的不确定性对 VPP 运行的影响，这也是 CVaR 模型存在的不足。

为了克服上述不足，引入随机机会约束规划中的置信度概念[19]，构造约束条件如下：

$$P_{\text{r}}\left(g_{\text{VPP},t} + g_{\text{GC},t} = L_t^0\right) \geqslant \beta_1 \tag{3-33}$$

$$P_{\text{r}}\left[g_{\text{VPP},t} + g_{\text{GC},t} + \sum_{i=1}^{I}\left(\Delta L_{i,t}^{\text{E}} + \Delta L_{i,t}^{\text{R,down}}\right) = L_t + \sum_{i=1}^{I}\left(\Delta L_{i,t}^{\text{R,up}}\right)\right] \geqslant \beta_1 \tag{3-34}$$

$$P_{\text{r}}\left(g_{\text{VPP}}^{\max} - g_{\text{VPP},t} + \Delta L_{\text{PB},t} + \sum_{i=1}^{I}\Delta L_{i,t}^{\text{E}} \geqslant r_1\cdot L_t + r_{\text{WPP}}^{\text{up}}\cdot g_{\text{WPP},t} + r_{\text{PV}}^{\text{up}}\cdot g_{\text{PV},t}\right) \geqslant \beta_2 \tag{3-35}$$

$$P_{\text{r}}\left(g_{\text{VPP},t} - g_{\text{VPP}}^{\min} \geqslant r_{\text{WPP}}^{\text{down}}\cdot g_{\text{WPP},t} + r_{\text{PV}}^{\text{down}}\cdot g_{\text{PV},t}\right) \geqslant \beta_3 \tag{3-36}$$

式中，P_r 为置信度；β_1、β_2、β_3 为负荷供需平衡约束、上旋转备用约束和下旋转备用约束的置信度；r_{WPP}^{up}、r_{PV}^{down} 分别为风电上旋转备用系数和光伏发电下旋转备用系数。通过转换式(3-33)，可以对负荷不确定性因素进行处理，结合式(3-32)形成了考虑风电、光伏发电不确定性和负荷不确定性的系统调度优化模型。

3.2.3　模型求解算法

式(3-32)确定了 VPP 风险规避调度模型的目标函数，目标函数中含二次项，属于MINLP 问题。MINLP 问题求解难度较大，花费时间较多，所得解难以实现最优。同样，CGT 机组运行约束中也存在非线性约束条件，在进行模型求解前应对所提目标函数和约束条件进行线性化处理，该步骤在我们之前的工作中也有研究[20]。目标函数和约束条件线性化后，MINLP 模型将转换为 MILP 模型。详细求解过程如图 3-14 所示。

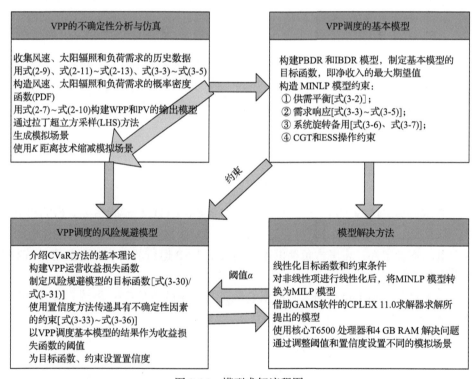

图 3-14　模型求解流程图

3.2.4　算例分析

1. 情景设置

为分析所提模型在应对风电、光伏发电和负荷需求不确定性方面的有效性，本节设定三种模拟仿真情景，详情如下。

情景 1：参考情景，不考虑不确定性的 VPP 经济调度。该情景主要对 VPP 调度的基本模型进行实例模拟，分析 VPP 各组件的运行特点，得到虚拟电厂运营净收益的期望值。

情景 2：CVaR 情景，仅基于 CVaR 理论的 VPP 风险规避调度。该情景对 VPP 调度的风险规避模型进行实例模拟，分析 CVaR 方法在应对风电和光伏发电不确定性方面的适用性，对比不同阈值 α 下的 VPP 调度结果。由于目标函数中不含负荷需求随机变量，该情景仅考虑了风电和光伏发电输出功率的不确定性。

情景 3：综合情景，基于 CVaR 理论和置信度方法的 VPP 风险规避调度。为了考虑负荷的不确定性，该情景引入置信度法转换含负荷随机变量的约束条件，分析考虑多重不确定性因素下的 VPP 调度优化。对比不同门槛值 α 和置信度 β 下的 VPP 调度结果。

2. **基础数据**

为对所提模型进行实例分析，本节选择 IEEE 30 节点系统进行适当改进，构建模型仿真系统[21]。其中，在节点 30 处接入 2×1MW 风电机组和 1×0.5MW 储能系统，节点 29 处接入 5×0.2MW 光伏发电机组和 1×1MW 燃气轮机。其中，储能系统充电功率不超过 0.04MW，放电功率不超过 0.05MW[20]。由于可中断负荷可看作可调节性负荷，设定节点 30 处负荷为可调节性负荷通过 IBDR 参与 VPP 调度，节点 29 处负荷为可调节性负荷通过 PBDR 响应 VPP 调度。其中，为了避免负荷波动过大产生"峰谷倒挂"现象，设定 PBDR 产生的负荷变动量不超过 ±0.04MW[21]，IBDR 参与 VPP 发电出力不超过 ±0.03MW[18]。图 3-15 为含 VPP 的 IEEE 30 节点系统结构图。

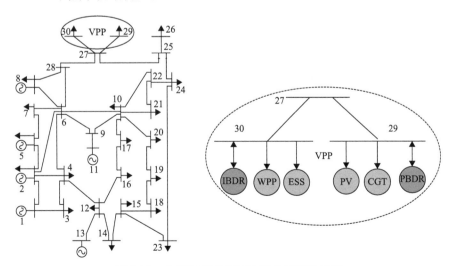

图 3-15　含 VPP 的 IEEE 30 节点系统结构图

在虚拟电厂中，燃气轮机主要为 G3406LE 型燃气轮机，额定输出功率为 1.025MW，天然气消耗量为 107.7m³/h[20]。该型号燃气轮机启动和停机时间分别为 0.1h 和 0.2h，启停成本约为 95 元/(MW·h)，发电燃气成本为一元二次函数，具体参数参照文献[22]设定。同时，为了便于求解，将发电成本函数线性化为两部分，两部分的斜率系数分别为 105 元/MW 和 355 元/MW，机组发电损耗约为 2.5%。设定风机切入风速、额定风速和切出风速分别为 2.8m/s、12.5m/s 和 22.8m/s，形状参数 $\varphi = 2$ 和尺度参数 $\vartheta = 2\bar{v}/\sqrt{\pi}$ [22]。参照文献[23]设定光辐射强度参数，可模拟为 0.3 和 8.54。考虑到负荷预测比风光预测更为精确，将负荷预测波动标准差设为 0.05MW，风电和光伏发电波动标准差设为 0.08MW。选择中国某海岛近 5 年典型负荷日的负荷需求数据拟合负荷需求函数[24]。获得风速、辐射强度和负荷需求的 PDF 后，应用场景模拟方法[22]生成 50 组模拟场景，并对所提场景进行削减得到 10 组典型场景集合。以最大概率场景作为所提模型的输入数据，如图 3-16 所示。

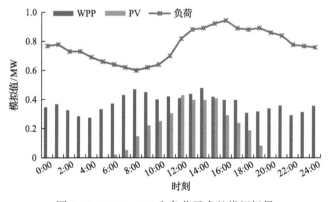

图 3-16　WPP、PV 和负荷需求的模拟场景

WPP、PV、CGT 并网价格分别为 0.56 元/(kW·h)、0.5 元/(kW·h) 和 0.8 元/(kW·h)。系统向公共电网临时购电的价格为 0.95 元/(kW·h)。为了激励客户对系统进度的响应，应实施分时电价(TOU)机制。PBDR 前用户电能消耗价格为 0.55 元/(kW·h)，PBDR 后峰时段和谷时段用电价格分别上调 25% 和下调 40%，平时段用电价格基本维持不变，电力价格弹性矩阵参照文献[21]设定。参照文献[18]设定 IBDR 参与系统备用的价格，参与市场调度的价格为 0.5 元/(kW·h)。储能系统充电价格和放电价格享受峰谷分时电价，如表 3-4 所示。

3. 运行结果

1)情景 1：在参考情景下的 VPP 调度结果

该情景主要分析 VPP 各组件的运行特点，CGT、ESS 和风光发电机组的互补效应，以及需求响应的协同优化效应。以 VPP 为研究对象，以 VPP 运行净收益期望值最大作为优化目标，对图 3-15 进行仿真分析，得到情景 1 的 VPP 调度优化结果，弃风电量和弃光电量分别为 0.19MW·h 和 0.08MW·h。图 3-17 为情景 1 的 VPP 调度优化结果。

表 3-4　PBDR 和 IBDR 基本情况

时段划分及对应电价	PBDR			IBDR		
	峰时段	谷时段	平时段	能源市场	备用市场	
					上旋转备用	下旋转备用
时段划分	12:00～21:00	0:00～3:00; 21:00～24:00	3:00～12:00	—	—	—
电价/[元/(kW·h)]	0.69	0.33	0.55	0.5	0.2	0.6

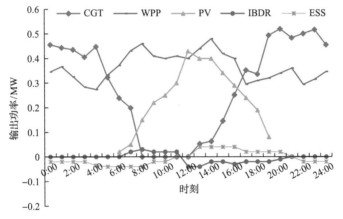

图 3-17　情景 1 的 VPP 调度优化结果

由图 3-17 可知，在情景 1 中，峰时段负荷需求主要由 WPP 和 PV 发电满足，CGT、ESS 和 IBDR 主要为风电和光伏发电提供备用服务，ESS 进行发电，IBDR 提供下旋转备用。在其他时段，负荷需求主要由 CGT 和 WPP 发电满足，ESS 和 IBDR 在部分时刻提供备用服务，增加负荷需求，可提升风电并网空间，如 IBDR 在 6∶00～10∶00 提供上旋转备用，ESS 在 0∶00～10∶00 进行充电。CGT、WPP 和 PV 发电量分别为 8.125MW·h、9.13MW·h 和 3.26MW·h。进一步，为了分析 ESS 和需求响应对 VPP 调度运行的优化效应，分别在有/无 ESS、IBDR 和 PBDR 的情况下模拟 VPP 调度运行，得到不同情形下的系统净负荷曲线，如图 3-18 所示。

由图 3-18 可知，相比原始负荷需求，ESS、IBDR 和 PBDR 的引入能够引导用户转移用电时段，实现削峰填谷。其中，IBDR 能够有效削减负荷峰值，但填谷能力弱于 ESS 和 PBDR；ESS 和 PBDR 尽管能够削减用电负荷峰值，且削减程度强于 IBDR。当共同引入 ESS 和 DR 后，负荷需求曲线平缓化程度最高。五种负荷需求曲线的峰谷比分别为 1.58、1.48、1.49、1.42 和 1.31。其中，有 ESS 和

DR 时相较于无 ESS 和 DR 时，负荷需求峰值降低 0.07MW，负荷需求谷值提高 0.07MW。进一步，对比不同场景下系统调度优化结果，如表 3-5 所示。

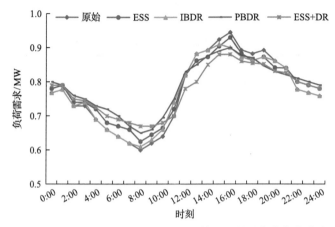

图 3-18　有/无 ESS、IBDR 和 PBDR 情况下的系统净负荷曲线

表 3-5　不同设定下情景 1 的系统调度优化结果

设定情况	VPP 发电量/(MW·h)					负荷需求/MW			收益/元
	CGT	WPP	PV	IBDR	ESS	峰	谷	峰谷比	
无 ESS 和 DR	8.604	8.89	3.08	0	0	0.95	0.60	1.58	9024.88
仅有 ESS	8.505	8.99	3.10	0	±0.23	0.93	0.63	1.48	9125.36
仅有 IBDR	8.487	9.03	3.12	(0.09,−0.12)	0	0.91	0.61	1.49	9240.45
仅有 PBDR	8.494	9.06	3.12	0	0	0.91	0.64	1.42	9330.64
有 PBDR 和 IBDR	8.418	9.08	3.17	(0.09,−0.14)	0	0.89	0.63	1.41	9441.23
有 ESS 和 PBDR	8.323	9.09	3.12	0	±0.25	0.90	0.65	1.38	9480.21
有 ESS 和 IBDR	8.326	9.10	3.15	(0.10,−0.18)	±0.27	0.90	0.66	1.36	9385.45
有 ESS 和 DR	8.125	9.13	3.26	(0.11,−0.22)	±0.30	0.88	0.67	1.31	9550.19

由表 3-5 可知，ESS、IBDR 和 PBDR 的引入均能够降低负荷曲线的峰谷比，增加风电并网电量。但是相比单一引入上述单元，当它们都加入时，风电和光伏发电量达到最大，为 9.13MW·h 和 3.26MW·h。相应地，VPP 收益也达到最大，即 9550.19 元，相比无 ESS 和 DR 的场景增加了 525.31 元。其他各种情景下 VPP 运营净收益变动量如图 3-19 所示。

由图 3-19 可以看出，在峰时段，由于 PBDR 具有削峰填谷效应，VPP 发电出力降低，故发电收益也相应降低。但 IBDR 提供下旋转备用，储能系统发电出力，故 VPP 收益有所增加。当它们都被加入时，VPP 运营收益明显增加。在平时段，

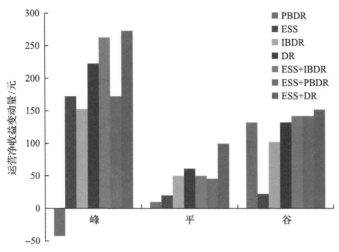

图 3-19　与无 ESS 和 DR 场景相比 VPP 运营净收益变动量

VPP 收益略有增加,主要由于 DR 产生负荷转移,ESS 在部分时刻进行发电,IBDR 提供上/下旋转备用等。在谷时段,DR 和 ESS 的引入能够增加谷时段用电需求,促进风电和光伏发电并网,VPP 运营收益增加,但若仅引入 ESS,ESS 利用风电和光伏发电进行出力,未产生增量发电并网效益,故 VPP 增量效益相对较小。

　　2)情景 2:CvaR 方法下的 VPP 调度结果

　　与情景 1 不同的是,情景 2 中考虑了不确定性。该情景主要分析 CVaR 方法在应对不确定性给 VPP 带来的运行风险时的有效性。以情景 1 中含 ESS 和 DR 的 VPP 调度运行净收益的 90%作为情景 2 风险厌恶模型中的门槛值 α。也就是说,考虑不确定性后,当 VPP 运行净收益低于门槛值 α 时,认为风险发生。设定模型置信度 β=0.95,则情景 2 下 VPP 调度运行结果如图 3-20 所示。

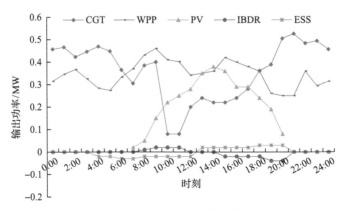

图 3-20　情景 2 下 VPP 调度运行结果

对比图 3-17,如果考虑不确定性,在峰时段,WPP 和 PV 发电出力降低,弃风电量和弃光电量分别为 0.67MW·h 和 0.29MW·h;CGT 机组用于满足负荷需求,发电出力增加,由 8.125MW·h 增加至 8.94MW·h。这表明,为了降低不确定性因素导致的风险,系统会降低风电和光伏发电出力,调用出力可控的 CGT 机组满足负荷需求。同样,由于 WPP 和 PV 发电出力的降低,系统对 ESS 和 IBDR 的备用需求也降低,该情景下 IBDR 和 ESS 提供的备用服务要低于情景 1。进一步,为了分析不同门槛值对 VPP 调度优化结果的影响,本节分别测算 α 变化率为 ±15%、±10%、±5%、0%时的 VPP 调度运营收益,如图 3-21 所示。

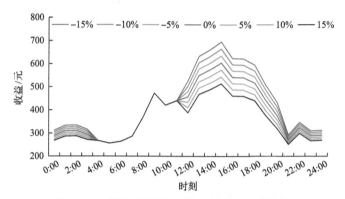

图 3-21　不同 α 变化率下的 VPP 调度运营收益

由图 3-21 可知,随着 α 的增加,VPP 调度运营收益逐渐降低,这表明 CVaR方法能够用以描述不确定性因素导致的风险水平。α 的高低反映了决策者的风险态度,当 α 设定得较低时,表明决策者风险承受能力较强,愿意承担一定的风险以追求较高的收益;反之,当 α 设定得较高时,表明决策者风险承受能力较弱,决策者不愿意承担超额收益所带来的风险。表 3-6 为不同阈值下的 VPP 运行优化结果。

表 3-6　不同 α 变化率下的 VPP 运行优化结果

| α 变化率/% | VPP 发电量/(MW·h) | | | | | 废弃电量/(MW·h) | | 峰谷比 | 收益/元 | CVaR 值/元 |
	CGT	WPP	PV	ESS	IBDR	WPP	PV			
−15	9.32	8.95	3.21	(0.09,−0.20)	±0.28	0.37	0.14	1.38	9330	33240
−10	8.45	8.86	3.17	(0.08,−0.19)	±0.25	0.47	0.17	1.39	9235	28732
−5	8.57	8.77	3.14	(0.08,−0.18)	±0.23	0.56	0.21	1.40	9158	23581
0	8.94	8.66	3.15	(0.07,−0.16)	±0.22	0.67	0.29	1.41	9085	19001
5	9.08	8.49	3.13	(0.06,−0.15)	±0.20	0.84	0.31	1.42	9025	14549
10	9.25	8.30	3.07	(0.06,−0.14)	±0.19	1.03	0.38	1.44	8945	10520
15	9.36	8.11	3.02	(0.05,−0.13)	±0.15	1.21	0.45	1.45	8885	5705

由表 3-6 可以看到,α 的高低直接影响 VPP 调度结果,当 α 较高时,决策者

会减少风电和光伏发电出力，增加燃气轮机出力，ESS 和 IBDR 备用需求降低，负荷曲线的峰谷比相对较高。当 α 较低时，决策者会增加 WPP 和 PV 的发电出力以追求超额收益，ESS 和 IBDR 备用需求增加，负荷峰谷比有所降低。随着 α 的增加，决策者风险承受能力逐渐减弱，VPP 运营收益逐渐降低，CvaR 值也相应降低，这意味着低收益、低风险，高收益、高风险。进一步，对比不同阈值 α 下风电和光伏发电出力，如图 3-22 所示。

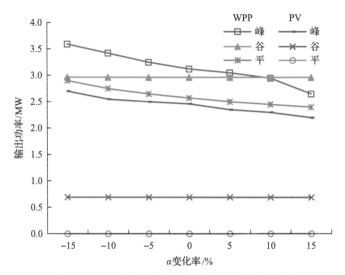

图 3-22　不同 α 变化率下的风电和光伏发电出力

由图 3-22 可以看到，随着 α 的增加，为规避负荷供需紧张时的缺电损失成本，系统会减少峰时段的 WPP 和 PV 发电出力，调用出力可控的 CGT 机组进行发电出力。但在谷时段，由于负荷需求相对较低，负荷供给压力不大，系统备用容量充足，故 WPP 和 PV 发电出力基本不变。在平时段，为了最小化 VPP 运行风险，WPP 发电出力略有降低，但幅度不大，仅由 2.9MW 降低至 2.4MW。

3）情景 3：综合情景下的 VPP 运行结果

情景 2 中仅应用了 CVaR 方法反映目标函数中的随机变量，即考虑了风电和光伏发电的不确定性，未能考虑负荷不确定性对 VPP 调度运行的影响。因此，情景 3 通过对含负荷随机变量的约束条件进行处理，建立了考虑风电、光伏发电和负荷不确定性的 VPP 调度模型。设定置信度向量 $\boldsymbol{\beta}=[\beta_1,\beta_2,\beta_3,\beta_4]=0.95$，图 3-23 为情景 3 下的 VPP 调度结果。

对比图 3-17，如果考虑负荷的不确定性，VPP 运行风险有所上升，为规避 VPP 运行风险，决策者进一步减少风电和光伏发电出力，增加 CGT 机组发电出力。CGT 机组发电量增加 1.251MW·h，弃风电量和弃光电量分别达到 1.10MW·h 和 0.35MW·h。由于 WPP 和 PV 发电出力的降低，IBDR 和 ESS 提供的备用也相应降低，IBDR 提供的上/下旋转备用为 0.06MW 和–0.14MW，储能系统充放电电量为±0.14MW·h。然后，分析不同置信度对 VPP 运行的影响，分别选取 β=0.80,0.85,0.90,0.95,0.99 五种情形，讨论不同 α 下的 VPP 调度净收益结果，如图 3-24 所示。

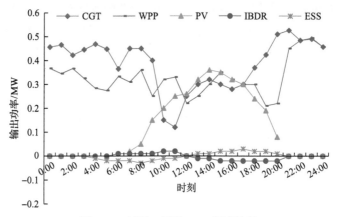

图 3-23　情景 3 下的 VPP 调度结果

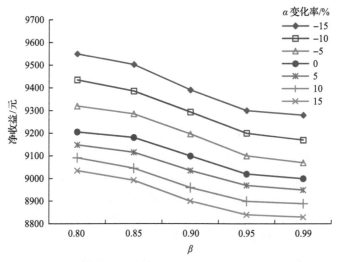

图 3-24　情景 3 中不同 α 和 β 下 VPP 调度净收益结果

由图 3-24 可以看出，随着置信度 β 的增加，决策者风险承受能力逐渐降低，逐渐减少 WPP 和 PV 发电出力的高收益，导致 VPP 调度净收益相应降低。当 $\beta \leqslant 0.85$ 时，VPP 调度净收益下降幅度不大，表明决策者能够承受一定的风险，以追求超额收益；当 $0.85 < \beta < 0.95$ 时，VPP 调度净收益降幅明显，表明决策者风险态度较为敏感；当置信度 $\beta \geqslant 0.95$ 时，VPP 调度净收益略有降低，但幅度不大，表明 VPP 调度方案已基本达到最保守方案。然后，测算不同 β 和 α 下风电和光伏发电出力结果，如图 3-25 所示。

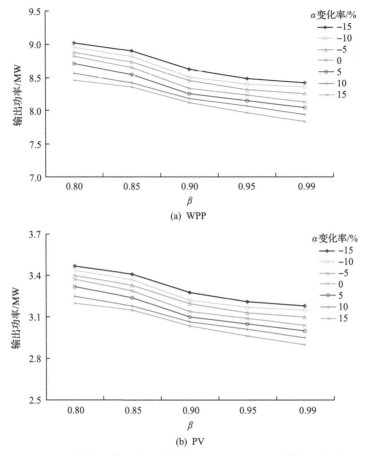

图 3-25　情景 3 中不同 α 变化率和 β 下的风电和光伏发电出力

由图 3-25 可知，与 VPP 运营收益变动趋势一致，当 0.85＜β＜0.95 时，决策者为了降低 VPP 运行风险，会最大限度地降低 WPP 和 PV 发电出力，以降低系统缺电损失成本。当 β≤0.85 时，决策者风险敏感程度较低，WPP 和 PV 发电出力降低幅度相对较低；当 β≥0.95 时，VPP 调度运行方案已基本达到最保守方案，置信度的增加对 WPP 和 PV 发电出力的影响相对较低。

下面分析不同置信度和门槛值下的 VPP 运行 CVaR 值，图 3-26 为情景 3 中不同 α 变化率和 β 下 VPP 运行 CVaR 值。

由图 3-26 可以看到，CVaR 值直接反映 VPP 调度方案的风险水平，当 0.85＜β＜0.95 时，CVaR 值下降斜率较大，表明决策者对 VPP 运行风险的敏感程度相对较高；当 β≤0.85 时，CVaR 值下降斜率较小，表明决策者的风险敏感程度较弱，愿意以一定风险博取 VPP 运行超额收益；当 β≥0.95 时，尽管决策者风险敏感程度较高，但 VPP 运行方案已基本达到最保守方案，故 CVaR 值下降斜率较小。上述结果表明，CVaR 方法和置信度理论能够有效描述 VPP 运行风险水平，决策者可根据自身风险态度，设定合理的门槛值和置信度，实现以最低发电风险追求最高 VPP 运营收益的目标。

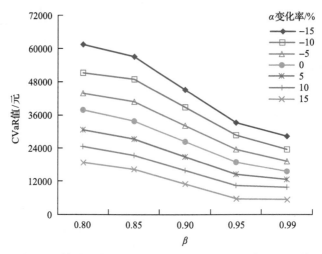

图 3-26 情景 3 中不同 α 变化率和 β 下 VPP 运行 CVaR 值

4. 对比分析

本节收集整理了不同情景下的 VPP 调度优化结果，对比分析了 VPP 出力、净负荷需求曲线和 VPP 运营收益与风险水平等内容。图 3-27 为不同情景下净负荷需求曲线。

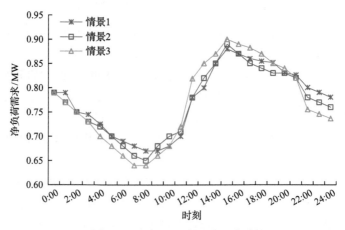

图 3-27 不同情景下净负荷需求曲线

就 VPP 发电出力来说，在最大化净收益目标的驱动下，情景 1 中 WPP 和 PV

发电出力达到最大，为保证系统的稳定运行，对 IBDR 和 ESS 的调用程度也达到最高，但该情景未考虑风电、光伏发电和负荷的不确定性，若按照情景 1 中的 VPP 调度方案，将会给系统的稳定运行带来较大的风险。情景 2 和情景 3 考虑了 VPP 调度中风电和光伏发电的不确定性的影响，情景 3 还考虑了负荷的不确定性的影响。当 VPP 调度运行考虑不确定性因素时，风电和光伏发电出力相应降低，情景 2 和情景 3 的弃风电量、弃光电量分别为 0.67MW·h、0.29MW·h 和 1.10MW·h、0.35MW·h，IBDR 和 ESS 调用程度也有所降低。表 3-7 为不同情景下 VPP 调度运行结果。

表 3-7　不同情景下 VPP 调度运行结果

情景	VPP 发电量/(MW·h)					弃电量/(MW·h)		CGT 发电出力/(MW·h)		
	CGT	WPP	PV	IBDR	ESS	WPP	PV	峰	平	谷
情景 1	8.13	9.13	3.26	(0.11,−0.22)	±0.30	0.19	0.08	2.54	3.70	1.89
情景 2	8.94	8.66	3.15	(0.07,−0.16)	±0.22	0.67	0.29	3.06	3.75	2.13
情景 3	9.28	8.22	3.09	(0.06,−0.14)	±0.14	1.10	0.35	3.29	3.75	2.24

从 CGT 机组发电出力来看，如果考虑不确定性，CGT 机组发电出力明显增加。这意味着，为降低不确定性因素给 VPP 运行带来的风险损失，系统会降低 WPP 和 PV 发电出力，增加 CGT 机组发电出力。尤其是在峰时段，为降低不确定性因素导致的系统供需失衡风险，CGT 机组发电出力分别由情景 1 中的 2.54MW·h，增加至 3.06MW·h(情景 2) 和 3.29MW·h(情景 3)。在谷时段由于负荷需求较低，为了降低风电和光伏发电的波动性对系统的冲击，CGT 发电出力略有增加，平时段 CGT 机组发电出力基本维持不变。

就系统净负荷需求来看，情景 1 中 IBDR 和 ESS 调用程度最深，负荷曲线削峰填谷效应最为明显，净负荷需求曲线峰谷比达到最小，即 1.31，但由于 WPP 和 PV 发电出力最大，故 VPP 运行面临着较大的风险。情景 3 的净负荷需求曲线峰谷比最大，即 1.41，这是由于 WPP 和 PV 发电出力被限制，IBDR 和 ESS 调用程度较浅，但此情景下 VPP 运行风险最小。情景 2 介于情景 1 和情景 3 之间。但相比原始净负荷需求曲线，ESS 和 DR 的引入能够降低峰荷，增加谷荷，减小峰谷比，有利于最优化 VPP 运行策略，降低 VPP 运行风险。表 3-8 为不同情景下 VPP 运营收益与风险水平。

最后，就 VPP 运营收益和风险来看，对于情景 2 和情景 3，若考虑负荷的不确定性的影响，情景 3 中 VPP 调度方案的 CVaR 值要低于情景 2，这表明随着负荷的不确定性被纳入 VPP 调度优化过程中，通过减少 WPP 和 PV 发电出力 VPP 运行风险会有所降低，但相应的系统运行净收益也降低至 8995.34 元。这意味着决策者为了规避风险损失，不得不面临 VPP 运行净收益的降低，反之，为了追求超额收益，决策者将会承担相应的风险。也就是说，CVaR 方法和置信度理论的引入，能够为决策者平衡收益与风险提供决策工具，实现 VPP 的最优化运行。

表 3-8　不同情景下 VPP 运营收益与风险水平

情景	净负荷需求/MW		峰谷比	VPP 净收益/元			VaR 值/元	CVaR 值/元
	峰	谷		收益	成本	净收益		
情景 1	0.88	0.67	1.31	11683.00	2132.81	9550.19	—	—
情景 2	0.89	0.65	1.37	11432.26	2347.01	9085.25	8962	19001
情景 3	0.90	0.64	1.41	11456.54	2461.2	8995.34	8237	18834

第4章 计及电转气的虚拟电厂多目标鲁棒调度优化模型

VPP 在不改变分布式电源并网方式的前提下，通过先进的控制、计量、通信等技术聚合分布式电源、储能、可控负荷等不同类型的 DER，并通过更高层面的软件构架实现多个 DER 的协调优化运行，从而更有利于资源的合理优化配置及利用。同时，电转气(P2G)技术的逐步成熟与应用，为消纳 DER 提供了新的途径。通过 P2G 设备将富余的电力转化成人造 CH_4，注入天然气网络中，将使得 DER 的大量储存和利用成为可能。若能将 VPP 与 P2G 整合运行，将能够拓展传统 VPP 的运行领域，实现电力系统和天然气网络间的耦合运行，拓宽分布式电源的利用维度，实现电-气-电的循环利用模式。因此，本章将 P2G 和储气罐(GST)整合至 VPP 中，形成基于 P2G-GST 技术的 VPP(GVPP)，并构造计及 P2G 的 VPP 多目标调度优化模型，提出多目标函数权重迭代计算方法，建立 GVPP 最优调度策略。

4.1 电气虚拟电厂运营模式

4.1.1 结构描述

不同于传统虚拟电厂，本章集成电转气(P2G)和储气罐(GST)到 VPP，形成基于 P2G-GST 的 VPP(GVPP)，与 WPP、PV、CGT、EVG（electric vehicle group，电动汽车集群）、CL（controllable load，可控负荷）相结合。为便于分析，统称 P2G 和 GST 为 PGST。设定 EVG 均向虚拟电厂运营中心注册，接受运营中心统一调度，能够充电蓄能和放电释能。同时，本章设定可中断负荷通过 IBDR 参与 VPP 发电调度，并在用户侧实施 PBDR 以最大化平缓负荷需求曲线。GVPP 能够根据电力市场和天然气市场不同时段的气电价格差异，协调优化电转气和燃气轮机的出力，利用气电能源的双向转换，形成电-气-电循环。图 4-1 是 GVPP 的基本结构。

根据图 4-1，PGST 包括 P2G 和 GST 两个部分：P2G 包括电解和甲烷化两个过程，电解将水分解为 H_2 和 O_2，而甲烷化过程利用 CGT 产生的 CO_2 及空气中的 CO_2，与 H_2O 反应产生 CH_4，进而用于 CGT 发电。为提升 GVPP 的能源利用效率，设 P2G 设备主要利用弃风和弃光进行电转气，并优先利用 CGT 自身产生的 CO_2

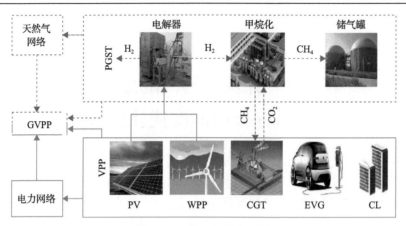

图 4-1　GVPP 的基本结构

生产 CH$_4$。其中，WPP 和 PV 为 GVPP 的主要电源，CGT 利用自身启停速度快的优势，为 GVPP 提供备用服务。EVG 和 CL 能够直接为 GVPP 提供备用服务，当备用能力不足时，GST 可向 CGT 供给 CH$_4$ 进行发电，满足备用需求。总体来说，GVPP 能够通过结合 P2G 和 VPP，实现电-气-电循环运行机制，从而降低风光不确定性风险，实现 CVPP 利润的最大化。

4.1.2　VPP 电源出力模型

GVPP 中 WPP、PV、CGT 为主要电源，而 EVG 和 CL 为辅助电源，不同电源间协同运行，满足用户负荷需求。各电源出力模型如下。

1. WPP/PV 出力模型

WPP 和 PV 的出力主要取决于自然来风和太阳辐射强度，由于风速和太阳辐射强度具有较强的随机性，相应地，WPP 和 PV 的出力也具有较强的不确定性，如何模拟风速和太阳辐射强度是计算 WPP 和 PV 出力的关键。文献[25]和[26]已经证实瑞利分布(Rayleigh distribution)函数和贝塔分布函数能够用于模拟风速和太阳辐射强度。WPP 和 PV 的出力模型已经在作者之前研究的分布函数中构建了[27]，具体计算过程本书不再赘述，式(4-1)和式(4-2)计算了 WPP 和 PV 的可用出力：

$$g^*_{\text{WPP},t} = \begin{cases} 0, & 0 \leqslant v_t < v_{\text{in}}, \quad v_t > v_{\text{out}} \\ \dfrac{v_t - v_{\text{in}}}{v_{\text{rated}} - v_{\text{in}}} g_{\text{R}}, & v_{\text{in}} \leqslant v_t < v_{\text{rated}} \\ g_{\text{R}}, & v_{\text{rated}} \leqslant v_t \leqslant v_{\text{out}} \end{cases} \quad (4\text{-}1)$$

式中，$g^*_{\text{WPP},t}$ 为 WPP 在 t 时刻的可用出力；g_{R} 为 WPP 的额定出力；v_t 为 t 时刻

的实时风速；v_{in}、v_{out} 和 v_{rated} 分别为 WPP 的切入风速、切出风速和额定风速。

$$g_{PV,t}^* = \eta_{PV} S_{PV} \theta_t \tag{4-2}$$

式中，$g_{PV,t}^*$ 为 t 时刻 PV 的可用出力；η_{PV} 和 S_{PV} 分别为光伏的效率和总面积；θ_t 为 t 时刻的太阳辐射强度。

2. EVG 运营模式

由于 EVG 均向虚拟电厂运营中心注册，接受运营中心统一调度，全部注册电动汽车可通过自身的蓄电池参与 VPP 发电调度，在谷时段进行蓄能，在峰时段进行发电，为 VPP 提供备用服务。为监测蓄电池的能量状态，本书引入荷电状态（state of charge，SOC）来反映 EVG 蓄电池的剩余电量，表示蓄电池剩余电力和其总容量的百分比，具体如下。

当 EV 处于充电状态时：

$$SOC_{EV,t} = SOC_{EV,t-1} + \eta^{ch} g_{EV,t}^{ch} / C_{EV} \tag{4-3}$$

当 EV 处于放电状态时：

$$SOC_{EV,t} = SOC_{EV,t-1} - g_{EV,t}^{dis} / \left(\eta^{dis} C_{EV} \right) \tag{4-4}$$

式中，$SOC_{EV,t}$ 和 $SOC_{EV,t-1}$ 分别为 t 时刻 EV 蓄电池的剩余电量和 $t-1$ 时刻 EV 蓄电池的剩余电量；η^{ch} 和 η^{dis} 分别为 EV 的充电效率和放电效率；$g_{EV,t}^{ch}$ 和 $g_{EV,t}^{dis}$ 分别为 t 时刻 EV 的充放电功率；C_{EV} 为 EV 蓄电池的额定容量。

EV 蓄电池的净充放电功率与该时刻风电和光伏发电的出力偏差有关，同时需要满足电池最大充电功率和最大放电功率的约束，具体如下：

$$g_{EV,t} = u^{ch} g_{EV,t}^{ch} - u^{dis} g_{EV,t}^{dis} \tag{4-5}$$

$$g_{EV,t} = \begin{cases} \Delta g_{NE,t}, & -g_{EV,t}^{ch,max} < \Delta g_{NE,t} < g_{EV,t}^{ch,max} \\ -g_{EV,t}^{dis,max}, & \Delta g_{NE,t} \leqslant -g_{EV,t}^{dis,max} \\ g_{EV,t}^{ch,max}, & \Delta g_{NE,t} \geqslant g_{EV,t}^{ch,max} \end{cases} \tag{4-6}$$

式中，$g_{EV,t}$ 为 EV 在 t 时刻的净充放电功率；u^{ch} 和 u^{dis} 为 EV 的充放电状态变量，当 EV 处于充电状态时，$u^{ch}=1, u^{dis}=0$，当 EV 处于放电状态时，$u^{ch}=0, u^{dis}=1$；$\Delta g_{NE,t}$ 为 WPP 和 PV 的出力偏差，等于 $g_{PV,t}^* - \bar{g}_{PV,t} + g_{WPP,t}^* - \bar{g}_{WPP,t}$，其中，$\bar{g}_{WPP,t}$

和 $\bar{g}_{PV,t}$ 表示 WPP 和 PV 在 t 时刻的实际可用出力；$g_{EV,t}^{dis,max}$、$g_{EV,t}^{ch,max}$ 分别为 EV 在 t 时刻的最大放电和充电功率。为便于分析，设定 EV 类型相同，故 EVG 输出功率主要跟 EV 的数量直接相关，具体计算如下：

$$g_{EVG,t} = N_{EVG,t} g_{EV,t} \qquad (4\text{-}7)$$

式中，$g_{EVG,t}$ 为 EVG 在 t 时刻的输出功率；$N_{EVG,t}$ 为 EVG 在 t 时刻的并网数量。

3. CL 电源出力模型

本书设定可控负荷主要通过 IBDR 参与 VPP 发电调度。在 IBDR 中，预先协议通常是与用户签署的。当响应发生时，用户需要根据协议调整用电行为，并获得相应的经济补偿。IBDR 计划主要由需求响应提供商（DRP）提供。由于 DRP 的收益是由需求响应的供给价格决定的，DRP 根据电力市场的价格波动，按照 DR 价格逐步参与 IBDR 计划[28]。关于 IBDR 的详细介绍可以参考文献[29]，设置 DRP_i 在步骤 j 中的最小需求响应为 $D_i^{j,min}$、最大需求响应为 $D_i^{j,max}$。因此，DRP 需要满足以下原则：

$$D_i^{j,min} \leqslant \Delta L_{i,t}^j \leqslant D_{i,t}^j, \ j = 1 \qquad (4\text{-}8)$$

$$0 \leqslant \Delta L_{i,t}^j \leqslant D_{i,t}^j - D_{i,t}^{j-1}, \ j = 2,3,\cdots,J \qquad (4\text{-}9)$$

$$\Delta L_{IB,t} = \sum_{i=1}^{I} \sum_{j=1}^{J} \Delta L_{i,t}^j \qquad (4\text{-}10)$$

式中，I 为 DRP 数量；J 为总步骤数；$\Delta L_{i,t}^j$ 为 DRP_i 在步骤 j 中 t 时刻提供的实际负载减少量；$D_{i,t}^j$ 为 DRP_i 在步骤 j 中 t 时刻提供的可用负载减少量；$\Delta L_{IB,t}$ 为 IBDR 在 t 时刻提供的输出功率。

4.1.3　PGST 运营模式

PGST 能够通过 P2G 将弃风和弃光转化为 CH_4，并通过 GST 进行储气、发电或售气，实现电-气网络互联，增加系统对新能源的消纳能力，也有利降低系统碳排放量。PGST 包括 P2G 和 GST 两个部分，完成电-气-电的循环转化，提升 GVPP 运营的经济效益和环境效益。图 2-1 给出了 P2G 技术原理图。

P2G 分为电解和甲烷化两个过程。电解是将多余电能通过电解水产生氢气后直接将氢气注入天然气管道或者氢气存储设备，其能量转换效率可达 75%～85%。甲烷化过程在电解的基础上，在催化剂的作用下将电解水生成的氢气和二氧化碳反应生成甲烷和水［式(2-15)和式(2-16)］。

通过上述两个阶段的化学反应，P2G 综合效率在 45%～60%。电能转化成 CH_4 后可注入天然气网络或者储气装置。可以看到，P2G 化学反应中 H_2O 的投入和产出相同，仅消耗 CO_2，有利于降低 GVPP 发电的碳排放。同时，为避免增加碳捕集成本，限定 P2G 仅能利用 CGT 产生的 CO_2，产生的 CH_4 在高峰时段通过 CGT 机将 CH_4 转化为电能，具体如下：

$$Q_{P2G,t} = g_{P2G,t}\varphi_{P2G}/H_g \tag{4-11}$$

$$g_{CGT,t}^{P2G} = Q_{CGT,t}^{P2G}\varphi_{CGT}H_g \tag{4-12}$$

式中，$Q_{P2G,t}$ 为 P2G 在 t 时刻产生的 CH_4 量；$g_{P2G,t}$ 为 P2G 在 t 时刻所消耗的电量；φ_{P2G} 为 P2G 的转换效率；H_g 为 CH_4 热值；$g_{CGT,t}^{P2G}$ 为 CGT 在 t 时刻产生的电能；$Q_{CGT,t}^{P2G}$ 为 CGT 在 t 时刻消耗的 CH_4 量；φ_{CGT} 为 CGT 的转换效率。式 (4-11) 和式 (4-12) 分别表示电能转化成 CH_4 过程和 CH_4 转化电能过程，形成电-气-电循环模式。

GST 主要将电转气所产生的 CH_4 进行存储，在负荷高峰时期进入 CGT 进行发电。同时，GST 存储的 CH_4 也可以在气价较高的时候，进入天然气网络获取售气收益。GST 中能量状态可以表示如下：

$$S_{GST,t} = S_{GST,T_0} + \sum_{t=1}^{T}\left(Q_{GST,t}^{P2G} - Q_{GST,t}^{CGT} - Q_{GST,t}^{Gas}\right) \tag{4-13}$$

式中，$S_{GST,t}$ 为 GST 在 t 时刻的储气量；S_{GST,T_0} 为 GST 最初的储气量；$Q_{GST,t}^{P2G}$ 为在 t 时刻进入 GST 的 CH_4 量；$Q_{GST,t}^{CGT}$ 为 t 时刻 GST 向 CGT 输入的 CH_4 量；$Q_{GST,t}^{Gas}$ 为在 t 时刻 GST 输入天然气网络的 CH_4 量。同时，设定 GST 不能同时进行储气和释气操作，具体如下：

$$Q_{GST,t}^{P2G}\left\{Q_{GST,t}^{CGT}, Q_{GST,t}^{Gas}\right\} = 0 \tag{4-14}$$

总体来说，通过 PGST 能够增强微电网中电力网络和天然气网络的耦合特性，更加完善 VPP 在供能稳定性方面的技术。本书着重研究 PGST 对系统新能源消纳能力及负荷波动平抑的影响。

4.2　GVPP 多目标鲁棒调度优化模型

GVPP 中 WPP 和 PV 具有较高的环境经济特性，但其自身出力的不确定性也会带来较大的运营风险。同时，随着温室效应的不断加剧，碳排放量将成为 GVPP

运营的重要约束。因此，如何平衡收益、风险以及碳排放三者间的相互关系，是 GVPP 优化运营的关键决策问题。

4.2.1 基础数学模型

为了兼顾 WPP 和 PV 所带来的收益和风险，本节选择最大化运营收益和最小化运营风险作为 GVPP 运行的优化目标，具体目标函数如下。

1. 最大化运营收益

$$\max f_1 = \sum_{t=1}^{T} \left\{ \begin{bmatrix} R_{\text{WPP},t} + R_{\text{PV},t} + R_{\text{CGT},t} + R_{\text{EVG},t} \\ + R_{\text{IBDR},t} - C_{\text{CGT},t}^{\text{pg}} - C_{\text{CGT},t}^{\text{ss}} - Q_{\text{EG},t} P_{\text{EG},t} \end{bmatrix} + \begin{bmatrix} R_{\text{P2G},t} + R_{\text{GST},t} \\ + g_{\text{P2G},t} \left(P_{\text{RE},t} - P_{\text{CGT},t} \right) \end{bmatrix} \right\}$$

(4-15)

式中，$R_{\text{WPP},t}$、$R_{\text{PV},t}$、$R_{\text{CGT},t}$、$R_{\text{EVG},t}$ 和 $R_{\text{IBDR},t}$ 分别为 WPP、PV、CGT、EVG 和 IBDR 在 t 时刻的营业收入；$P_{\text{EG},t}$、$Q_{\text{EG},t}$ 分别为 VPP 向公共电网购电的价格和购电量，由于 WPP 和 PV 发电边际成本几乎为零，故其运营收益等于电量与电价的乘积；$R_{\text{P2G},t}$、$R_{\text{GST},t}$ 分别为 P2G 和 GST 在 t 时刻的收益；$P_{\text{RE},t}$ 为 P2G 在时刻 t 的上网电价；$P_{\text{CGT},t}$ 为 CGT 在时刻 t 的上网电价；$g_{\text{P2G},t}$ 为 P2G 的用电量，同时，由于 P2G 主要利用弃风和弃光，设定 PGST 用电成本为零，但增加的清洁能源弃能电量会带来更多的补贴；$C_{\text{CGT},t}^{\text{pg}}$ 和 $C_{\text{CGT},t}^{\text{ss}}$ 分别为 CGT 的燃气成本和启停成本，具体计算如下：

$$C_{\text{CGT},t}^{\text{pg}} = a_{\text{CGT}} + b_{\text{CGT}} g_{\text{CGT},t} + c_{\text{CGT}} \left(g_{\text{CGT},t} \right)^2$$

(4-16)

$$C_{\text{CGT},t}^{\text{ss}} = \left[u_{\text{CGT},t} (1 - u_{\text{CGT},t-1}) \right] \times \begin{cases} N_{\text{CGT}}^{\text{hot}}, & T_{\text{CGT}}^{\min} < T_{\text{CGT},t}^{\text{off}} \leqslant T_{\text{CGT}}^{\min} + T_{\text{CGT}}^{\text{cold}} \\ N_{\text{CGT}}^{\text{cold}}, & T_{\text{CGT},t}^{\text{off}} > T_{\text{CGT}}^{\min} + T_{\text{CGT}}^{\text{cold}} \end{cases}$$

(4-17)

式中，a_{CGT}、b_{CGT} 和 c_{CGT} 为 CGT 发电的成本系数；$u_{\text{CGT},t}$ 为 t 时刻 CGT 的运行状态，是 0-1 变量；$N_{\text{CGT}}^{\text{hot}}$ 和 $N_{\text{CGT}}^{\text{cold}}$ 分别为 CGT 的热启动成本和冷启动成本；$T_{\text{CGT}}^{\min}$ 为 CGT 的最小允许停机时间；$T_{\text{CGT}}^{\text{cold}}$ 为 CGT 的冷启动时间；$T_{\text{CGT},t}^{\text{off}}$ 为 CGT 在 t 时刻的连续停机时间。

EVG 和 IBDR 的营业收入具体计算如下：

$$R_{\text{EVG},t} = P_{\text{EVG},t}^{\text{dis}} g_{\text{EVG},t}^{\text{dis}} - P_{\text{EVG},t}^{\text{ch}} g_{\text{EVG},t}^{\text{ch}}$$

(4-18)

$$R_{\text{IBDR}} = \sum_{i=1}^{I} \sum_{j=1}^{J} \Delta L_{i,t}^{j} P_{i,t}^{j}$$

(4-19)

式中，$P_{EVG,t}^{ch}$ 和 $P_{EVG,t}^{dis}$ 分别为 EVG 在 t 时刻的充放电价格；$g_{EVG,t}^{ch}$ 和 $g_{EVG,t}^{dis}$ 分别为 EVG 在 t 时刻的充放电电量；$P_{i,t}^j$ 为步骤 j 中 DRP$_i$ 在 t 时刻的需求响应补偿价格。

$R_{P2G,t}$ 和 $R_{GST,t}$ 的计算如下：

$$R_{P2G,t} = P_{CH_4,t}Q_{P2G,t}^{CH_4} + P_{CGT,t}g_{CGT,t}^{P2G} - P_{P2G,t}g_{P2G,t} \tag{4-20}$$

$$R_{GST,t} = P_{CH_4,t}Q_{GST,t}^{CH_4} + P_{CGT,t}g_{CGT,t}^{GST} - P_{GST,t}^{P2G}Q_{GST,t}^{P2G} \tag{4-21}$$

式中，$P_{CH_4,t}$ 和 $Q_{P2G,t}^{CH_4}$ 分别为 t 时刻 P2G 向天然气网络的输气价格和输气量；$P_{P2G,t}$ 为 P2G 在 t 时刻的用电价格；$P_{CGT,t}$ 为 CGT 在 t 时刻的上网电价；$g_{CGT,t}^{P2G}$ 为 P2G 在 t 时刻产生 CH$_4$ 用于 CGT 的发电量；$g_{CGT,t}^{GST}$ 为 t 时刻 GST 提供天然气用于 CGT 的发电量；$Q_{GST,t}^{CH_4}$ 为 t 时刻 GST 向天然气网络的输气量；$P_{GST,t}^{P2G}$、$Q_{GST,t}^{P2G}$ 分别为 t 时刻 P2G 向 GST 提供的 CH$_4$ 价格和 CH$_4$ 量。

2. 最小化运营风险

具体内容见 2.2.1 节第 2 部分。

同时，为了保证 GVPP 安全可靠运行，负荷供需平衡约束、PGST 运行约束、碳排放总量约束以及 IBDR 操作约束、系统储备约束均需要被考虑，主要约束条件如下。

1) 负荷供需平衡约束

$$\underbrace{\left\{ g_{WPP,t}(1-\varphi_{WPP}) + g_{PV,t}(1-\varphi_{PV}) + g_{CGT,t}(1-\varphi_{CGT}) + \left(g_{EVG,t}^{dis} - g_{EVG,t}^{ch}\right) + u_{IB,t}\Delta L_{IB,t}^E \right\}}_{\text{GVPP日前调度功率输出}}$$
$$+ g_{UG,t} = L_t + g_{P2G,t} - u_{PB,t}\Delta L_{PB,t} \tag{4-22}$$

式中，$g_{WPP,t}$、$g_{PV,t}$ 分别为 WPP 和 PV 在 t 时刻的发电出力；$g_{CGT,t}$ 为 CGT 在 t 时刻的发电出力，等于 $g_{CGT,t}^{se} + g_{CGT,t}^{P2G} + g_{CGT,t}^{GST}$；$g_{CGT,t}^{se}$ 为 CGT 自身发电量；$\Delta L_{IB,t}^E$ 为 IBDR 在 t 时刻的能量市场出力；φ_{WPP}、φ_{PV} 和 φ_{CGT} 分别为 WPP、PV 和 CGT 的厂用电率。根据微观经济学理论，PBDR 由需求价格弹性来描述：

$$e_{st} = \frac{\Delta L_s / L_s^0}{\Delta P_t / P_t^0} \begin{cases} e_{st} < 0, & s = t \\ e_{st} \geqslant 0, & s \neq t \end{cases} \tag{4-23}$$

式中，ΔL_s 和 ΔP_t 分别为 PBDR 后需求和价格的变化；L_s^0 和 P_t^0 分别为初始需求和价格。

然后，可以计算 PBDR 产生的负载变化：

$$\Delta L_{\mathrm{PB},t} = L_t^0 \left(e_{tt} \frac{P_t - P_t^0}{P_t^0} + \sum_{s=1,s\neq t}^{24} e_{st} \frac{P_s - P_s^0}{P_s^0} \right) \tag{4-24}$$

式中，L_t^0 为 PBDR 之前的负载需求；P_t^0 和 P_t 分别为 PBDR 前后的电价；并且 e_{st} 为价格需求弹性，当 $s = t$ 时，称为自弹性，当 $s \neq t$ 时，称为交叉弹性。文献[30]中提供了详细的数学描述。

2）PGST 运行约束

PGST 运行约束包括 P2G 运行约束和 GST 运行约束，具体约束条件如下：

$$0 \leqslant Q_{\mathrm{P2G},t} \leqslant Q_{\mathrm{P2G},t}^{\mathrm{rated}} \tag{4-25}$$

$$S_{\mathrm{GST},t}^{\min} \leqslant S_{\mathrm{GST},t} \leqslant S_{\mathrm{GST},t}^{\max} \tag{4-26}$$

$$Q_{\mathrm{GST},t}^{\mathrm{P2G},\min} \leqslant Q_{\mathrm{GST},t}^{\mathrm{P2G}} \leqslant Q_{\mathrm{GST},t}^{\mathrm{P2G},\max} \tag{4-27}$$

$$Q_{\mathrm{P2G},t}^{\min} \leqslant Q_{\mathrm{P2G},t}^{\mathrm{CH_4}} + g_{\mathrm{CGT},t}^{\mathrm{P2G}} \Big/ \varphi_{\mathrm{CGT}} H_{\mathrm{g}} \leqslant Q_{\mathrm{P2G},t}^{\max} \tag{4-28}$$

$$Q_{\mathrm{GST},t}^{\min} \leqslant Q_{\mathrm{GST},t}^{\mathrm{CH_4}} + g_{\mathrm{CGT},t}^{\mathrm{GST}} \Big/ \varphi_{\mathrm{CGT}} H_{\mathrm{g}} \leqslant Q_{\mathrm{GST},t}^{\max} \tag{4-29}$$

式中，$Q_{\mathrm{P2G},t}^{\mathrm{rated}}$ 为 P2G 在 t 时刻的额定运行功率；$S_{\mathrm{GST},t}^{\max}$、$S_{\mathrm{GST},t}^{\min}$ 分别为 GST 在 t 时刻的最大和最小储气量；$Q_{\mathrm{GST},t}^{\mathrm{P2G},\min}$ 和 $Q_{\mathrm{GST},t}^{\mathrm{P2G},\max}$ 分别为 GST 在 t 时刻储气的最小和最大功率；$Q_{\mathrm{P2G},t}^{\min}$ 和 $Q_{\mathrm{P2G},t}^{\max}$ 分别为 P2G 在 t 时刻输出 CH_4 的最小和最大功率；$Q_{\mathrm{GST},t}^{\min}$ 和 $Q_{\mathrm{GST},t}^{\max}$ 分别为 GST 在 t 时刻输出 CH_4 的最小和最大功率。同时，为给下一调度周期预留一定的调节裕度，将运行一个周期后的储气量恢复到原来的储气量，也就意味着一个周期内的充气量等于放气量，具体约束条件如下：

$$Q_{\mathrm{P2G},t} = \left[\begin{array}{l} Q_{\mathrm{P2G},t}^{\mathrm{CH_4}} \Big/ (1-\varphi_{\mathrm{P2G}}) + Q_{\mathrm{GST},t}^{\mathrm{CH_4}} \Big/ (1-\varphi_{\mathrm{GST}}) \\ + \left(g_{\mathrm{CGT},t}^{\mathrm{GST}} + g_{\mathrm{CGT},t}^{\mathrm{P2G}} \right) \Big/ \varphi_{\mathrm{CGT}} H_{\mathrm{g}} - \left(Q_{\mathrm{GST},t} - Q_{\mathrm{GST},T_0} \right) \Big/ (1-\varphi_{\mathrm{GST}}) \end{array} \right] \Big/ (1-\varphi_{\mathrm{P2G}}) \tag{4-30}$$

式中，$Q_{\mathrm{GST},t}$ 和 Q_{GST,T_0} 分别为 t 时刻和初始时刻 GST 的储气率。

同样，为了最大化 P2G 的利用效率，P2G 产生的 CH_4 也需维持平衡，具体如下：

$$\sum_{t=1}^{T} \left[Q_{\mathrm{GST},t}^{\mathrm{P2G}} \left(1 - \varphi_{\mathrm{GST}}\right) - \left(Q_{\mathrm{GST},t}^{\mathrm{CH_4}} + g_{\mathrm{CGT},t}^{\mathrm{GST}} / \varphi_{\mathrm{CGT}} H_{\mathrm{g}}\right) \right] = 0 \tag{4-31}$$

3）碳排放总量约束

GVPP 中 CGT 的发电出力均伴随着 CO_2 的排放。当 GVPP 可用出力小于负荷需求时，需向外部电网购电。虽然这未带来新增碳排放，但这部分电量产生的碳排放也应当看作 GVPP 运营产生的碳排放。同时，P2G 能够在 GVPP 内部利用 CO_2，本书引入 MTEA 这一指标，具体约束条件如下：

$$\sum_{t=1}^{T} \left[a_{\mathrm{CGT}} + b_{\mathrm{CGT}} g_{\mathrm{CGT}} + c_{\mathrm{CGT}} g_{\mathrm{CGT},t}^2 + g_{\mathrm{UG},t} \gamma_{\mathrm{CO_2}} \psi_{\mathrm{CO_2}} - Q_{\mathrm{CGT},t}^{\mathrm{P2G,CO_2}} \right] \leqslant \mathrm{META} \tag{4-32}$$

式中，$g_{\mathrm{UG},t} \gamma_{\mathrm{CO_2}} \psi_{\mathrm{CO_2}}$ 为 GVPP 向公共电网购电所需承担的碳排放量，$\gamma_{\mathrm{CO_2}}$ 为 GVPP 承担的比例系数，$\psi_{\mathrm{CO_2}}$ 为公共电网单位电量的碳排放量；$Q_{\mathrm{CGT},t}^{\mathrm{P2G,CO_2}}$ 为 CGT 在 t 时刻向 P2G 提供的碳排放量。

4）IBDR 操作约束

IBDR 可以应用于能源市场调度和储备市场调度，详细的约束表示如下：

$$\Delta L_{\mathrm{IB},t}^{\mathrm{E}} + \Delta L_{\mathrm{IB},t}^{\mathrm{up}} \leqslant \Delta L_{\mathrm{IB},t}^{\max} \tag{4-33}$$

$$\Delta L_{\mathrm{IB},t}^{\mathrm{E}} + \Delta L_{\mathrm{IB},t}^{\mathrm{down}} \geqslant \Delta L_{\mathrm{IB},t}^{\min} \tag{4-34}$$

式中，$\Delta L_{\mathrm{IB},t}^{\mathrm{E}}$ 为能源市场调度中 IBDR 产生的调度电力负荷变化；$\Delta L_{\mathrm{IB},t}^{\mathrm{up}}$ 和 $\Delta L_{\mathrm{IB},t}^{\mathrm{down}}$ 为 IBDR 在储备市场的调度能力；$\Delta L_{\mathrm{IB},t}^{\max}$ 为 IBDR 在时间 t 的最大输出；$\Delta L_{\mathrm{IB},t}^{\min}$ 为 IBDR 在时间 t 的最小输出。

5）系统储备约束

具体约束如下：

$$g_{\mathrm{VPP},t}^{\max} - g_{\mathrm{VPP},t} + \Delta L_{\mathrm{PB},t} + \Delta L_{\mathrm{IB},t}^{\mathrm{up}} \geqslant r_1 \cdot L_t + r_2 \cdot g_{\mathrm{WPP},t} + r_3 \cdot g_{\mathrm{PV},t} \tag{4-35}$$

$$g_{\mathrm{VPP},t} - g_{\mathrm{VPP},t}^{\min} + \Delta L_{\mathrm{IB},t}^{\mathrm{down}} \geqslant r_4 \cdot g_{\mathrm{WPP},t} + r_5 \cdot g_{\mathrm{PV},t} \tag{4-36}$$

式中，$g_{\mathrm{VPP},t}^{\max}$ 和 $g_{\mathrm{VPP},t}^{\min}$ 分别为 t 时刻 VPP 的最大和最小可用出力；$g_{\mathrm{VPP},t}$ 为 t 时刻 VPP 发电出力；$\Delta L_{\mathrm{PB},t}$ 为 t 时刻由 PBDR 提供的出力；r_1、r_2 和 r_3 分别为负荷、WPP 和 PV 的上旋转备用系数；r_4 和 r_5 分别为 WPP 和 PV 的下旋转备用系数。

4.2.2　鲁棒优化模型

在提到的 GVPP 中，存在三个不确定因素，即 $g_{\mathrm{WPP},t}$、$g_{\mathrm{PV},t}$ 和 L_t。如何为 GVPP 制定最优策略对决策者来说非常重要。由于 EVG、CGT、GST 和 IBDR 的

存在，灵活性电源电能供给能力充足，故本书认为 GVPP 能够应对负荷不确定性，但需重点考虑 WPP 和 PV 的不确定性。一般来说，处理不确定性因素的方法有随机规划和鲁棒优化两种方法。前者能够解决不确定性问题，但难以描述概率分布规律，且计算十分复杂。然而，鲁棒优化的最优解对集合内每一个元素可能造成的不良影响具有一定的抑制性，调节鲁棒系数即可决策出不同程度上抑制不确定性影响的优化调度方案。该方法无须考虑大量随机方案，计算负担较小，适用空间更佳[31]。因此，本书选择鲁棒随机优化理论转换含不确定性因素的目标函数，具体过程如下。

首先，假设 $e_{\mathrm{WPP},t}$ 和 $e_{\mathrm{PV},t}$ 为设定的预测偏差，然后，$g_{\mathrm{WPP},t}$ 和 $g_{\mathrm{PV},t}$ 可能在 $\left[(1-e_{\mathrm{WPP},t})\cdot g_{\mathrm{WPP},t},(1+e_{\mathrm{WPP},t})\cdot g_{\mathrm{WPP},t}\right]$、$\left[(1-e_{\mathrm{PV},t})\cdot g_{\mathrm{PV},t},(1+e_{\mathrm{PV},t})\cdot g_{\mathrm{PV},t}\right]$ 内波动。为便于表达，$e_{\mathrm{RE},t}$ 用于替代 $e_{\mathrm{WPP},t}$ 和 $e_{\mathrm{PV},t}$，$g_{\mathrm{RE},t}$ 用于替代 $g_{\mathrm{WPP},t}$ 和 $g_{\mathrm{PV},t}$。相应地，$g_{\mathrm{RE},t}$ 可在 $\left[(1-e_{\mathrm{RE},t})\cdot g_{\mathrm{RE},t},(1+e_{\mathrm{RE},t})\cdot g_{\mathrm{RE},t}\right]$ 内波动。最后，设置系统净负荷 M_t 如式 (4-39) 所示：

$$M_t = g_{\mathrm{CGT},t}(1-\varphi_{\mathrm{CGT}})+\left(g_{\mathrm{EVG},t}^{\mathrm{dis}}-g_{\mathrm{EVG},t}^{\mathrm{ch}}\right)+u_{\mathrm{IB},t}\Delta L_{\mathrm{IB},t}^{\mathrm{E}}+g_{\mathrm{UG},t}-\left(L_t+g_{\mathrm{P2G},t}-u_{\mathrm{PB},t}\Delta L_{\mathrm{PB},t}\right)$$

$$(4\text{-}37)$$

其次，将式 (4-32) 改写为

$$-\left[g_{\mathrm{RE},t}(1-\varphi_{\mathrm{RE}})\pm e_{\mathrm{RE},t}g_{\mathrm{RE},t}\right]\leqslant M_t \tag{4-38}$$

式 (4-38) 表明，随机变量的影响越大，不等式约束变得越严格。为保证实际输出达到预测边界时约束条件满足要求，引入辅助变量加强上述约束条件，辅助变量设定为 $\theta_{\mathrm{RE},t}\geqslant\left|g_{\mathrm{RE},t}(1-\varphi_{\mathrm{RE}})\pm e_{\mathrm{RE},t}\cdot g_{\mathrm{RE},t}\right|$。因此，式 (4-38) 可以改写如下：

$$-\left(g_{\mathrm{RE},t}+e_{\mathrm{RE},t}g_{\mathrm{RE},t}\right)\leqslant-g_{\mathrm{RE},t}+e_{\mathrm{RE},t}\left|g_{\mathrm{RE},t}\right|\leqslant-g_{\mathrm{RE},t}+e_{\mathrm{RE},t}\theta_{\mathrm{RE},t}\leqslant M_t \tag{4-39}$$

式 (4-41) 显示了最严格的稳健约束。由于极端情况具有一定的发生概率，我们引入稳健系数 Γ_{RE}，$\Gamma_{\mathrm{RE}}\in[0,1]$，将上述约束修改为

$$-\left(g_{\mathrm{RE},t}+e_{\mathrm{RE},t}g_{\mathrm{RE},t}\right)\leqslant-g_{\mathrm{RE},t}+\Gamma_{\mathrm{RE}}e_{\mathrm{RE},t}\left|g_{\mathrm{RE},t}\right|\leqslant-g_{\mathrm{RE},t}+e_{\mathrm{RE},t}\theta_{\mathrm{RE},t}\leqslant M_t \tag{4-40}$$

再次，对于多目标优化问题，需要对目标函数进行加权转为单目标优化模型，但由于不同目标函数具有不同的量纲和优化方向，难以直接进行加权，故需对其进行预处理。模糊满意度理论能够通过分析目标函数值与理想值间的距离，将数值优化转换为程度优化[32]。本书分别选择升半直线形隶属度函数处理最大化运营收益目标，选择降半梯度隶属度函数处理最小化运营风险目标函数，具体过程如下：

$$\rho(f_i) = \begin{cases} 0, & f_i \leqslant f_i^* \\ \dfrac{f_i^* + \vartheta_i - f_i}{\vartheta_i}, & f_i^* < f_i < f_i^* + \vartheta_i \\ 1, & f_i \geqslant f_i^* + \vartheta_i \end{cases} \tag{4-41}$$

$$\rho(f_i) = \begin{cases} 1, & f_i \leqslant f_i^* \\ \dfrac{f_i - \left(f_i^* + \vartheta_i\right)}{\vartheta_i}, & f_i^* < f_i < f_i^* + \vartheta_i \\ 0, & f_i \geqslant f_i^* + \vartheta_i \end{cases} \tag{4-42}$$

式中，$\rho(f_i)$ 为目标函数 f_i 的隶属度函数；f_i 为第 i 个目标函数值；f_i^* 为第 i 个目标函数的理想值；ϑ_i 为决策者可接受的第 i 个目标的增加值，是指将目标进行一定的伸缩。式(4-41)和式(4-42)分别为升半直线形隶属度函数和降半梯度隶属度函数，主要用于处理最大化运营收益目标函数和最小化运营风险目标函数。

最后，结合式(4-22)~式(4-36)、式(4-40)与目标函数[式(4-41)、式(4-42)]，可以构建具有自由调整鲁棒性的随机优化模型，如式(4-43)所示。该模型可用于计算考虑决策者不同风险态度的不同鲁棒系数的优化调度方案。

$$\min \rho(f) = \sum_{i=1}^{I} \lambda_i \rho(f_i)$$
$$\text{s.t.} \begin{cases} \text{式}(4\text{-}25) \sim \text{式}(4\text{-}38)\text{和式}(4\text{-}42) \\ \sum_{i=1}^{I} \lambda_i = 1, \quad 0 \leqslant \lambda_i \leqslant 1 \\ \text{其他限制} \end{cases} \tag{4-43}$$

式中，λ_i 为决策者对不同风险态度的权重系数。

总体来说，上述所提模型能够实现在系统运行信息掌握不完全的情况下，在一定扰动范围内保证系统安全、稳定运行，提高系统对不确定性因素的免疫能力，并实现调度预定目标。但由式(4-43)也可以看出，如何确定合理的权重系数，转换多目标模型为单目标模型是模型求解的关键。

4.3　GVPP 多目标模型求解算法

本书所构建的 GVPP 调度模型包括两个目标函数，在进行模型求解时，利用加权函数将多目标模型转换为单目标模型。本书采用粗糙集理论求解目标函数权重系数，包括三个步骤：第一，计算 GVPP 多目标模型收益表；第二，利用粗糙集理论确定各目标的权重系数,加权多目标函数为综合目标函数;第三,根据综合目标函数下 GVPP 的调度结果,更新收益表,迭代计算权重系数,直至获取稳定的权重系数,加权形成 GVPP 综合单目标调度模型。

4.3.1 收益表

根据表 2-1,可得到预处理后的目标函数决策矩阵$[f_{ik}]_{I \times I}$,进一步,本书应用粗糙集法进行目标函数权重的计算。粗糙集理论通过学习、归纳与挖掘对不完整、不准确的数据进行处理,并将其转化为较为清晰简明的数据体系,具体介绍见文献[33]。目标函数权重计算过程如下。

1. 构建关系数据模型

设目标函数 f_i 的权重为 $1/I$,计算综合目标 $\tilde{F}$ 值,$\tilde{F}$ 为决策属性,$D = \{\tilde{F}\}$ 是决策属性集。$U = \{u_1, u_2, \cdots, u_j\}$ 表示样本集,$u_j = (f_{1j}, f_{2j}, \cdots, f_{mj}; \tilde{F}_j)$,$f_{mj}$ 和 $\tilde{F}_j$ 分别表示权重 m/I 和综合目标值,u_j 为综合目标最优值,代表对象 F 信息,u_j 属性为 $f_i(u_j) = v_{ij}$,$F_i(u_j) = \tilde{F}_j$。

2. 计算 R_V 对 R_D 的依赖度

具体计算公式如下:

$$r_{R_V}(R_D) = \frac{\sum \rho\{R_V([\tilde{F}]_{R_D})\}}{\rho(U)} \tag{4-44}$$

式中,R_V 和 R_D 为知识基数;$r_{R_V}(R_D)$ 为 R_V 对 R_D 的依赖度;$\rho(\cdot)$ 为集合基数;$R_V(D)$ 为 U 中所有运用 U/C 分类的知识,可用来确定目标集中 U/D 的等价分类,U 为全集,D 为决策属性集,C 为条件属性集,V 为决策集。

3. 计算 R_V 对 $R_{V-|v_i|}$ 的依赖度

具体计算公式如下:

$$r_{R_{V-|v_i|}}(R_D) = \frac{\sum \rho[R_{V-|v_i|}([\tilde{F}]_{R_D})]}{\rho(U)} \tag{4-45}$$

式中,$r_{R_{V-|v_i|}}(R_D)$ 为 $R_{V-|v_i|}$ 对 R_D 的依赖度,$V - |v_i|$ 表示 V 与 $|v_i|$ 的偏离程度;$R_{V-|v_i|}(D)$ 为去掉指标 v_i 后 U 中所有运用 U/C 分类的知识。

4. 计算目标 i 的权重值

具体计算公式如下:

$$\sigma_D(D) = r_{R_V}(R_D) - \sigma_D(v_i) \tag{4-46}$$

$$\lambda_i = \sigma_D(D) / \sum_{i=1}^{I} \sigma_D(v_i) \tag{4-47}$$

式中，$\sigma_D(D)$ 为目标 i 的重要程度；λ_i 为不同目标函数的权重系数。

4.3.2 目标权重计算

根据式 (4-44)～式 (4-47) 能够计算目标函数的权重系数，代入式 (4-43) 中可以得到综合目标函数下的 GVPP 调度结果。但在实际应用过程中，目标函数个数不多，导致权重计算片面性较大。为了丰富样本数量，本书分别在综合目标函数下计算 GVPP 运行的不同目标函数值，将其代入表 2-1 中，更新收益表如表 4-1 所示。

表 4-1 多目标函数收益表

	obj_1	obj_2	$\cdots$	obj_I
obj_1	obj_{11}	obj_{12}	$\cdots$	obj_{I1}
obj_2	obj_{21}	obj_{22}	$\cdots$	obj_{I2}
$\vdots$	$\vdots$	$\vdots$	$\vdots$	$\vdots$
obj_I	obj_{I1}	obj_{I2}	$\cdots$	obj_{II}
obj_{I+1}	$obj_{I+1,1}$	$obj_{I+1,2}$	$\cdots$	$obj_{I+1,I}$

根据表 4-1，利用式 (4-44)～式 (4-47) 重新计算目标函数的权重系数，本书引入权重偏差系数，判定目标函数权重系数的合理性，具体计算过程如下：

$$\delta = \sum_{j=1}^{J} \left| \lambda_i^{j-1} - \lambda_i^j \right| \leqslant \overline{\delta} \tag{4-48}$$

式中，δ 为权重偏差系数，即相邻两次目标函数的权重差值；λ_i^j 为第 i 个目标函数第 j 次计算的权重；$\overline{\delta}$ 为决策者所能接受的决策偏差度。当偏差度满足决策者要求时，将权重计算结果代入式 (4-43) 获得 GVPP 的综合调度结果。反之当偏差度不满足决策者要求时，重新计算在综合目标函数下 GVPP 运行的不同目标函数，将其代入表 4-1，更新多目标函数的收益表，并利用式 (4-44)～式 (4-47) 重新计算目标函数的权重系数，再次利用式 (4-48) 判定权重合理性。迭代上述权重计算过程，直至权重偏差系数满足决策者的要求。图 4-2 为多目标模型的求解流程图。

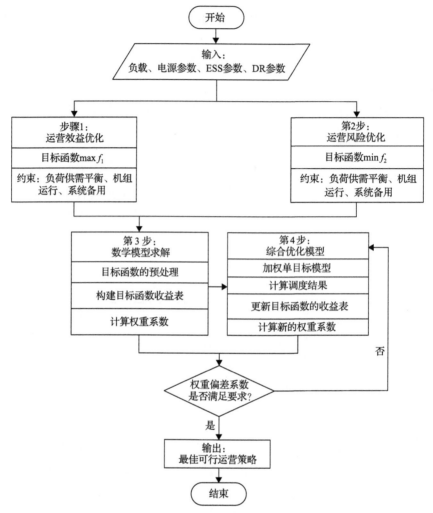

图 4-2　多目标模型的求解流程图

4.3.3　仿真情景设定

GST 能够根据负荷供需情况，在低谷时段存储 P2G 产生的 CH_4，在高峰时段释放 CH_4 用于售气或 CGT 发电，有利于增加 GVPP 内部调度的灵活性。同样，PBDR 利用分时电价引导用户合理用电，平缓负荷需求曲线，从而为 GVPP 利用更多的 WPP 和 PV 提供更大的空间。因此，本书根据 GST 和 PBDR 划分多目标模型的仿真情景。

情景 1，基础情景，没有 GST 和 PBDR 的 GVPP 自调度。该情景主要作为基础情景，用于验证所提多目标模型和求解算法的有效性，并讨论 GVPP 内部气电能源间的转换效应，分析 GVPP 内部不同分布式电源间的互补效应以及 P2G 所产

生的 CH_4 的增量收益。

　　情景 2，PBDR 情景，仅使用 PBDR 的 GVPP 自我调度。PBDR 能够平缓负荷曲线，有利于在谷时段促进 WPP 和 PV 发电并网。P2G 利用谷时段的弃能，需求响应和 P2G 在谷时段的作用间有着直接的联系，故本情景重点讨论 PBDR 对 P2G 的影响及对 GVPP 运行的优化效应。

　　情景 3，GST 情景，仅使用 GST 的 GVPP 自行调度。GST 能够根据电价和气价不同时段的差异，进行储气、发电和售气，形成气电能源双向转换。故本情景讨论 GST 与 CGT 间的耦合效应，重点分析 GVPP 间的电-气-电循环效应，特别是 GST 对 WPP 和 PV 并网空间的提升作用。

　　情景 4，综合情景，GVPP 与 GST 和 PBDR 的综合调度。由于 PBDR 能够提升 WPP 和 PV 并网空间，而 GST 则能够存储 P2G 利用弃风和弃光产生的 CH_4，两者均能促进 WPP 和 PV 的利用。故该情景主要分析 PBDR 和 GST 两者间的协同优化效应，主要参数同上述三种情景。

　　通过上述四种情景，能够分析 GVPP 内部的气电能源间的转换效应，以及 GST 和 PBDR 对 GVPP 运行的影响。进一步，由式(4-18)、式(4-34)可知，目标函数和约束条件中均含二次项，属于 MINLP 问题。MINLP 问题求解难度较大，花费时间较多，所得解难以实现最优。同样，CGT 机组运行约束中也存在非线性约束条件，在进行模型求解前应对所提目标函数和约束条件进行线性化处理，这在作者之前的文献中也有研究[34]。

4.4　算　例　分　析

4.4.1　基础数据

　　为验证所提模型及算法的有效性和适用性，本书参考文献[35]构造 9 节点能源集线器系统作为仿真系统。其中，H1～H9 是 9 个能源集线器，H6 的内部结构如图 2-1 所示，其余能源集线器内部无 P2G 设备和储气设备。H3 和 H5 分别接入 $1\times1MW$ 的 CGT，上下坡速率分别为 0.1MW/h 和 0.2MW/h，启停时间分别为 0.1h 和 0.2h，启停成本为 0.102 元/(kW·h)。参照文献[35]将其成本曲线分两段线性化，两段的斜率系数分别为 110 元/MW 和 362 元/MW。H7 和 H9 分别接入 $5\times0.2MW$ 的 PV 和 $2\times1MW$ 的 WPP，H6 接入 100 辆 V2G 型 EV，单台 EV 额定充放电功率为 1.8kW，单台 EV 蓄电池的额定容量为 10kW·h，充放电损耗率约为 4%。H4 接入 0.1MW 的可控负荷，通过 IBDR 参与 GVPP 发电调度。参照文献[36]，设定 P2G 设备的电气能源转换效率为 60%，CH_4 热值取 $39MJ/m^3$，PGST 额定功率为 0.2MW，GST 的额定储气量为 $200m^3$，储气损耗率为 5%。另外，H3 和 H4 分别接入气源点 S2 和 S1。图 4-3 是包括 9 个能源集线器的综合能源系统。

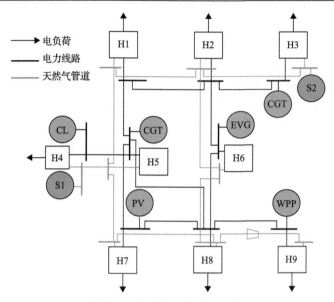

图 4-3　节点能源集线器系统

然后，为了获得 WPP 和 PV 的可用出力，参考文献[34]设置风电参数 $v_{in} = 3\,\text{m/s}$，$v_{rated} = 14\,\text{m/s}$，$v_{out} = 25\,\text{m/s}$，形状参数和尺度参数 $\varphi = 2$、$\vartheta = 2\overline{v}/\sqrt{\pi}$。参考文献[35]，设置光辐射强度参数 α 和 β 分别为 0.39 和 8.54。得到上述参数后，参考文献[26]中提出的情景模拟和缩减方法，获取 10 组典型模拟情景，选择概率最高的情景作为风光的可用输出数据。假设 WPP 和 PV 的预测误差分别为 0.08 和 0.06，其中两个初始稳健系数分别为 0.5。参考文献[37]，选取典型日负荷需求，最大负荷和最小负荷分别为 2.53MW 和 1.35MW。图 4-4 为典型负荷日的负荷、WPP 和 PV 的预测值。

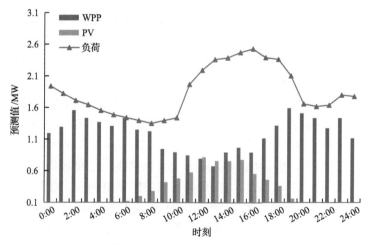

图 4-4　典型负荷日的负荷、WPP 和 PV 的预测值

进一步，设定 WPP、PV、CGT 的发电上网电价分别为 0.57 元/(kW·h)、0.7 元/(kW·h) 和 0.41 元/(kW·h)。设定 EVG 的充放电价格分别为 0.30 元/(kW·h) 和 0.72 元/(kW·h)。划分负荷峰、平、谷时段(11:00~19:00、0:00~2:00 和 20:00~ 24:00、3:00~11:00)，选取电力需求弹性矩阵。PBDR 前，终端用户用电电价为 0.59 元/(kW·h)，PBDR 后平时段用电价格维持不变，峰时段用电价格上调 30%，谷时段用电价格下调 50%。同时，为避免用户过度响应，导致负荷峰谷倒挂，限定 PBDR 产生的负荷波动幅度不超过原负荷需求的 10%。设定 CL 提供正负出力的价格分别为 0.65 元/(kW·h) 和 0.25 元/(kW·h)。根据式(2-15)和式(2-16)的化学反应，H_2O 输入和输出相等，参照文献[38]，设定 GVPP 向天然气网络输出的价格为 1.84 元/m^3。最后，设定初始置信度 β 和鲁棒系数 Γ 均为 0.9，风光预测精度 e 为 0.9，进而进行多目标模型的求解。

4.4.2　算例结果

1. 情景 1 的自优化结果

该情景作为基础情景，主要用于分析 GVPP 和 PSGT 两个子系统间的耦合效应，并讨论 VPP 内部的资源互补效应。首先，分别计算单目标收益表。应用式 (4-44)~式(4-47)，计算得到 f_1、f_2 的首次权重分别为 0.432 和 0.568。进一步，为了避免数据不足导致权重计算的偏差，根据 4.1 节迭代求取目标权重系数。图 4-5 是目标函数加权值的变化趋势。

根据图 4-5，随着迭代次数的不断增加，两个目标函数的权重系数均逐步趋于稳定，特别是，当迭代次数到 7 次时，f_1、f_2 的价格分别为 32478.2 元和 7629.63 元，基本达到稳定。当迭代次数达到 10 次时，f_1、f_2 的价格分别为 32073.91 元和

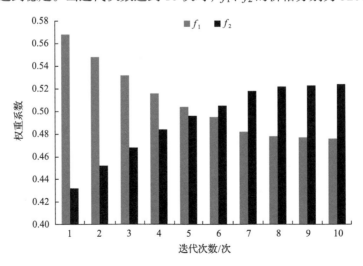

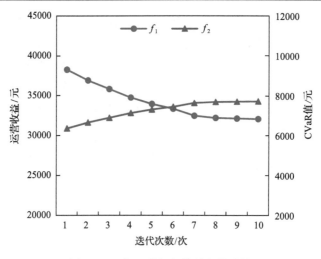

图 4-5　目标函数加权值的变化趋势

7718 元，已处于最优状态。可见，所提多目标权重计算方法能够确立不同目标函数最优的权重系数。进一步，分析综合目标函数下的 GVPP 调度优化结果，图 4-6 是情景 1 中 GVPP 运行的调度结果。

根据图 4-6，从不同电源间的互补效应来看，CGT、WPP、PV 为主要电源，EVG 和 IBDR 则主要为 WPP 和 PV 提供备用服务。在谷时段，负荷需求由 EVG 充电和 IBDR 提供负出力满足，在峰时段，负荷需求由 IBDR 提供正出力满足，而 EVG 在峰时段释能发电。从 WPP 和 PV 出力来看，在峰时段，WPP 和 PV 主要用于满足电负荷需求。P2G 利用弃风和弃光将 CGT 产生的 CO_2 转化为 CH_4。相应地，P2G 所利用的弃风和弃光电量分别为 7.05MW·h 和 1.35MW·h。

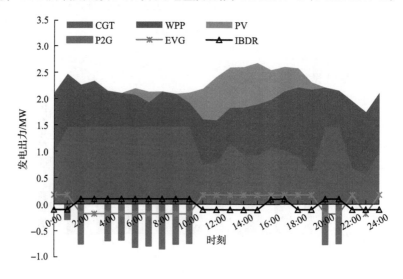

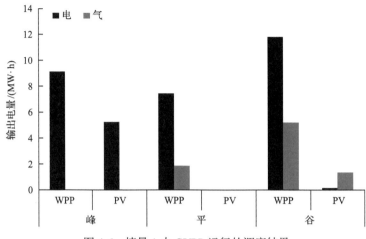

图 4-6　情景 1 中 GVPP 运行的调度结果

总体来说，GVPP 能够通过 VPP 互补利用不同分布式电源，兼顾 GVPP 的运营收益和风险。同时，GVPP 可利用 P2G 将弃风、弃光和 CGT 产生的 CO_2 转化为 CH_4，并向天然气网络售出，从而获取经济收益。但是，由于低谷时段电价较低，CH_4 不能用于 CGT 发电，电-气-电循环不能形成。

2. 情景 2 的自优化结果

该情景为 PBDR 情景，主要用于分析分时电价对 GVPP 运行的优化效应。PBDR 能够提升用户谷时段的负荷需求，削减峰时段的负荷需求。特别是，较高的峰时段电价能够刺激 EVG 利用谷时段的弃能蓄能，并在峰时段释能发电，从而获取较高的经济收益。可见，PBDR 将影响 GVPP 利用 EVG 充放电以及利用 P2G 生产 CH_4 的行为。图 4-7 是情景 2 中 GVPP 运行的调度结果。

对比图 4-6，PBDR 后，在谷时段，WPP 和 PV 发电并网电量分别增加 0.301MW·h 和 0.364MW·h。在峰时段，EVG 释能发电、IBDR 提供负出力，CGT 发电出力也有所降低，降低了 0.6MW·h。从负荷需求来看，PBDR 后负荷曲线的峰谷比由 1.875 降低至 1.617，负荷曲线更加平缓，这能够刺激 EVG 在谷时段利用较低的电价进行充电蓄能，而在峰时段利用较高的电价进行释能发电，从而提升 WPP 和 PV 的并网空间。这也降低了 GVPP 对 P2G 的利用程度，进一步，对比 PBDR 前后的 GVPP 运行结果。表 4-2 是存在/不存在 P2G 的 GVPP 运行的优化结果。

根据表 4-2，对比存在/不存在 P2G 的运行结果，P2G 能将谷时段的弃风和弃光转化为 CH_4，向天然气网络售气获取收益。相应地，f_1、f_2 的值分别增加 1021.34元和 32.52 元。可见，P2G 有利于提升 GVPP 运行的经济收益，但也会增加 GVPP 的运营风险。进一步，对比 PBDR 前/PBDR 后的运行结果，P2G 利用的弃风和弃

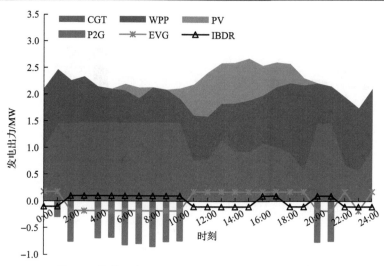

图 4-7 情景 2 中 GVPP 运行的调度结果(扫码见彩图)

表 4-2 存在/不存在 P2G 的 GVPP 运行的优化结果

存在/不存在 P2G		发电量/(MW·h)					P2G 利用的弃风/弃光 /(MW·h)		负荷需求/MW			目标函数/元	
		CGT	WPP	PV	EVG	IBDR	WPP	PV	峰时段	谷时段	平时段	f_1	f_2
不存在		26.08	22.88	5.39	±2.16	(−1.2,1.2)	—	—	2.53	1.35	1.875	31052.57	7685.48
存在	PBDR前	27.73	21.23	5.39	±2.16	(−1.2,1.1)	7.05	1.35	2.53	1.35	1.875	32073.91	7718.00
	PBDR后	27.13	22.03	5.73	±2.16	(−1.1,1.4)	6.88	1.20	2.41	1.49	1.617	32155.09	7640.56

光量分别降低 0.17MW·h 和 0.15MW·h。但是，WPP 和 PV 的总并网电量分别增加 0.8MW·h 和 0.34MW·h。相应地，f_1、f_2 的值分别增加 81.18 元和减少 77.44 元。这表明 PBDR 能够促进 GVPP 优先利用 WPP 和 PV 满足电负荷需求，提升 GVPP 的运营收益，更加平缓的负荷曲线释放了灵活性电源的备用能力，有利于降低 GVPP 的运营风险。

3. 情景 3 的自优化结果

该情景为 GST 情景，主要在情景 1 的基础上，分析 GST 对 GVPP 运行的优化效应。GST 能够存储低谷时段 P2G 产生的 CH_4，进而在电负荷峰时段用于 CGT 发电出力或者向天然气网络售气，从而获得额外的经济收益。相应地，WPP 和 PV 的并网电量分别为 31.82MW·h 和 6.74MW·h。f_1、f_2 的值分别为 32512.80 元和 7825.56 元,与情景 1 相比增加了 438.89 元和 107.56 元。图 4-8 为情景 3 中 GVPP 运行的调度结果。

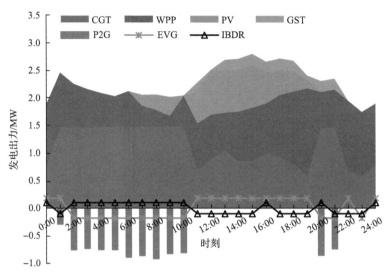

图 4-8　情景 3 中 GVPP 运行的调度结果(扫码见彩图)

对比图 4-6,如果 GST 被纳入 GVPP,P2G 能够利用谷时段的弃风和弃光制造 CH_4,并根据电价、气价以及负荷供需关系,向天然气网络售出 CH_4,CGT 用气发电或将 CH_4 存储于 GST。同时,在峰时段,CGT 利用 GST 中存储的 CH_4 进行发电,与 WPP、PV、EVG 等协同满足电负荷需求。相应地,P2G 所产生的 CH_4 为 508.93m^3,相比情景 1 和情景 2 中,分别增加 43.79m^3 和 73.53m^3。GST 并网的发电总量为 1.837MW·h。由于 GST 所释放的 CH_4 主要通过 CGT 发电,这意味着 GST 发电出力能同时参与能源/备用市场调度。图 4-9 是情景 3 中 P2G 和 GST 的运行结果。

根据图 4-9,在谷时段,由于电价较低,P2G 产生的 CH_4 包括 2 个去向:通过天然气网络售出 174.384m^3(1:00～5:00 和 8:00～9:00),存储于 GST 188.06m^3(6:00～7:00 和 9:00～10:00)。在峰时段,GST 中的 CH_4 进入 CGT 进行发电(132.684m^3,11:00～19:00)。在平时段,P2G 和 GST 所提供的 CH_4 的去向则包括 3 个,即售气、发电以及储气。由此可见,PGST 能够利用弃风和弃光,将 CGT 产生的 CO_2 转化为 CH_4,并根据电价、气价以及负荷供需关系,选择售气、发电或者存储,从而协调优化 PGST 和 CGT 的出力,利用气电能源的双向转换,形成电-气-电循环,最优化兼顾 GVPP 的运营收益和风险水平。

4. 情景 4 的自优化结果

该情景为综合情景,综合考虑 PBDR 和 GST 对 GVPP 运行的协同效应。情景

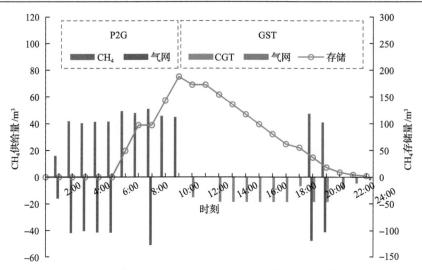

图4-9 情景3中P2G和GST的运行结果(扫码见彩图)

气网指天然气网络，余同；CH_4存储量对应折线图；CH_4供给量对应柱状图

3中，DGST能够将谷时段的弃能转化为CH_4，并在峰时段将CH_4转化为电能，同时峰时段向天然气网络售出，从而获取较高的经济收益。但是，PBDR主要通过分时电价引导用户用电行为，导致电价-气价间的关系发生变化，相应地，也会影响GST的运行行为，P2G提供的总CH_4为446.47m^3，比情景3减少62.46m^3。图4-10是情景4中GVPP运行的调度结果。

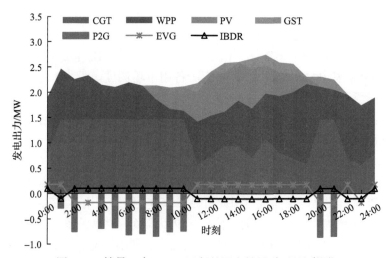

图4-10 情景4中GVPP运行的调度结果(扫码见彩图)

对比图4-8，由于PBDR能够平缓负荷需求曲线，谷时段WPP和PV更多地用于满足负荷需求，用于P2G的WPP和PV有所降低，分别是7.77MW·h和

0.32MW·h。弃风和弃光量分别比情景 3 低 1.429MW·h 和 0.337MW·h，这有利于提升 GVPP 的经济收益。由于负荷需求曲线更加平缓，GVPP 降低了 EVG 和 IBDR 的备用需求，同时，PGST 剩余的发电能力也能够作为 GVPP 的备用电源，充足的备用能力有利于降低 GVPP 的运营风险。图 4-11 为情景 3 和情景 4 中 PGST 的 CH_4 流程。

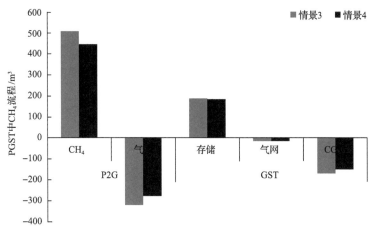

图 4-11　情景 3 和情景 4 中 PGST 的 CH_4 流程

根据图 4-11，对比 PBDR 前后 PGST 的运行结果（情景 3 和情景 4），PBDR 后 P2G 产生的 CH_4 有所降低，相应地，P2G 向天然气网络售出的 CH_4 也降低，比情景 3 低 42.913m^3。由于气价基本维持不变，故 GST 所存储的 CH_4 基本未发生变化，仅比情景 3 低 4.18m^3。同时，PBDR 后峰时段电价较高，更多的 WPP 和 PV 用于满足电负荷需求，这使得可用于 CGT 发电的 CH_4 也明显降低，比情景 3 低 19.54m^3。可见，PBDR 通过平缓负荷需求曲线，促进 WPP 和 PV 直接发电并网，PGST 进行电-气-电转换的功率降低，这有利于提升 GVPP 整体的能源利用效率。表 4-3 为不同情况下 GVPP 运行的调度结果。

表 4-3　不同情况下 GVPP 运行的调度结果

情景	WPP/(MW·h)		PV/(MW·h)		弃能电量/(MW·h)		净负荷需求曲线			碳排放/t	收入/元	
	电	P2G	电	P2G	WPP	PV	峰/MW	谷/MW	峰谷比		电	气
1	21.23	7.05	5.39	1.35	5.716	1.348	3.301	1.649	2.002	3.018	31218.05	855.86
2	22.03	6.88	5.73	0.98	4.187	1.011	3.297	1.676	1.967	2.952	31353.95	801.14
3	23.30	8.52	6.07	0.67	2.858	0.674	3.084	1.669	1.848	2.604	31129.46	1383.34
4	25.82	7.77	6.40	0.32	1.429	0.337	3.035	1.680	1.807	2.615	32137.29	1216.46

根据表 4-3，对比不同情景下 GVPP 的运营结果。从净负荷需求曲线来说，

随着 PBDR 和 GST 的逐步引入，GVPP 的净负荷需求曲线的峰谷比由情景 1 的 2.002 降低至情景 4 的 1.807，这有利于降低 GVPP 的运营风险，从收益构成来说，由于 GST 能够存储 P2G 生产的 CH_4，并在电价和气价较高的时段，进行售电或售气以获取较高的经济收益，故售气收益相比情景 1 均增加，情景 3 中增加 527.48 元，情景 4 中增加 360.6 元。同时，PBDR 能够提升 GVPP 的发电收益，但相比情景 1 和情景 3，情景 2 和情景 4 的售气收益分别降低 54.72 元和 166.88 元。从碳排放量来看，PBDR 和 GST 同时引入后碳排放量仅为 2.615t，比情景 1 低 0.403t。总体来说，PBDR 和 GST 的引入能够降低 GVPP 出力净负荷需求曲线，促进 WPP 和 PV 的发电并网，减少碳排放总量，当两者同时引入可提升运营经济收益，运营结果达到最优。

4.4.3　结果分析

根据不同情景下 GVPP 的调度运营结果，PBDR 有利于平缓负荷需求曲线，促进 WPP 和 PV 的发电并网，提升 GVPP 的运营经济收益。GST 能够根据电价、气价和负荷供需关系，存储 P2G 产生的 CH_4，并用于售气和发电，实现电-气-电循环，从而提升 EVG、IBDR 和 GST 的备用能力，降低 GVPP 的运营风险。进一步，为了能够深化分析不同鲁棒系数及置信度、最大碳排放配额以及 GST 规模对 GVPP 运营的影响，本节对上述因素展开敏感性分析。表 4-4 是不同情况下 GVPP 运行的调度结果。

表 4-4　不同情况下 GVPP 运行的调度结果

情景	电源出力/(MW·h)					PGST 的 CH_4 流量/m³					目标函数			
						P2G		GST			权重系数		目标函数值/元	
	CGT	WPP	PV	EVG	IBDR	CH_4	气网	CGT	储能	气网	λ_1	λ_2	f_1	f_2
1	27.73	21.23	5.39	±2.16	(−1.2, 1.1)	465.14	−465.14	—	—	—	0.478	0.522	32073.91	7718.00
2	27.13	22.03	5.73	±2.16	(−1.1, 1.4)	435.40	−435.40	—	—	—	0.482	0.518	32155.09	7640.56
3	27.39	23.30	6.07	±2.16	(−1.3, 1.2)	508.93	−320.86	−169.61	188.07	−16.15	0.486	0.514	32512.80	7825.56
4	25.84	25.82	6.40	±2.16	(−1.2, 1.2)	446.47	−277.95	−150.07	183.89	−16.15	0.492	0.508	33353.74	7819.38

根据表 4-4，随着 PBDR 和 GST 的引入，f_1 的值逐步增加，表明两者有利于提升 GVPP 的运营收益。同时，f_2 的权重系数逐步降低，表明 GVPP 对风险的承受能力逐步增强。相应地，情景 3 的 f_2 值比情景 1 高 107.56 元，比情景 4 高 6.18 元。而情景 2 的 f_2 值比情景 1 低 77.44 元。总体来说，GST 能够提升 GVPP 的运

营收益和风险,PBDR 则能在提升 GVPP 运营收益的同时降低运营风险,当 PBDR 和 GST 都加入时,运营结果达到最佳。进一步,分析不同置信度和鲁棒系数对 GVPP 运营结果的影响。图 4-12 是不同置信度和鲁棒系数下的收益和 CVaR 值。

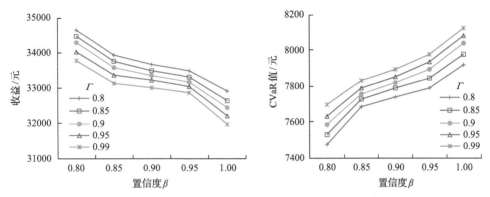

图 4-12 不同置信度和鲁棒系数下的收益和 CVaR 值

横向对比 β 对 GVPP 运行的影响,从 $\beta=0.75\sim0.85$ 和 $\beta=0.95\sim0.99$ 的价值降低幅度低于 $\beta=0.85\sim0.95$ 时的值,表明当 $\beta\in[0.75,0.85)$ 时决策者对风险厌恶程度较低,并且当 $\beta=0.95$ 时决策方案已基本达到最保守方案。故尽管增加 β 至 0.99,调度方案也难以发生较大变化。因此,本书所提模型和算法能够在考虑决策者自身情况下通过设置合理的置信度和鲁棒系数为决策者提供决策工具。图 4-13 是不同 GST 容量下 WPP、PV 的输出功率分布。

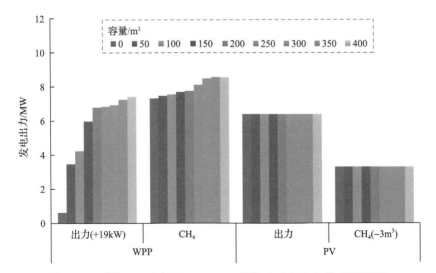

图 4-13 不同 GST 容量下 WPP、PV 的输出功率分布(扫码见彩图)

"出力"表示风光发电出力;"CH$_4$"表示用于生成 CH$_4$ 的电量;"+19kW"和"−3m^3"分别表示风电出力对应的增加量和甲烷对应的减少量

　　根据图 4-13，随着 GST 规模的不断增加，WPP 的发电并网电量均有所增加，但 WPP 增长幅度较大。这是由于随着 GST 规模的增加，P2G 生产 CH_4 的能力也相应增加，故 WPP 和 PV 用于制造 CH_4 的电量也相应增加。同时，较大规模的 GST 提升了 GVPP 的灵活性，释放了部分 EVG 和 IBDR 的备用能力，有利于提升 WPP 和 PV 的发电出力。从发电出力来看，当 GST 规模介于 $50\sim200m^3$ 时，WPP 的发电出力增幅较大，电转气出力增幅较低；当 GST 规模介于 $250\sim350m^3$ 时，WPP 发电出力增幅不大，电转气出力增幅较大；当 GST 规模高于 $350m^3$ 时，WPP 发电出力和电转气出力基本增长到上限，但利用率相对较低。图 4-14 是不同 META 下 GVPP 的运行结果。

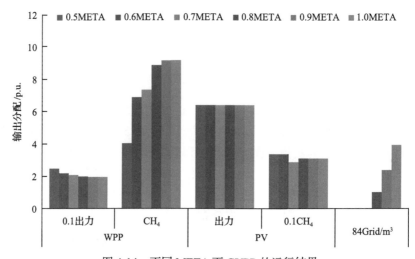

图 4-14　不同 META 下 GVPP 的运行结果

"0.1" 表示虚拟电厂出力相对增加倍数；"84" 表示 CH_4 输送至天然气网络的相对倍数；Grid 表示天然气网络

　　根据图 4-14，随着 META 的逐步提高，WPP 发电出力逐步降低，电转气出力逐步增加以消纳更多由 CGT 产出的 CO_2。当最大允许碳排放量介于 [0.5,0.8] META 时，WPP 发电出力和电转气出力的变动幅度较大。当最大允许碳排放量介于 [0.9,1.0]META 时，WPP 和 PV 发电出力和电转气出力基本不变。同时，当最大允许碳排放量高于 0.7META 时，CGT 所消耗的 CH_4 已基本达到上限，盈余 CH_4 则输入天然气网络。总体来说，随着最大允许碳排放量的逐步降低，GVPP 会优先利用 PGST 将 CGT 产生的 CO_2 转化为 CH_4。相反，当最大允许碳排放量较高时，为追求较高的经济收益，WPP 和 PV 会优先满足电负荷需求，而 PGST 产生的 CH_4 会售向天然气网络。GVPP 能利用 PGST 转化弃能电量及 CO_2 为 CH_4，降低系统碳排放总量，有利于提升 GVPP 运行的经济效益和环境效益。

第5章 计及碳捕集的虚拟电厂
多目标随机调度优化模型

对虚拟电厂来说，CGT 由于具有启停速度和功率响应速度快的优势，往往是虚拟电厂的主要组件，但 CGT 发电会产生 CO_2 排放，如何捕集 CGT 的碳排放是 VPP 面临的又一问题。目前，中国首套电厂烟气捕集(gas-power plant carbon capture，GPPCC)工业级示范装置已经在大唐国际北京高井热电厂成功投产。同时 P2G 技术通过利用难以消纳的风电、光伏转换 CO_2 为容易存储的 CH_4，从而实现碳循环利用的目标。这使得如何利用 GPPCC 和 P2G 对虚拟电厂的碳排放进行转化，并将其协同整合至 VPP 中成为关键问题。为此本章提出将 GPPCC 和 P2G 整合至虚拟电厂中，构造计及碳捕集的虚拟电厂多目标随机调度优化模型。

5.1 C2P-VPP 结构单元建模

5.1.1 C2P-VPP 结构描述

本书将 GPPCC 和 P2G 整合至常规 VPP，建立基于 GPPCC、P2G 的 VPP(C2P-VPP)。其中，C2P(carbon to power，碳电转换)包括 GPPCC、碳储存装置(CS)和 P2G，GPPCC 捕集 CGT 产生的 CO_2，这些 CO_2 一部分存储至 CS，另一部分进入 P2G 转化为 CH_4，进入 CGT 进行发电，实现电-碳-电的循环优化。图 5-1 为 C2P-VPP 系统结构图。

根据图 5-1，C2P-VPP 的调度优化包括两个过程：一方面，VPP 集群调控 WPP、PV、CGT、电动汽车聚集商(electric vehicles-to-grid aggregator，EVA)和 DR 协同满足负荷需求，其中，WPP 和 PV 发电出力具有强不确定性，EVA 和 DR 具有灵活的调节特性，能够为 WPP 和 PV 提供灵活性调节服务；另一方面，GPPCC 能够将 CGT 产生的 CO_2 进行捕集，并与 P2G 产生的 H_2 进行甲烷化处理生成 CH_4，再进入 CGT 进行发电，实现电-碳-电的循环优化，且 CS 可实现碳捕集与碳转化之间的解耦，为 WPP 和 PV 提供新的调节资源。

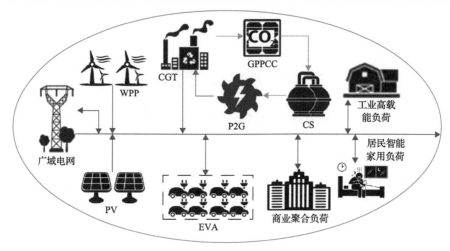

图 5-1　C2P-VPP 系统结构图

5.1.2　C2P-VPP 数学建模

1. VPP 运行数学建模

VPP 包括 WPP、PV、CGT，其中，CGT 属于可控发电设备，发电出力与燃料消费服从一元二次函数，而 WPP 和 PV 属于非可控发电设备，发电出力具有不确定性，具体建模见 2.1.2 节和 2.1.3 节。

1) EVA

电动汽车可划分为不可调度电动汽车和可调度电动汽车，前者可将电动汽车充电负荷视为确定性电力负荷的一部分，后者主要是利用 V2G 技术，实现电动汽车与电力系统的能量双向互动。设定每个区域存在一个 EVA，且每个电动汽车只能选择一个 EVA，则时段 $t+1$ 接入 EVA 的电动汽车数量与前一时段 t 的数量满足如下的递推关系[39]：

$$N_{t+1}^{\text{plug}}=N_t^{\text{plug}}-N_t^{\text{leave}}+N_t^{\text{arrive}} \tag{5-1}$$

式中，N_t^{plug} 为时段 t 接入 EVA 的电动汽车数量；N_t^{leave} 为时段 t 离开的电动汽车数量，对于理性的电动汽车使用者来说，从长期看，其充电需求和行车习惯服从可统计的概率分布，通过相关统计数据可拟合其概率分布，进而可利用蒙特卡罗模拟方法抽样得到 N_t^{leave}；N_t^{arrive} 为时段 t 到达的电动汽车数量，与电动汽车的最大出行距离有关，具体计算如下：

$$N_t^{\text{arrive}}=\int_{d_{\min}}^{d_{\max}} N_{t-\frac{x}{v}}^{\text{leave}} f(x)\mathrm{d}x \tag{5-2}$$

式中，d_{max} 和 d_{min} 为 EV 的最大和最小出行距离；$f(x)$ 为 EV 行驶距离的概率密度函数；x 为 EV 行驶距离的随机变量；v 为 EV 的行驶速度。式(5-2)表示在时刻 t 到达的 EV 数量等于在时刻 $t-x/v$ 离开的 EV 数量的期望值。

进一步，为便于分析，设定电动汽车的类型都相同，可计算出 EVA 的存储电量，具体如下：

$$E_{t+1} = E_t + g_{EVA,t}^{ch}\eta_{ch} - \frac{g_{EVA,t}^{dis}}{\eta_{dis}} - E_t^{leave} + E_t^{arrive} \tag{5-3}$$

式中，E_t 为 EVA 在时刻 t 的存储电量；E_t^{leave} 和 E_t^{arrive} 分别为 EVA 在时刻 t 离开和到达的电动汽车的存储电量；$g_{EVA,t}^{ch}$ 和 $g_{EVA,t}^{dis}$ 为 EVA 在时刻 t 的充放电功率；η_{ch} 和 η_{dis} 为 EVA 的充放电效率。对 EV 来说，只有当电池的存储电量达到一定水平 k 时才能离开，由此可以得到：

$$E_t^{leave} = \sum_{n=1}^{N_t^{leave}} ke_n^{max} = N_t^{leave} e^{max} \tag{5-4}$$

式中，e_n^{max} 为第 n 辆 EV 的最大存储容量；e^{max} 为每辆 EV 的最大存储容量。

$$E_t^{arrive} = \int_{d_{min}}^{d_{max}} ke^{max} N_{t-\frac{x}{v}}^{leave} f(x)dx - E_t^{cons} = ke^{max} N_t^{arrive} - E_t^{cons} \tag{5-5}$$

式中，E_t^{cons} 为 EVA 因电动汽车行驶而消耗的电量，这一部分也正是 EVA 充电需求的根源。若 EV 行驶单位距离消耗的电量为 q，则 E_t^{cons} 具体计算如下：

$$E_t^{cons} = \int_{d_{min}}^{d_{max}} qx N_{t-\frac{x}{v}}^{leave} f(x)dx \tag{5-6}$$

2)柔性负荷需求响应

VPP 可将离散型分布式能源进行集群控制，协同满足签约的不同类型用户的负荷需求。其中，工业高载能负荷、商业聚合负荷、居民智能家用负荷具有柔性特征，需对柔性负荷调度潜力进行评估，然后通过补偿或激励机制提高柔性负荷参与的主动性，增强 VPP 内的需求响应[40]。表 5-1 为不同类型的负荷参与需求响应的方式。

根据表 5-1，柔性负荷需求响应主要源于工业高载能负荷、商业聚合负荷和居民智能家用负荷，主要响应方式包括可中断、可激励、削减和平移等，具体分析如下。

表 5-1 不同类型的负荷参与需求响应的方式

类型	特征	方式
工业高载能负荷	用电特性灵活，用电时段灵活，可增减	可中断、可激励
商业聚合负荷	必须用电，用电时段固定，难以转移	削减
居民智能家用负荷	必须用电，难削减，用电时段可平移	平移、可中断

（1）工业高载能负荷。工业高载能负荷具有很强的灵活性，其负荷能够以可中断、可激励负荷的形式参与 VPP 协调控制，其数学模型为

$$\Delta L_i = -\eta_{i,off}\alpha_{i,off}L_i + \eta_{i,on}\alpha_{i,on}L_i \tag{5-7}$$

式中，ΔL_i 和 L_i 分别为工业高载能负荷可参与调度的功率和总功率；$\alpha_{i,off}$ 和 $\alpha_{i,on}$ 分别为工业高载能负荷的可中断系数和可激励系数；$\eta_{i,on}$ 和 $\eta_{i,off}$ 分别为工业高载能负荷的可激励状态和可中断状态，是 0-1 变量，具体取值原则如下：

$$\left[\eta_{i,off}, \eta_{i,on}\right] = \begin{cases} [1,0], & g_{RE} - L_{VPP} \geqslant \alpha_{i,on}L_i \\ [0,1], & L_{VPP} - g_{RE} \geqslant \alpha_{i,off}L_i \\ [0,0], & \text{其他} \end{cases} \tag{5-8}$$

其中，g_{RE} 和 L_{VPP} 分别为 VPP 中可再生能源出力和总的负荷需求。则可计算工业高载能负荷的需求响应补偿成本：

$$C_i = \left[\eta_{i,off}, \eta_{i,on}\right]\begin{bmatrix} c_{i,on} \\ c_{i,off} \end{bmatrix}\left|\Delta L_i\right| \tag{5-9}$$

式中，C_i 为工业高载能负荷的需求响应补偿成本；$c_{i,on}$ 和 $c_{i,off}$ 分别为负荷激励补偿单价和中断补偿单价。

（2）商业聚合负荷。不同于工业高载能负荷，商业聚合负荷往往属于必须用电负荷，难以发生时段转移和中断，只能通过削减负荷产生需求响应参与 VPP 发电调度，具体模型如下：

$$\Delta L_b = \eta_{b,cut}\alpha_{b,cut}\beta_{b,cut}L_b \tag{5-10}$$

式中，ΔL_b 和 L_b 为 VPP 中商业聚合负荷可参与调度的功率和总功率；$\alpha_{b,cut}$ 为商业聚合负荷的削减系数；$\beta_{b,cut}$ 为商业聚合负荷的削减比例；$\eta_{b,cut}$ 为商业聚合负荷的调度状态，具体取值原则如下：

$$\eta_{b,cut} = \begin{cases} 1, & g_{RE} - L_{VPP} - L_b > 0 \\ 0, & L_{VPP} - g_{RE} + L_b \geqslant 0 \end{cases} \tag{5-11}$$

商业聚合负荷的需求响应补偿成本为

$$C_\mathrm{b} = \eta_\mathrm{b,cut} c_\mathrm{b,cut} |\Delta L_\mathrm{b}| \tag{5-12}$$

式中，C_b 和 $c_\mathrm{b,cut}$ 分别为商业聚合负荷需求响应补偿成本和削减负荷补偿单价。

（3）居民智能家用负荷。居民智能家用负荷部分为必须用电负荷，一部分为可平移负荷，也有部分为可中断负荷，因此，可通过中断、平移负荷的方式参与 VPP 协调控制，具体模型如下：

$$\Delta L_\mathrm{r} = -\eta_\mathrm{r,cut} \alpha_\mathrm{r,cut} L_\mathrm{r} + \eta_\mathrm{r,py} \alpha_\mathrm{r,py} L_\mathrm{r} \tag{5-13}$$

式中，ΔL_r 和 L_r 分别为 VPP 中居民智能家用负荷可参与调度的功率和总功率；$\alpha_\mathrm{r,cut}$ 和 $\alpha_\mathrm{r,py}$ 分别为居民智能家用负荷的削减系数和平移系数；$\eta_\mathrm{r,cut}$ 和 $\eta_\mathrm{r,py}$ 分别为居民智能家用负荷的削减状态和平移状态，是 0-1 变量，具体取值原则如下：

$$\left[\eta_\mathrm{r,cut}, \eta_\mathrm{r,py} \right] = \begin{cases} [-1,1], & L_\mathrm{VPP} + L_\mathrm{i} + L_\mathrm{b} - L_\mathrm{r} \geqslant 0 \\ [1,0], & L_\mathrm{VPP} + L_\mathrm{i} - L_\mathrm{r} < \alpha_\mathrm{r,py} L_\mathrm{r} \\ [0,0], & \text{其他} \end{cases} \tag{5-14}$$

居民智能家用负荷的需求响应补偿成本为

$$C_\mathrm{r} = \left[\eta_\mathrm{r,cut}^2, \eta_\mathrm{r,py}^2 \right] \begin{bmatrix} \alpha_\mathrm{r,cut} c_\mathrm{r,cut} \\ \alpha_\mathrm{r,py} c_\mathrm{r,py} \end{bmatrix} L_\mathrm{r} \tag{5-15}$$

式中，C_r 为居民智能家用负荷的需求响应补偿成本；$c_\mathrm{r,cut}$ 和 $c_\mathrm{r,py}$ 分别为居民智能家用负荷的可中断补偿单价和平移补偿单价。

2. C2P 运行数学建模

GPPCC-P2G（C2P）主要是将 CGT 产生的 CO_2 通过 GPPCC 设备进行捕集，并配置储碳设备，从而实现碳捕集和发电时间的解耦。GPPCC-P2G 通过捕集 CGT 发电产生的 CO_2，将其用于 P2G 甲烷化反应，直接供给垃圾焚烧（waste incineration，WI）发电，实现 CO_2 的循环利用，则 GPPCC-P2G 的能耗建模如下[41]：

$$\begin{cases} g_\mathrm{CG,t}^\mathrm{input} = g_\mathrm{GPPCC,t}^\mathrm{input} + g_\mathrm{P2G,t}^\mathrm{input} + g_\mathrm{A} \\ g_\mathrm{GPPCC,t}^\mathrm{input} = e_\mathrm{CO_2,t} \eta_\mathrm{GPPCC,t} \lambda_\mathrm{CO_2,t} g_\mathrm{CGT,t} \end{cases} \tag{5-16}$$

式中，$g_\mathrm{CG,t}^\mathrm{input}$ 为 GPPCC-P2G 在时刻 t 的耗电功率；$g_\mathrm{GPPCC,t}^\mathrm{input}$ 和 $g_\mathrm{P2G,t}^\mathrm{input}$ 分别为 GPPCC 和 P2G 在时刻 t 的耗电功率；g_A 为 GPPCC-P2G 的固定耗电功率；$e_\mathrm{CO_2,t}$、$\lambda_\mathrm{CO_2,t}$、

$\eta_{\text{GPPCC},t}$ 分别为时刻 t 设备处理 CO_2 的强度、处理单位 CO_2 的耗电功率和碳捕集率；$g_{\text{CGT},t}$ 为 CGT 在时刻 t 的发电出力。其中，与燃煤机组碳捕集有所不同，CGT 产生的 CO_2 浓度低、O_2 浓度较高，故碳捕集工艺由烟气预处理、CO_2 吸收与溶剂再生、CO_2 压缩液化三部分组成，具体如图 5-2 所示。

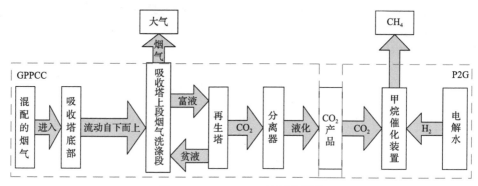

图 5-2　GPPCC-P2G 运行流程图

根据图 5-2，GPPCC 主要是将 CGT 产生的 CO_2 进行捕集，CO_2 的处理去处包括进入储碳设备、P2G 和排向大气，则 GPPCC 的碳捕集建模如下：

$$Q_{\text{GPPCC},t}^{CO_2} = e_{CO_2,t} \eta_{\text{GPPCC},t} g_{\text{CGT},t} \tag{5-17}$$

式中，$Q_{\text{GPPCC},t}^{CO_2}$ 为 GPPCC 在时刻 t 的 CO_2 捕集流量，CO_2 可进一步被用于 P2G 生产 CH_4。P2G 生产 CH_4 存在电解水和甲烷化两个化学反应过程，CH_4 生产建模如下：

$$Q_{CH_4,t} = 3.6 \eta_{\text{P2G},t} g_{\text{P2G},t}^{\text{input}} / H_L \tag{5-18}$$

式中，$Q_{CH_4,t}$ 为 P2G 在时刻 t 产生的 CH_4；$g_{\text{P2G},t}^{\text{input}}$ 为 P2G 在时刻 t 的耗电功率；$\eta_{\text{P2G},t}$ 为 P2G 的设备运行效率；H_L 为 CH_4 热值。

5.2　C2P-VPP 多目标随机最优调度模型

在 C2P-VPP 中，C2P 通过吸纳 VPP 发电产生的 CO_2，将其转化为 CH_4 进入 VPP 发电，实现电-碳-电的循环优化，其优化过程需考虑经济、碳排放和安全可靠多目标约束，为此，本节基于能源三角不可能视角，构造 C2P-VPP 多目标调度优化模型。

5.2.1　多目标决策问题

世界能源理事会在 2011 年提出能源领域的 Trilemma（三重困境）问题，用于反映能源平衡属性，并于 2016 年补充了能源安全和环境稳定两个属性，形成能源三大目标维度，其不同目标维度的矛盾性构成了能源三角不可能理论[42]。VPP 聚合了大量的分布式能源，包括随机性的风光等分布式电源、碳基燃气发电机组和多种灵活性负荷。尽管风光等分布式电源成本低、零碳排放，但出力波动性导致其高比例并网时需要调用成本更高的 CGT 或灵活性负荷满足安全稳定运行要求，使得整个调度成本增长。若追求更低的调度成本，减少 CGT 或灵活性负荷调度，又难以满足安全稳定运行要求。基于上述分析可知，调度成本最小化、碳排放最小化、出力波动最小化目标成为 VPP 调度的能源三角不可能问题。图 5-3 为能源三角不可能视角下 C2P-VPP 多目标决策框架体系。

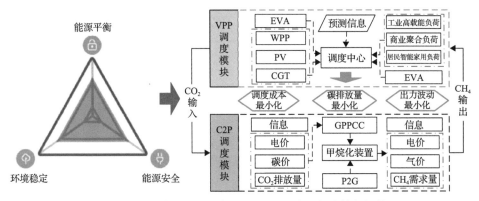

图 5-3　能源三角不可能视角下 C2P-VPP 多目标决策框架体系

根据图 5-3，本节基于能源三角不可能视角，设计 C2P-VPP 多目标决策框架体系。该优化体系包括 2 个部分，即 VPP 调度优化和 C2P 调度优化。VPP 通过收集 WPP、PV 等相关信息，综合调用 CGT、EVA 和 DR 等，考虑不同单元的运行约束，建立 VPP 初始调度计划，进而将不同时段的碳排放量传递至 C2P 模块。C2P 模块则利用 GPPCC 捕集 CGT 产生的 CO_2，这些 CO_2 一部分存储至 CS，另一部分进入 P2G 转化为 CH_4，再根据 WPP 和 PV 出力的波动性，将 CH_4 输入至 CGT 发电，调整初始调度计划，从而实现调度成本最小化、碳排放量最小化和出力波动最小化的多目标决策优化。

5.2.2　多目标调度优化模型

1. 目标函数

VPP 运行面临着调度成本最小化、碳排放量最小化、出力波动最小化的 Trilemma 问题，C2P 能够将 VPP 产生的 CO_2 转化为 CH_4，再次进入到 CGT 发电，实现电-碳-电的循环优化效应，而 GPPCC 存储的碳又可根据 WPP 和 PV 的出力波动性，选择在最优时段转化为电力，从而为其提供调峰辅助服务，使得在 VPP

范畴内破解 Trilemma 问题存在可能。故本书选择调度成本最小化、碳排放量最小化和用以反映最大安全稳定运行程度的出力波动最小化作为 VPP 调度的优化目标。

1）调度成本最小化

C2P-VPP 将能够响应调度的分布式能源进行聚合，即分布式能源在满足自身用能需求后，盈余的供给能力参与 VPP 集群调度，因此设定 C2P-VPP 各单元的初始投资成本通过"自发自用"回收，调度成本仅含运行成本，主要包括 C2P 运行成本和 VPP 运行成本两部分，具体计算如下：

$$\min F_{\text{C2P-VPP}}^{\text{cost}} = \sum_{t=1}^{T} \underbrace{C_{\text{GPPCC},t} + C_{\text{P2G},t}}_{\text{C2P}} + \underbrace{C_{\text{CGT},t} + C_{\text{DR},t}}_{\text{VPP}} + C_{\text{grid},t} \tag{5-19}$$

式中，$F_{\text{C2P-VPP}}^{\text{cost}}$ 为 C2P-VPP 的调度成本；$C_{\text{GPPCC},t}$ 和 $C_{\text{P2G},t}$ 分别为 GPPCC 和 P2G 在时刻 t 的运行成本；$C_{\text{CGT},t}$ 为 CGT 在时刻 t 的运行成本，由于 WPP 和 PV 发电不产生燃料成本，故运行成本为 0；$C_{\text{DR},t}$ 为 VPP 在时刻 t 调用柔性负荷的需求响应成本；$C_{\text{grid},t}$ 为 C2P-VPP 与大电网的能量交互成本，若为负，则为 C2P-VPP 向大电网的售电收益，反之为购电成本，其值等于交易价格和交易量 $g_{\text{grid},t}$ 的乘积。

$C_{\text{C2P},t}$ 和 $C_{\text{VPP},t}$ 为 C2P 和 VPP 在时刻 t 的调度成本，具体计算如下：

$$C_{\text{C2P},t} = \varphi_{\text{GPPCC},t} g_{\text{GPPCC},t}^{\text{input}} + \varphi_{\text{P2G},t} g_{\text{P2G},t}^{\text{input}} \tag{5-20}$$

$$C_{\text{VPP},t} = \underbrace{\left(a + b g_{\text{CGT},t} + c g_{\text{CGT},t}^2\right) + C_{\text{SD},t}}_{C_{\text{CGT},t}} + \underbrace{\left(C_{\text{i},t} + C_{\text{b},t} + C_{\text{r},t}\right)}_{C_{\text{DR},t}} \tag{5-21}$$

式中，$\varphi_{\text{GPPCC},t}$ 和 $\varphi_{\text{P2G},t}$ 分别为 GPPCC 和 P2G 在时刻 t 的运行成本系数；$C_{\text{i},t}$、$C_{\text{b},t}$、$C_{\text{r},t}$ 分别为工业高载能负荷、商业聚合负荷、居民智能家用负荷在时刻 t 的需求响应补偿成本；a、b、c 为 CGT 发电的成本系数；$C_{\text{SD},t}$ 为 CGT 在时刻 t 的启停成本。

2）碳排放量最小化

C2P-VPP 的碳排放主要源于 CGT，而 GPPCC 和 P2G 又能够将 CO_2 转化为 CH_4，实现碳循环利用，从而降低碳排放，同时，当 C2P-VPP 向上级公共电网 (UPG) 进行购电时，这部分电量产生的碳排放也应被计入 VPP 的碳排放中，具体目标函数如下：

$$\min F_{\text{C2P-VPP}}^{\text{carbon}} = \sum_{t=1}^{T} \left(e_{\text{CO}_2}^{\text{CGT}} g_{\text{CGT},t} + e_{\text{CO}_2}^{\text{grid}} g_{\text{grid},t} - Q_{\text{GPPCC},t}^{\text{CO}_2,\text{P2G}} - Q_{\text{GPPCC},t}^{\text{CO}_2,\text{CS}} \right) \tag{5-22}$$

式中，$e_{CO_2}^{CGT}$ 和 $e_{CO_2}^{grid}$ 分别为 CGT 和 UPG 的单位电量碳排放系数；$Q_{GPPCC,t}^{CO_2,P2G}$ 为 P2G 在时刻 t 消耗的来自 GPPCC 的 CO_2 捕集量；$Q_{GPPCC,t}^{CO_2,CS}$ 为 CS 在时刻 t 存储的来自 GPPCC 的 CO_2 捕集量。

3) 出力波动最小化

具体目标函数如下：

$$\min F_{C2P\text{-}VPP}^{output} = \left\{ \sum_{t=1}^{T} \left[g_{WPP,t} + g_{PV,t} - \left(g_{EVA,t}^{dis} - g_{EVA,t}^{ch} \right) - g_{av} \right]^2 \right\}^{1/2} \Big/ T \tag{5-23}$$

$$g_{av} = \sum_{t=1}^{T} \left[g_{WPP,t} + g_{PV,t} - \left(g_{EVA,t}^{dis} - g_{EVA,t}^{ch} \right) \right] / T \tag{5-24}$$

式中，$F_{C2P\text{-}VPP}^{output}$ 为 C2P-VPP 的出力波动；g_{av} 为 C2P-VPP 出力波动均值。

2. 约束条件

C2P-VPP 主要包括 C2P 和 VPP 两个重要模块，需要考虑 C2P 和 VPP 的运行约束。此外，C2P-VPP 运行还需考虑电力供需平衡约束和旋转备用容量约束等，具体约束条件如下。

1) 电力供需平衡约束

具体约束条件如下：

$$\underbrace{g_{WPP,t} + g_{PV,t} + g_{CGT,t} + \Delta L_{i,t} + \Delta L_{b,t} + \Delta L_{r,t}}_{VPP} + \underbrace{g_{CGT,t}^{P2G} - g_{CG,t}^{input}}_{C2P} + g_{grid,t} = L_{i,t} + L_{b,t} + L_{r,t}$$

$$\tag{5-25}$$

2) VPP 模块运行约束

在 VPP 中，WPP、PV 和 CGT 的发电出力不能超过最大发电能力，CGT 发电出力包括自身出力和 P2G 提供 CH_4 的发电出力 $g_{CGT,t}^{P2G}$，即总的出力为 $\bar{g}_{CGT,t} = g_{CGT,t} + g_{CGT,t}^{P2G}$。在满足发电出力阈值约束时，还需满足上下爬坡约束和启停时间约束，具体如下：

$$v_t \Delta \bar{g}_{CGT,t}^- \leqslant \bar{g}_{CGT,t} - \bar{g}_{CGT,t-1} \leqslant v_t \Delta \bar{g}_{CGT,t}^+ \tag{5-26}$$

$$\left(T_{CGT,t-1}^{on} - M_{CGT}^{on} \right) \left(v_{CGT,t-1} - v_{CGT,t} \right) \geqslant 0 \tag{5-27}$$

$$\left(T_{CGT,t-1}^{off} - M_{CGT}^{off} \right) \left(v_{CGT,t} - v_{CGT,t-1} \right) \geqslant 0 \tag{5-28}$$

式中，$\Delta \bar{g}_{\mathrm{CGT},t}^{-}$ 和 $\Delta \bar{g}_{\mathrm{CGT},t}^{+}$ 分别为 CGT 在时刻 t 的最小和最大爬坡功率；v_t、$v_{\mathrm{CGT},t}$ 和 $v_{\mathrm{CGT},t-1}$ 为 CGT 的运行状态，是 0-1 变量，1 代表 CGT 被调用，反之，未被调用；$T_{\mathrm{CGT},t-1}^{\mathrm{on}}$ 和 $T_{\mathrm{CGT},t-1}^{\mathrm{off}}$ 为 CGT 在 $t-1$ 时刻的连续启动和停机时间；$M_{\mathrm{CGT}}^{\mathrm{on}}$ 和 $M_{\mathrm{CGT}}^{\mathrm{off}}$ 为 CGT 所允许的最小启动和停机时间。

类似于电储能设备，EVA 通过聚合一定数量的电动汽车，具有充放电的性能，其运行需要满足最大充放电功率约束和最大存储电量约束，具体约束条件如下：

$$0 \leqslant g_{\mathrm{EVA},t}^{\mathrm{ch}} \leqslant \sum_{n=1}^{N_t^{\mathrm{plug}}} g_{n,t}^{\mathrm{ch,max}} \tag{5-29}$$

$$0 \leqslant g_{\mathrm{EVA},t}^{\mathrm{dis}} \leqslant \sum_{n=1}^{N_t^{\mathrm{plug}}} g_{n,t}^{\mathrm{dis,max}} \tag{5-30}$$

$$E_t \leqslant \sum_{n=1}^{N_t^{\mathrm{plug}}} e_n^{\mathrm{max}} \tag{5-31}$$

$$k_1 E_t^{\mathrm{max}} + E_t^{\mathrm{leave}} \leqslant \sum_{n=1}^{N_t^{\mathrm{plug}}} e_n^{\mathrm{max}} \tag{5-32}$$

式中，k_1 为由于技术层面原因，电动汽车所能存储电能的最低水平；$g_{n,t}^{\mathrm{ch,max}}$ 为第 n 辆 EV 在时段 t 的最大充电功率；$g_{n,t}^{\mathrm{dis,max}}$ 为第 n 辆 EV 的最大放电功率；E_t^{max} 为 t 时刻电动汽车最大储电容量。

工业高载能负荷、商业聚合负荷和居民智能家用负荷通过可中断、平移和削减等方式提供需求响应出力，参与 C2P-VPP 的调度优化，设定柔性负荷需求响应出力 $\Delta L_{\mathrm{DR},t} = \Delta L_{\mathrm{i},t} + \Delta L_{\mathrm{b},t} + \Delta L_{\mathrm{r},t}$，需满足最大变动量约束、负荷爬坡能力约束等，具体约束条件如下：

$$\Delta L_{\mathrm{DR},t}^{\mathrm{min}} \leqslant \Delta L_{\mathrm{DR},t} \leqslant \Delta L_{\mathrm{DR},t}^{\mathrm{max}} \tag{5-33}$$

$$\Delta L_{\mathrm{DR},t}^{\mathrm{min}} \leqslant \Delta L_{\mathrm{DR},t} - \Delta L_{\mathrm{DR},t-1} \leqslant \Delta L_{\mathrm{DR},t}^{\mathrm{max}} \tag{5-34}$$

式中，$\Delta L_{\mathrm{DR},t}$ 为时刻 t 的需求响应出力；$\Delta L_{\mathrm{DR},t}^{\mathrm{min}}$ 和 $\Delta L_{\mathrm{DR},t}^{\mathrm{max}}$ 分别为时刻 t 的最小和最大需求响应出力。

3）C2P 模块运行约束

C2P 模块运行约束主要源于 GPPCC 和 P2G，其中，GPPCC 需考虑最大运行功率约束和碳储设备运行约束，CS 需考虑不能超过最大允许储气容量。GPPCC

的约束建模如下：

$$g_{\mathrm{GPPCC},t}^{\mathrm{input,min}} \leqslant g_{\mathrm{GPPCC},t}^{\mathrm{input}} \leqslant g_{\mathrm{GPPCC},t}^{\mathrm{input,max}} \tag{5-35}$$

$$Q_{\mathrm{GPPCC},t}^{\mathrm{CO_2}} = Q_{\mathrm{GPPCC},t}^{\mathrm{CO_2,P2G}} + Q_{\mathrm{GPPCC},t}^{\mathrm{CO_2,CS}} + Q_{\mathrm{GPPCC},t}^{\mathrm{CO_2,other}} \tag{5-36}$$

$$Q_{\mathrm{GPPCC},t}^{\mathrm{CO_2,CS,\,min}} \leqslant Q_{\mathrm{GPPCC},t}^{\mathrm{CO_2,CS}} \leqslant Q_{\mathrm{GPPCC},t}^{\mathrm{CO_2,CS,\,max}} \tag{5-37}$$

$$S_{\mathrm{CS},t} = S_{\mathrm{CS},t-1} + Q_{\mathrm{GPPCC},t}^{\mathrm{CO_2,CS}} - Q_{\mathrm{CS},t}^{\mathrm{CO_2,P2G}} \tag{5-38}$$

式中，$g_{\mathrm{GPPCC},t}^{\mathrm{input,min}}$ 和 $g_{\mathrm{GPPCC},t}^{\mathrm{input,max}}$ 为 GPPCC 在时刻 t 的最小和最大 CO_2 捕集功率；$Q_{\mathrm{GPPCC},t}^{\mathrm{CO_2}}$ 为时刻 t 的二氧化碳排放总量；$Q_{\mathrm{GPPCC},t}^{\mathrm{CO_2,CS}}$ 为 CS 在时刻 t 存储的来自 GPPCC 的 CO_2 捕集量；$Q_{\mathrm{GPPCC},t}^{\mathrm{CO_2,CS,\,max}}$ 和 $Q_{\mathrm{GPPCC},t}^{\mathrm{CO_2,CS,\,min}}$ 分别为 CS 在时刻 t 允许存储的来自 GPPCC 的最大和最小 CO_2 捕集量；$Q_{\mathrm{GPPCC},t}^{\mathrm{CO_2,other}}$ 为 GPPCC 在时刻 t 的 CO_2 排放量；$S_{\mathrm{CS},t}$ 为 CS 在时刻 t 的 CO_2 存储量；$Q_{\mathrm{GPPCC},t}^{\mathrm{CO_2,P2G}}$ 为 P2G 转换的来自 GPPCC 的 CO_2 捕集量。同时，P2G 还需满足最大运行功率约束：

$$Q_{\mathrm{GPPCC},t}^{\mathrm{CO_2,P2G,\,min}} \leqslant Q_{\mathrm{GPPCC},t}^{\mathrm{CO_2,P2G}} \leqslant Q_{\mathrm{GPPCC},t}^{\mathrm{CO_2,P2G,\,max}} \tag{5-39}$$

式中，$Q_{\mathrm{GPPCC},t}^{\mathrm{CO_2,P2G,\,max}}$、$Q_{\mathrm{GPPCC},t}^{\mathrm{CO_2,P2G,\,min}}$ 分别为 P2G 在时刻 t 处理的来自 GPPCC 的最大和最小 CO_2 捕集量。

4）旋转备用容量约束

由于 WPP 和 PV 具有较强的不确定性，在进行多目标优化调度时，为了能够保障 C2P-VPP 的安全稳定运行，应预留部分容量空间，即旋转备用容量约束，具体如下：

$$g_{\mathrm{VPP}}^{\mathrm{max}} - g_{\mathrm{VPP},t} + \Delta L_{\mathrm{DR},t}^{\mathrm{max}} - \Delta L_{\mathrm{DR},t} \geqslant \rho_{\mathrm{L}} L_t + \rho_{\mathrm{WPP}}^{\mathrm{up}} g_{\mathrm{WPP},t} + \rho_{\mathrm{PV}}^{\mathrm{up}} g_{\mathrm{PV},t} \tag{5-40}$$

$$g_{\mathrm{VPP},t} - g_{\mathrm{VPP}}^{\mathrm{min}} - \Delta L_{\mathrm{DR},t} \geqslant \rho_{\mathrm{WPP}}^{\mathrm{down}} g_{\mathrm{WPP},t} + \rho_{\mathrm{PV}}^{\mathrm{down}} g_{\mathrm{PV},t} \tag{5-41}$$

式中，$g_{\mathrm{VPP}}^{\mathrm{max}}$ 和 $g_{\mathrm{VPP}}^{\mathrm{min}}$ 分别为 VPP 的最大和最小出力；$g_{\mathrm{VPP},t}$ 为 VPP 在时刻 t 的发电出力；$\Delta L_{\mathrm{DR},t}^{\mathrm{max}}$ 为柔性负荷的最大需求响应能力；ρ_{L} 为负荷的备用系数；$\rho_{\mathrm{WPP}}^{\mathrm{up}}$ 和 $\rho_{\mathrm{WPP}}^{\mathrm{down}}$ 为 WPP 的上下旋转备用系数；$\rho_{\mathrm{PV}}^{\mathrm{up}}$ 和 $\rho_{\mathrm{PV}}^{\mathrm{down}}$ 为 PV 的上下旋转备用系数。

5.2.3　不确定性分析与处理

由于 WPP 和 PV 发电出力具有强不确定性，若仅应用 5.2.2 节多目标调度优化模型进行 C2P-VPP 运行方案决策，其不确定性将导致 C2P-VPP 优化运行方案存在较大风险，故本节利用鲁棒优化对 WPP 和 PV 发电出力的不确定性进行处理[43]，设定不确定性变量为 $x_{i,t}=\left[g_{\mathrm{WPP},t},g_{\mathrm{PV},t}\right]$，则以置信区间来描述预测误差波动范围，具体形式如下：

$$x_{i,t}\in\left[\tilde{x}_{i,t}-\hat{x}_{i,t},\tilde{x}_{i,t}+\hat{x}_{i,t}\right] \tag{5-42}$$

$$\tilde{x}_{i,t}=\frac{1}{2}\left(\overline{x}_{i,t}+\underline{x}_{i,t}\right) \tag{5-43}$$

$$\hat{x}_{i,t}=\frac{1}{2}\left(\overline{x}_{i,t}-\underline{x}_{i,t}\right) \tag{5-44}$$

式中，$x_{i,t}$ 为不确定性变量；$\tilde{x}_{i,t}$ 为置信上限与置信下限的平均值；$\hat{x}_{i,t}$ 为置信上限与置信下限差的平均值；$\overline{x}_{i,t}$、$\underline{x}_{i,t}$ 分别为随机变量置信区间的上、下限。

采用鲁棒优化处理要考虑其"最恶劣"条件下发生的情况，故根据式(5-46)确定的决策往往是最保守的，导致经济性丧失。为避免上述结果的产生，在此基础上，引入鲁棒系数 Γ 来调节，$\Gamma\in\left[0,|J|\right]$，$J$ 为鲁棒优化所处理的不确参数的集合，此时，不确定性变量 $x_{i,t}$ 取值区间集合与鲁棒系数的关系如下：

$$S(\Gamma)=\left\{x_{i,t}\left|x_{i,t}\in\left[\tilde{x}_{i,t}-\beta_i\hat{x}_{i,t},\tilde{x}_{i,t}+\beta_i\hat{x}_{i,t}\right],\hat{x}_{i,t}\geqslant0,0\leqslant\beta_i\leqslant1,\sum_{\Gamma\in J}\beta_i\leqslant\Gamma\right.\right\} \tag{5-45}$$

式中，$S(\Gamma)$ 为随机变量的取值范围与鲁棒系数的集合；β_i 由鲁棒系数 Γ 决定。

5.3　基于改进模糊平衡算法的模型求解策略

本书所提的多目标决策可看作多方完全理性博弈，以实现自身利益最大化为目标，通过集体完全理性的竞争与协商来确定策略集合。因此，在完全信息静态博弈模型的基础上，本节提出改进的多目标均衡协调算法，并引入模糊满意度指标，确立最优均衡解。

5.3.1　完全信息静态博弈模型

本书提出的 G2P-VPP 多目标优化调度模型可看作多目标博弈问题[44]，也就是博弈系统中多个局中人关于多个支付函数进行优化的博弈问题。

设 $G=(N,S,U)$ 为多目标博弈系统，其中 N 为局中人集合 $N=\{1,2,\cdots,n\}$；

$S=\prod_{i=1}^{n}S_{i}$，S_{i} 为局中人 i 的策略集；$U=\left\{U^{1},U^{2},\cdots,U^{n}\right\}$ 为 n 个局中人的支付组合，$U^{i}=\left\{u_{1}^{i},u_{2}^{i},\cdots,u_{k}^{i}\right\}$ 为局中人 i 的向量支付目标函数。此时，若将 K 个支付目标函数分为 K 个优先级别，则局中人 i 的第 k 个支付函数 $u_{k}^{i}(s)$ 的优先级为 k，并且每个支付函数 $u_{k}^{i}(s)$ 分别具有不同属性。进而，可建立完全信息下静态多目标博弈问题的系统全局决策模型和第 i 个局中人的决策模型。

1) 博弈系统的多目标全局决策模型 (P^{0})

具体模型如下：

$$\min z^{0}=\left\{\sum_{i=1}^{n}\eta_{1}^{i},\sum_{i=1}^{n}\eta_{2}^{i},\cdots,\sum_{i=1}^{n}\eta_{K}^{i}\right\}$$

$$\text{s.t.}\begin{cases}u_{k}^{i}(s)+\eta_{k}^{i}-\sigma_{k}^{i}=b_{k}^{i}\\\eta_{k}^{i},\sigma_{k}^{i}\geqslant0;\eta_{k}^{i}\cdot\sigma_{k}^{i}=0\\s\geqslant0\\i=1,2,\cdots,n\\k=1,2,\cdots,K\end{cases} \tag{5-46}$$

记模型 (P^{0}) 的最优解（即达成向量）为 $Z(P^{0})$，其中，η_{k}^{i} 和 σ_{k}^{i} 分别为博弈系统中第 i 个局中人第 k 个向量支付函数的正、负偏移向量；b_{k}^{i} 为支付函数 $u_{k}^{i}(s)$ 的期望值。利用模型求解 s 以便于各博弈方的均衡协调。

2) 第 i 个局中人的多目标决策模型 (P^{i})

对于 (P^{i})，求 $s\in S_{i}$，使得

$$\min z^{i}=\left\{\eta_{1}^{i},\eta_{2}^{i},\cdots,\eta_{K}^{i}\right\}$$

$$\text{s.t.}\begin{cases}u_{k}^{i}(s)+\eta_{k}^{i}-\sigma_{k}^{i}=b_{k}^{i}\\\eta_{k}^{i},\sigma_{k}^{i}\geqslant0;\eta_{k}^{i}\cdot\sigma_{k}^{i}=0\\s\geqslant0\\i=1,2,\cdots,n\\k=1,2,\cdots,K\end{cases} \tag{5-47}$$

本书利用模型 (P^{i}) 求解 s 时，将多目标优化转化为单目标优化，并且对多目标优化下不起作用的约束条件进行固定，得到单目标优化下的各博弈方，进而选

取各方的决策结果。

3)博弈系统模型均衡协调意义下各局中人目标函数最优值的存在性

根据文献[44]提出的定理，能够得到局中人 i 在第 1 优先级下取得最优解的证明过程，且其证明过程适用于任意局中人 i 在任意优先级 s 下取得最优解的情况，同时文献[44]证明了该最优解还是唯一解，从而得到多目标博弈问题的均衡协调最优解。

可见，基本均衡协调算法在求解多目标问题时，通过各博弈方按照优先级来调整 b_k^i，进而判断博弈系统模型 (P^0) 和个体决策模型 (P^i) 是否达到均衡，但在求解过程中存在以下问题：①目标函数在数量级上的巨大差异使得博弈系统易陷入局部解；②按优先级博弈优化导致迭代时间长，计算量过大。针对以上问题，本书对按优先级博弈优化的均衡协调多目标算法进行改进。

5.3.2　改进平衡协调算法

为避免陷入局部解，本书对各优化目标进行归一化处理。此外，借鉴协同优化算法的思想，在博弈策略上提出所有博弈方并行寻优，相对于按优先级进行均衡协调，可以大大提高博弈效率，并且节省计算时间。具体过程如下。

(1)在进行博弈优化前，首先对每个局中人进行归一化处理，即对调度成本最小化、碳排放量最小化和出力波动最小化进行归一化处理。

(2)将调度成本最小化、碳排放量最小化和出力波动最小化目标分为三个博弈方，设定为 f_1、f_2、f_3，分别是三者根据 C2P-VPP 的单元设备情况进行均衡协调优化，得到不同目标函数下的其他目标值分布情况，从而确立最大和最小值。首先，以调度成本最小化为目标函数进行优化，考虑不同单元设备的调度成本，确立最小化成本下的各单元运行状态和出力，从而得到碳排放量目标值 f_{12} 和出力波动值 f_{13}；其次，以碳排放量最小化为目标函数进行优化，考虑不同单元设备的单位出力碳排放系数，确立各单元设备的运行状态和出力，可得到调度成本目标值 f_{21} 和出力波动值 f_{23}；再次，以出力波动最小化为目标函数进行优化，计算此时的调度成本目标值 f_{31} 和碳排放量目标值 f_{32}；最后，计算三次迭代结果的差值之和 $\Delta=\left|f_1-\max\left\{f_{21},f_{31}\right\}\right|+\left|f_2-\max\left\{f_{12},f_{32}\right\}\right|+\left|f_3-\max\left\{f_{23},f_{13}\right\}\right|$，若差值之和小于预设精度值 ε，则迭代结束。

(3)当 Δ 大于或等于 ε 时，参照 2.2.4 节提出的目标函数收益表，将目标函数看成决策问题的多个决策属性，利用熵权法计算不同目标函数对偏差量 Δ 的贡献率 λ_i，表 5-2 为不同目标函数的投入收益表。

表 5-2　不同目标函数的投入收益表

	f_1	f_2	f_3	max	min
f_1	f_{11}	f_{21}	f_{31}	$\max\{f_{21},f_{31}\}$	f_{11}
f_2	f_{12}	f_{22}	f_{32}	$\max\{f_{12},f_{32}\}$	f_{22}
f_3	f_{13}	f_{23}	f_{33}	$\max\{f_{13},f_{23}\}$	f_{33}

此时，综合考虑 C2P-VPP 运行的调度成本、碳排放量和出力波动，建立基于改进均衡协调算法的多目标优化模型，具体描述如下：

$$\min z = \sum_{i=1}^{3} \lambda_i \eta_i$$

$$\text{s.t.}\begin{cases} \dfrac{f_i(\boldsymbol{x},\boldsymbol{y},\boldsymbol{z})-f_i^{\min}}{f_i^{\max}-f_i^{\min}}+\eta_i-\sigma_i=0 \\ h(\boldsymbol{x},\boldsymbol{y},\boldsymbol{z})=0 \\ g(\boldsymbol{x},\boldsymbol{y},\boldsymbol{z})\geqslant 0 \\ \eta_i \cdot \sigma_i =0,\eta_i,\sigma_i \geqslant 0 \\ \sum_{i=1}^{3}\lambda_i=1 \end{cases} \tag{5-48}$$

式中，λ_i 为不同目标函数对偏差量的贡献率；η_i 和 σ_i 分别为目标函数 f_i 的正、负偏移量；$f_i^{\max}$、$f_i^{\min}$ 分别为目标函数 f_i 的最大值和最小值；$h(\boldsymbol{x},\boldsymbol{y},\boldsymbol{z})=0$ 为 C2P-VPP 运行的等式约束；$g(\boldsymbol{x},\boldsymbol{y},\boldsymbol{z})\geqslant 0$ 为 C2P-VPP 运行的其他不等式约束；$\boldsymbol{x}$ 为单元设备的运行状态变量；$\boldsymbol{y}$ 为单元设备的出力变量；$\boldsymbol{z}$ 为单元设备的其余变量。

(4) 利用式 (5-50)，可得到综合目标函数下的各目标函数值 f_{z1}、f_{z2} 和 f_{z3}，相应地，可计算新的偏差量 $\Delta'=\left|f_1-f_{z1}\right|+\left|f_2-f_{z2}\right|+\left|f_3-f_{z3}\right|$，若差值之和小于预设精度值 ε，则迭代结束。若 Δ' 大于或等于 ε，将 f_{z1}、f_{z2} 和 f_{z3} 补充至表 5-2 中，形成新的目标投入收益表，再次利用熵权法计算不同目标函数对偏差量 Δ' 的贡献率 λ_i'，进而将其代入式 (5-50) 中，迭代优化，直至得到的差值之和小于预设精度值 ε，则停止计算。图 5-4 为 C2P-VPP 多目标模型求解流程。

5.3.3　仿真情景设定

为分析 C2P 对 VPP 运行的优化效应，本节考虑通过碳存储或者利用 P2G 进行碳转化两种方式实现碳减排目标，并根据是否含 CS 和 P2G 设置 4 种仿真情景，不同情景的设定如下。

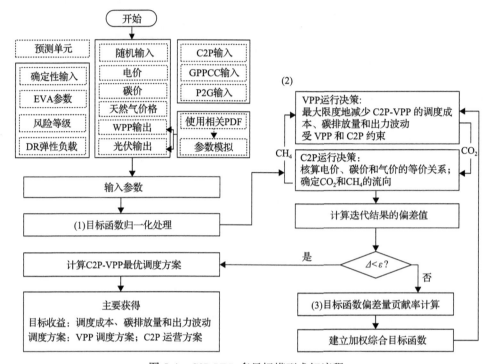

图 5-4　C2P-VPP 多目标模型求解流程

　　情景 1：无 C2P，基础情景。该情景仅考虑 VPP 自身的优化运行，此时，在追求碳减排时，需最大化调用 WPP 和 PV 满足负荷需求，但产生的碳排放量无法存储和转化。

　　情景 2：GPPCC+CS，碳存储情景。该情景重点考虑利用 CS 对 GPPCC 捕集的 CO_2 进行存储，减少碳直接排放。

　　情景 3：GPPCC+P2G，碳转化情景。该情景考虑利用 P2G 将 GPPCC 捕集的 CO_2 转化为 CH_4，进而用于 CGT 发电，实现碳循环利用。

　　情景 4：GPPCC+CS+P2G，综合情景。该情景考虑将 GPPCC 捕集的 CO_2 一部分存储至 CS 中，在需要时进入 P2G，另一部分直接进入 P2G 转化为 CH_4，协同开展碳存储和碳转化。

5.4　算 例 分 析

5.4.1　基础数据

　　为验证所提模型的有效性和适用性，本节选择国际大电网会议(CIGRE)中压配电系统作为仿真系统[44]，拓扑结构如图 5-5 所示。其中，VPP 在节点 1 配置 5×1.5MW 的 WPP 和节点 6 配置 8×1.5MW 的 PV，并在节点 3 和节点 5 各自配置 1 台 2.5MW 的 CENTAUR40 型燃气轮机和 1 台 1.5MW 的 G3406LE 型燃气轮机。同时，在 6、7、8 节点各接入 EVA，每个 EVA 聚合 1500 辆 V2G 电动汽车，单台电动汽车额定充放电功率为 0.35kW，单台电动汽车蓄电池容量为 2.1kW·h，在 12、13、14 节点分别接入工业高载能负荷、商业聚合负荷和居民智能家用负荷，最大用电负荷分别为 5.5MW、4.5MW 和 4.5MW。C2P 在节点 4 配置 3MW 的 GPPCC 和存储量为 15t 的 CS 设备，CS 的碳存储能力为 2t/h，在节点 2 配置 2MW 的 P2G，电气能源转换效率为 60%，CH_4 热值取 39MJ/m^3。

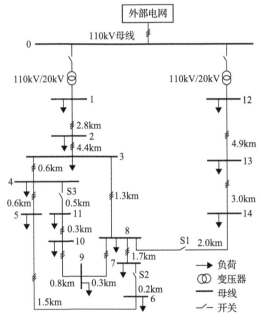

图 5-5　CIGRE 中压配电系统

　　为获得 WPP 和 PV 的发电出力，设定 WPP 切入风速、额定风速和切出风速分别为 2.8m/s、12.5m/s 和 22.8m/s，形状参数 $\varphi=2$ 和尺度参数 $\vartheta=2\bar{v}/\sqrt{\pi}$，设定光辐射强度分布参数分别为 0.3 和 8.54[39]。设定日间、夜间和定时风电出力系数分别为 0.68、0.75 和 0.89，光伏电站日间出力系数为 0.8，夜间不出力。参照文献 [43]提出的场景模拟和削减方法，生成 10 组典型模拟场景，并选择概率最大的场景作为可用出力。参照文献[41]选取典型负荷日的工业高载能负荷、商业聚合负荷和居民智能家用负荷作为负荷需求，图 5-6 为典型负荷 WPP、PV 的日可用出力和三类负荷的需求分布。

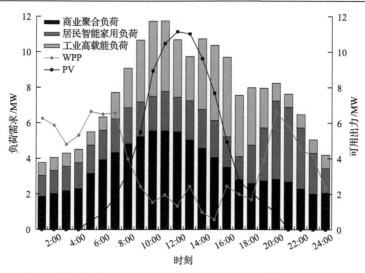

图 5-6　典型负荷 WPP、PV 的日可用出力和三类负荷的需求分布

根据表 5-1，不同类型的负荷可通过 DR 参与 VPP 优化调度，参照文献[41]，设定 VPP 三种柔性负荷的需求响应参数。同时，CGT 启停时间分别为 1h 和 0.5h，启停成本为 122.9 元和 95 元，发电燃料成本为一元二次函数，参照文献[43]将发电成本函数线性化为两部分，斜率系数分别为 150 元/MW、380 元/MW 和 180 元/MW、320 元/MW。作为 C2P-VPP 的内部单元，设定 GPPCC 和 P2G 运行过程中的用电成本均 130 元/(MW·h)，g_A =3MW，$e_{CO_2,t}$=0.15t/(MW·h)，$\lambda_{CO_2,t}$=0.05(MW·h)/t，$\eta_{GPPCC,t}$ 的最大值为 0.9，$\eta_{P2G,t}$ =0.9，$g_{P2G,t}^{input}$ 最大值为 2MW。表 5-3 为不同类型的柔性负荷需求响应参数。

表 5-3　不同类型的柔性负荷需求响应参数

工业高载能负荷					
$\alpha_{i,on}$	$\alpha_{i,off}$	$c_{i,on}$	$c_{i,off}$		L_i /MW
0.2	0.2	200	400		5.5
商业聚合负荷					
$\alpha_{b,cut}$	$\beta_{b,cut}$	$c_{b,cut}$			L_b /MW
0.3	0.2	300			4.5
居民智能家用负荷					
$\alpha_{r,py}$	$\alpha_{r,cut}$	$\beta_{r,cut}$	$c_{r,cut}$	$c_{r,py}$	L_r /MW
0.4	0.4	0.2	200	250	4.5

设定 EVA 充放电价格分别为 250 元/(kW·h) 和 720 元/(MW·h)。划分负荷峰、平、谷时段 (11:00~19:00、0:00~2:00 和 20:00~24:00、3:00~11:00)。同时，为避免用户过度响应，导致负荷峰谷倒挂，限定柔性负荷产生的负荷波动幅度不超过原负荷需求的 10%，最大负荷削减量和最大负荷激励量不超过原始负荷的 5%。参照文献[44]，设定 C2P-VPP 向天然气网络输气的价格为 1.84 元/m³，向上级电网的购电价格为 560 元/(MW·h)，最后，为度量 WPP 和 PV 的不确定性，设定初始鲁棒系数 Γ 均为 0.9，负荷的备用系数为 0.05，WPP 和 PV 的上下旋转备用系数为 0.03。

5.4.2 算例结果

1. 算法有效性验证

为兼顾能源三角不可能视角下的 C2P-VPP 多目标调度优化需求，本书提出了一种改进的基于模糊平衡协调的模型求解算法，通过判定多目标优化偏差是否满足预设精度，判断模型是否达到最优解状态，图 5-7 为不同迭代次数下各目标对偏差的贡献率。

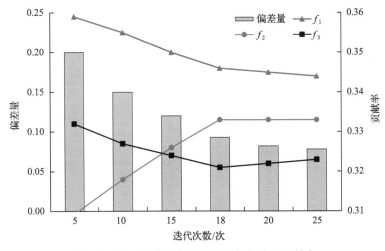

图 5-7   不同迭代次数下不同目标的偏差贡献率

根据图 5-7，从总的目标优化偏差量 Δ 来看，当迭代次数小于 15 次时，随着迭代次数的增加，偏差量 Δ 降幅明显，表明模型求解结果逐步趋于最优解，而当迭代次数达到 18 次时，偏差量 Δ 降幅放缓，而迭代次数达到 20 次以后，偏差量基本趋于平稳，表明此时模型求解结果已基本达到最优。从不同目标函数对偏差量的贡献率来看，当迭代次数为 18 次时，各目标函数对偏差量的贡献率基本趋于稳定，与偏差量分布趋势一致。进一步，分析不同迭代次数下目标函数的变化情况，图 5-8 为不同迭代次数下各目标函数的最大值和最小值的分布情况。

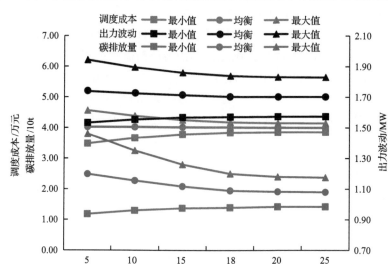

图 5-8　不同迭代下各目标函数的最大值和最小值

根据图 5-8，随着迭代次数增加，不同目标函数最大值和最小值分布趋势与 Δ 和 λ 的分布趋势一致，当迭代次数达到 18 次时，调度成本、碳排放量和出力波动变化趋于稳定，各目标函数的 λ 分别为 0.346、0.333、0.321，此时目标函数值分别为 119325.71 元、50.14t 和 1.09MW，这表明所提求解算法能用于求解 C2P-VPP 多目标调度优化模型，具有较强的有效性和适用性。进一步，分析不同精度对模型求解结果的影响，表 5-4 为不同精度要求下和 $\varepsilon=0.1$ 相比的目标函数偏差值。

表 5-4　不同精度要求下和 $\varepsilon=0.1$ 相比的目标函数偏差值

	目标函数偏差						
	0.25	0.2	0.15	0.1	0.05	0.025	0
$\Delta f_1/10^3$ 元	5.341	2.721	0.907	—	0.077	0.016	0.054
$\Delta f_2/t$	11.985	5.993	1.998	—	0.033	0.050	0.067
$\Delta f_3/MW$	0.370	0.185	0.062	—	0.005	0.008	0.010

根据表 5-4，分析不同精度要求下的目标函数偏差值，当求解精度要求较高时，不同目标函数的偏差值也较大，代表模型求解的优化程度较低；而当求解精度高于 0.1 时，各目标函数相比 $\varepsilon=0.1$ 的偏差值较低，这表明决策者可根据自身的优化需求，设置合理的求解精度，当调度环境较好时，可追求较高的求解精度，反之适当放松求解精度，以追求 C2P-VPP 的稳定运行。总体来说，所提模型求解算法能够用于求解 C2P-VPP 的多目标优化调度，得到全局最优均衡解。

2. 算例结果

根据 5.3.3 节设定的 C2P-VPP 运行情景，CS 能够将 VPP 产生的 CO_2 进行存储，而 P2G 则可将 CO_2 转化为 CH_4，但这两个过程也涉及新的用电成本，两种方式均是碳减排路径，本节以纯 VPP 调度优化为基础情景，对比分析碳存储和碳转化两种碳减排方式对 VPP 运行的优化效应，并分析两者间是否存在协同效应，图 5-9 为不同情景下 C2P-VPP 的调度优化结果。

根据图 5-9，当不含 C2P 时，为兼顾碳排放最小目标，VPP 会控制 CGT 发电出力以减少碳排放量，此时向上级电网的购电量为 1.145MW·h，由于 DR 比 EVA 的响应速度快，且响应方式多，故优先调用 DR 提供灵活性服务。当引入 CS 后，VPP 产生的 CO_2 能够被存储，为兼顾调度成本最大化和出力波动最小化，VPP 会增加 WPP 和 PV 的调度出力，在调用 DR 之外，更多调用 EVA 实现"移峰填谷"。

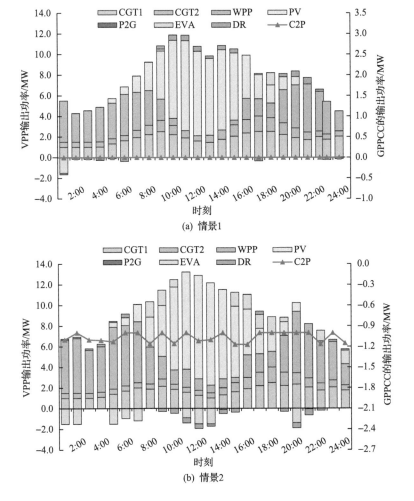

(a) 情景1

(b) 情景2

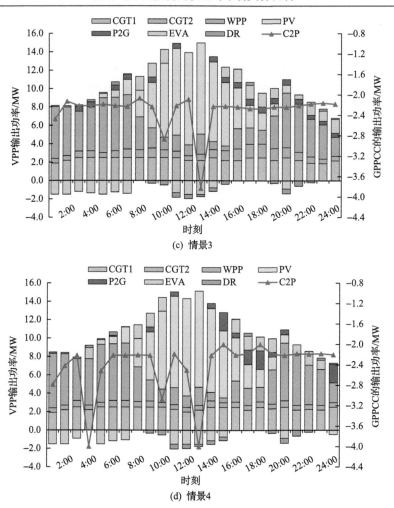

图 5-9　不同情景下 C2P-VPP 调度优化结果(扫码见彩图)

当引入 P2G 后，VPP 产生的 CO_2 能被转化为 CH_4，提供灵活性发电出力，此时 2.5MW 的 CGT1 基本出力稳定，只有 1.5MW 的 CGT2 通过调整出力匹配 WPP 和 PV 的出力波动。当同时引入 CS 和 P2G 后，WPP 和 PV 发电并网量达到最大，且不同于情景 3，P2G 可将 CS 存储的 CO_2 转化为 CH_4，在出力波动大的时段提供灵活性发电出力，从而减小 CGT 的灵活性出力需求，降低碳排放总量。表 5-5 为不同情景下的 C2P-VPP 调度优化结果。

根据表 5-5，对比情景 1，当在情景 2 中引入 CS 时，CO_2 被捕集后完全被存储至 CS，无法提供灵活性发电出力，导致出力波动值增加，但由于碳排放量最小化目标能够被满足，故更多地调用 WPP 和 PV 以追求调度成本最小化；当在情景 3 中加入 P2G 时，P2G 可将 CO_2 转化为 CH_4，用于为 WPP 和 PV 提供灵活性发电出力，

表 5-5　不同情景下的 C2P-VPP 调度优化结果

情景	VPP/(MW·h)					P2G /MW	GPPCC /t	目标值		
	CGT	WPP	PV	EVA	DR			f_1/元	f_2/t	f_3/MW
1	62.48	57.16	66.77	±1.5	(1.76,−4.12)	—	—	128940.17	58.45	0.85
2	57.96	78.85	74.65	±12.13	(1.87,−4.36)	—	3.27	126785.17	54.35	1.21
3	76.16	81.42	74.65	±15.59	(1.92,−4.48)	9.38	7.53	123062.34	52.13	1.12
4	69.93	85.51	78.79	±15.17	(1.90,−4.30)	10.74	8.62	119325.71	50.14	1.09

相应的 C2P-VPP 的出力波动要低于情景 2，调度成本和碳排放量均明显降低。但 P2G 需将 GPPCC 捕捉的 CO_2 即时转化，导致局部灵活性需求增加，EVA 和 DR 提供的灵活性发电出力增加。当同时在情景 3 引入 CS 和 P2G 时，P2G 可将更多的 CO_2 转化为 CH_4，用于为 WPP 和 PV 提供灵活性服务，WPP 和 PV 的发电量达到最大，VPP 对 DR 和 EVA 的调用降低，且 C2P-VPP 的调度目标值也达到最优，表明 CS 和 P2G 两者间具有协同优化效应。图 5-10 为情景 4 的 C2P 的运行情况。

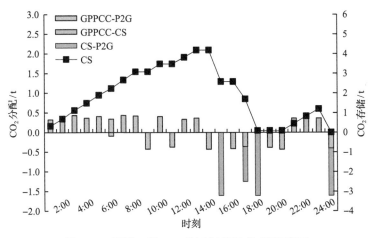

图 5-10　情景 4 的 C2P 的运行情况(扫码见彩图)

根据图 5-10，当 P2G 和 CS 同时引入后，GPPCC 在低谷时段利用 WPP 和 PV 的弃电量，捕集 VPP 产生的 CO_2，并存储于 CS。在峰时段，GPPCC 捕集的 CO_2 和 CS 中存储的 CO_2，被 P2G 转化为 CH_4，用于为 WPP 和 PV 提供灵活性发电出力。从整个调度周期来看，为了实现最大化的碳循环利用，在调度周期末，CS 中剩余的 CO_2 和 GPPCC 捕集的 CO_2 均被 P2G 转化为 CH_4，用于发电出力，最终实现电-碳-电的循环优化。表 5-6 为不同类型用户需求响应出力。

根据表 5-6，分析不同类型柔性负荷参与 C2P-VPP 调度的结果。对工业高载能负荷来说，由于用电灵活性且可转移，用电负荷可增可减，故分别提供可中断

表 5-6　不同类型用户需求响应出力

类型	需求响应出力/(MW·h)				需求响应补偿成本/元
	可中断	可激励	削减	平移	
工业高载能负荷	2.231	1.314	—	—	971.80
商业聚合负荷	—	—	1.85	—	555.00
居民智能家用负荷	0.518	—	—	1.452	103.50

和可激励需求响应出力，需求响应补偿成本为 971.80 元，而商业聚合负荷则仅能通过削减需求响应出力获得 555.00 元的补偿成本，居民智能家用负荷则可分别提供可中断和平移需求响应出力，补偿成本为 103.50 元。进一步，对比情景 2 和情景 4，以分析 P2G 对 GPPCC-CS 运行的影响，图 5-11 为情景 2 和情景 4 的碳存储情况。

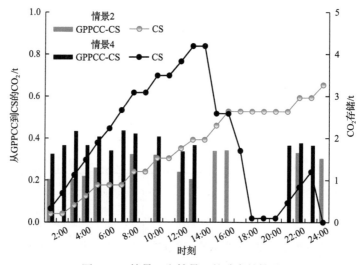

图 5-11　情景 2 和情景 4 的碳存储情况

根据图 5-11，P2G 引入前，在 16：00 前随着负荷需求逐渐增加，GPPCC 捕集的 CO_2 逐步增加并存储于 CS，而在 16:00~18:00，由于负荷需求较低，WPP 和 PV 灵活性需求也较低，故未捕集 CO_2，但在 21:00~24:00，由于 PV 发电出力较低，故 CGT 发电产生的 CO_2 被 GPPCC 捕集，并存储至 CS 中，以实现碳排放量最小化目标。但当 P2G 引入后，GPPCC 在谷时段捕集更多的 CO_2，并存储于 CS。在峰时段，CS 存储的 CO_2 通过 P2G 转化为 CH_4，用于为 WPP 和 PV 提供灵活性发电出力，且在调度周期末，将全部 CO_2 通过 P2G 转化为 CH_4，并用于发电，实现电-碳-电的循环优化。进一步，对比情景 3 和情景 4，分析 CS 对 GPPCC-P2G 运行的影响。图 5-12 为情景 3 和情景 4 的碳转化情况。

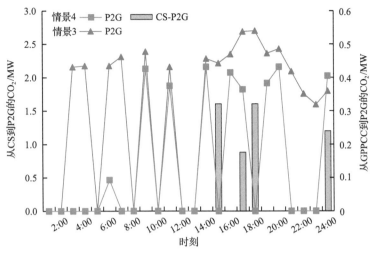

图 5-12 情景 3 和情景 4 的碳转化情况

根据图 5-12，相比 GPPCC-P2G 运行模式，当引入 CS 后，GPPCC 在谷时段将捕集的 CO_2 存储至 CS 中，P2G 不再实时将 GPPCC 捕集的 CO_2 进行转化，而在峰时段将 GPPCC 捕集的 CO_2 和 CS 存储的 CO_2 转化为 CH_4，为 C2P-VPP 提供灵活性发电出力，降低出力波动性，同时能够替代原有的 CGT 提供灵活性发电出力，实现碳循环利用，以降低碳排放量，并可发挥谷时段的低电价优势，降低 C2P-VPP 的运行成本。总体来说，CS 和 P2G 间存在协同优化效应，CS 可助力 C2P 降低运行成本和出力波动性，P2G 可通过碳转化更大程度地实现碳减排，从而保障 C2P-VPP 实现多目标均衡优化。

5.4.3 敏感性分析

根据 C2P-VPP 在不同情景的调度结果，当 CS 和 P2G 同时引入时，能够协同发挥碳捕集和碳转化两种减排路径的优势，实现 C2P-VPP 的多目标均衡优化。从数学模型和调度模型可知，GPPCC 的额定功率、P2G 的额定功率、EVA 的容量规模以及鲁棒系数，是 C2P-VPP 运行的关键要素，其中，CS 碳存储容量与 GPPCC 的额定功率同比例提升。本节对上述因素进行敏感性分析，表 5-7 为不同 GPPCC 规模下 C2P-VPP 调度优化结果。

根据表 5-7，随着 GPPCC 容量的提升，在调度周期内，其捕集的 CO_2 也逐步提升，但当 CGT 与 GPPCC 容量比为 1∶1，即 4MW 时，碳捕集量达到最大，WPP 和 PV 并网电量达到最大，目标函数优化程度达到最高。当 CGT 与 GPPCC 功率比为 1∶0.5 时，WPP 和 PV 并网电量增幅明显，目标函数优化程度提升效果也明显高于功率比为 1∶0.25 时，而当功率比高于 1∶1.25 时，WPP 和 PV 并网电量不再增加，但 CGT 出力略有下降，目标函数的优化程度提升效果也较低，因此，当 CGT 与 GPPCC 功率比在 1：1 到 1：05 之间时，C2P-VPP 的调度结果将达到最优。进一步，分析 P2G 碳转化能力对 C2P-VPP 运行的优化提升效应，图 5-13 为不同 P2G 碳转化能力下的 C2P-VPP 目标函数值 P2G 输出功率。

表 5-7　不同 GPPCC 规模下 C2P-VPP 调度优化结果

容量/MW	分布式单元出力/MW				碳捕集量/t	目标值		
	CGT	WPP	PV	P2G		f_1/元	f_2/t	f_3/MW
0	62.48	57.16	66.77	—	—	128940.17	58.45	0.850
1	65.18	80.34	72.45	8.47	8.18	138415.81	48.41	1.080
2	68.32	83.48	76.38	9.23	8.67	124832.42	48.82	1.084
3	69.93	84.94	77.59	10.74	8.62	119325.71	50.14	1.090
4	69.31	85.95	78.79	11.37	9.12	119126.82	49.78	1.092
5	68.80	85.95	78.79	11.27	9.04	118762.81	49.34	1.092
6	68.80	85.95	78.79	11.27	9.04	118762.81	49.34	1.092

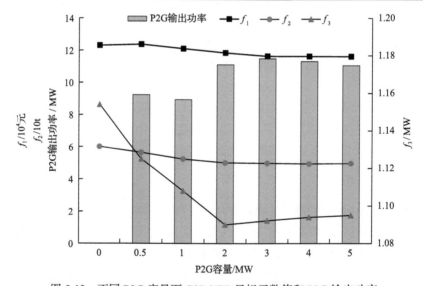

图 5-13　不同 P2G 容量下 C2P-VPP 目标函数值和 P2G 输出功率

根据图 5-13，随着 P2G 额定功率增加，C2P-VPP 碳排放量和出力波动整体逐步降低，其调度成本先增加后降低，这是由于 P2G 碳转化会产生自身用电损耗成本。从不同 P2G 额定功率来看，当 P2G 额定功率由 1MW 增长至 2MW 时，即 GPPCC 和 P2G 功率比为 2：1～4：1 时，目标函数变化最明显，即 P2G 额定功率的增加对 C2P-VPP 的调度优化提升效应较大，而当功率比小于 2：1 时，目标函数值基本维持不变。总体来说，当 CGT、GPPCC 和 P2G 功率比为 2：2：1～8：4：1 时，C2P-VPP 可实现最优化调度。进一步，WPP 和 PV 具有强不确定性，鲁棒系数对 C2P-VPP 调度有着直接影响,图 5-14 为不同鲁棒系数下 WPP、PV 出力值及 C2P-VPP 的目标函数值。

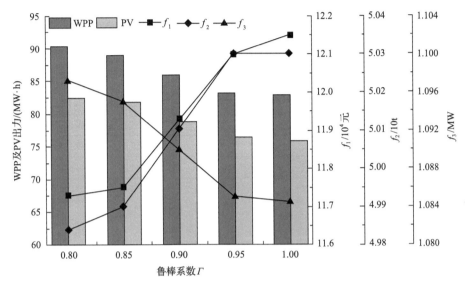

图 5-14　不同鲁棒系数下 WPP、PV 出力值及 C2P-VPP 的目标函数值

根据图 5-14,随着鲁棒系数的增加,WPP 和 PV 发电出力逐步降低,但在 $\Gamma=0.85\sim0.95$ 时,降幅比较明显,表明决策者属于风险偏好型,愿意承担部分风险以追求超额经济收益,而当鲁棒系数高于 0.95 时,WPP 和 PV 出力降幅不够明显,表明决策方案已基本接近最保守值,即决策者为极度风险厌恶型。从目标函数值来看,与 WPP 和 PV 分布趋势基本一致,当鲁棒系数在 0.85~0.95 时,调度成本和碳排放量的增幅明显,这是由于 WPP 和 PV 的并网电量降低,更多地调用 CGT 满足负荷需求,这也使得出力波动目标值降幅明显。总体来说,决策者可根据自身的风险偏好,设置合理的鲁棒系数,进而确立 C2P-VPP 的最优调度方案。进一步,作为 C2P-VPP 的主要灵活性资源,EVA 容量规模对其运行产生的多余电量也能较好地消纳,表 5-8 为不同 EVA 容量规模下的 C2P-VPP 调度优化结果。

根据表 5-8,随着 EVA 容量增加,WPP 和 PV 出力增加,C2P-VPP 的调度成本、碳排放量和出力波动逐渐减小。这是由于 EVA 能利用自身的充放电特性,匹配 WPP 和 PV 出力波动,降低 C2P-VPP 出力波动,且在最大化 WPP 和 PV 并网电量时,降低 CGT 的灵活性出力需求,实现调度成本和碳排放量降低。其中,EVA 容量从 1MW 上升到 2MW,即 WPP、PV 与 EVA 的容量比由 20∶1 变为 10∶1 时,C2P-VPP 目标函数值变化明显,而当容量比低于 10∶1 时,目标函数值变动幅度较小。这说明决策者需根据 WPP 和 PV 的容量,合理设置 EVA 的接入容量,以实现 C2P-VPP 的多目标均衡优化。

表 5-8　不同 EVA 容量规模下的 C2P-VPP 调度优化结果

EVA/MW	分布式单元出力/MW				目标值		
	CGT	WPP	PV	P2G	f_1/元	f_2/t	f_3/MW
0.00	76.80	62.18	69.42	—	126543.27	54.32	1.15
0.50	73.37	66.42	73.51	±8.42	127934.49	52.58	1.12
1.00	71.65	78.15	75.45	±12.45	123630.10	51.85	1.11
1.50	69.93	84.94	77.59	±15.17	119325.71	50.14	1.09
2.00	67.89	85.30	78.79	±19.03	118855.13	49.85	1.07
2.50	66.12	85.25	78.79	±19.48	118119.99	49.12	1.05
3.00	65.85	85.95	78.79	±20.28	118084.75	48.64	1.03

第6章 农村虚拟电厂电-碳协同双层调度优化模型

中国农村地区存在大量生物质、屋顶光伏、分散式风电等离散型分布式能源,如何在"自发自用"的同时,打通"余量上网"渠道,正成为各界广泛关注的焦点。但农村分布式能源处于能源网络末端,电力互联基础薄弱,直接联网成本较高,VPP 通过先进的通信技术和软件架构,实现地理位置分散的各种分布式能源的聚合和协调优化,但因 VPP 自身电力规模较低,最低交易准入限制可能使其难以直接参与电力交易。随着《中共中央、国务院关于进一步深化电力体制改革的若干意见》(中发〔2015〕9 号)出台,独立售电商(electricity retailer,ER)正成为市场的新主体,这使得 VPP 可通过与售电商签订合约合作参与电力市场交易,售电商也能利用 VPP 的调节性能提升交易方案的灵活性。因此,本章以农村虚拟电厂型售电商(electricity retailer with virtual power plant,VPP-ER)为对象,研究其参与"电-碳"协同调度优化策略。

6.1 农村 VPP-ER 建模

6.1.1 运营体系描述

售电商作为将电能从发电厂销售至电力用户的中间商,对于打开售电环节、引入社会资本起到了关键作用,能够为用户提供更大的用电选择权,从而提高电力供应商的服务水平和电能质量。本章针对农村地区存在的大量秸秆、垃圾等生物质燃料,小水电、WPP 和 PV 等分布式电源,考虑将其集成为 VPP,并与售电公司签订合约协同向配电网注入或汲取电量,从而建立农村 VPP-ER。图 6-1 为农村 VPP-ER 运营体系。

根据图 6-1,对 VPP-ER 运营模式作如下假设:①VPP-ER 从日前市场和实时市场购买电量,并将电量出售给配电网中的用户,日前市场中购买电量的偏差额(盈余或不足),可在实时市场中进行交易;②售电公司利用 VPP 技术将服务辖区内的分布式能源进行集成,并按照调度计划向配电网注入或汲取电量;③售电公司服务辖区内的用户可通过签订响应合同,灵活参与 VPP 的调度运行,获得响应收益,并平衡 WPP 和 PV 出力不确定性给 VPP-ER 电力交易带来的缺电风险。

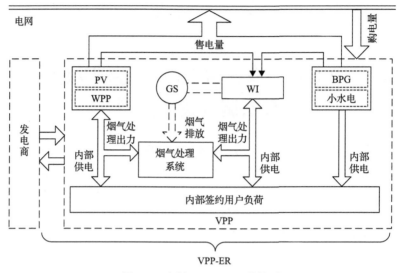

图 6-1　农村 VPP-ER 运营体系

6.1.2　系统单元建模

农村 VPP-ER 包括的设备类型有不可控单元、可控单元、WI、负荷需求响应，具体建模如下。

1)不可控单元(UN)输出模型

对 VPP-ER 来说，不可控单元为 WPP 和 PV，不同于常规发电设备，WPP 和 PV 发电受到自然来风和光辐射强度影响，其发电出力具有不确定性。虽然风速和光辐射强度在短期和长期均呈现一定的间歇性，但数据统计表明，风速和光辐射强度近似服从韦布尔分布和贝塔分布，根据当地气象预测数据能够确立分布函数的相关参数，则可得到 WPP 和 PV 的发电出力[45]，具体建模如下：

$$g_{\mathrm{WPP},t} = \begin{cases} 0, & 0 \leqslant v_t < v_{\mathrm{in}}, v_t > v_{\mathrm{out}} \\ \dfrac{v_t - v_{\mathrm{in}}}{v_{\mathrm{rated}} - v_{\mathrm{in}}} g_{\mathrm{R}}, & v_{\mathrm{in}} \leqslant v_t \leqslant v_{\mathrm{rated}} \\ g_{\mathrm{R}}, & v_{\mathrm{rated}} \leqslant v_t \leqslant v_{\mathrm{out}} \end{cases} \tag{6-1}$$

式中，$g_{\mathrm{WPP},t}$ 为 WPP 在时刻 t 的发电出力；v_t 为时刻 t 的自然来风风速；v_{in} 和 v_{out} 分别为切入风速和切出风速；v_{rated} 为额定风速；g_{R} 为 WPP 的额定风速。

$$f(g_{\mathrm{PV},t}) = \frac{1}{\beta(a,b)} \left(\frac{g_{\mathrm{PV},t}}{g_{\mathrm{PV}}^{\max}} \right)^{a-1} \left(1 - \frac{g_{\mathrm{PV},t}}{g_{\mathrm{PV}}^{\max}} \right)^{b-1} \tag{6-2}$$

式中，g_{PV} 为光伏发电出力；g_{PV}^{max} 为光伏最大输出功率；$\beta(a,b)$ 为贝塔函数，表达式为

$$\beta(a,b) = \frac{\Gamma(a)\Gamma(b)}{\Gamma(a)+\Gamma(b)}$$

式中，a 和 b 为贝塔函数的形状参数，可以由光辐射强度的均值和标准差计算得出；Γ 为伽马函数。

2) 可控单元(CN)输出模型

对农村地区来说，主要的可控单元包括生物质能发电(biomass power generation, BPG)和小水电(small hydropower station, SHS)。对于 BPG 来说，BPG 存在直燃、沼气、成型三种方式，生物质气化发电具有更好的清洁特性，BPG 发电出力与燃料消耗关系建模如下[46]：

$$g_{BPG,t} = \partial_0 + \partial_1 F_p + \partial_2 F_{BPG,t} + \partial_3 F_p^2 \tag{6-3}$$

式中，$g_{BPG,t}$ 为沼气发电的输出功率；F_p 为沼气发电的压强；$F_{BPG,t}$ 为 BPG 在时刻 t 的沼气发电消耗量；∂_0 为常数项系数；∂_1 和 ∂_2 为沼气发电压强和沼气发电消耗量的线性项系数；∂_3 为二次项系数。

对于 SHS 来说，从长期看 SHS 的出力具有不确定性，但当为其配置调节水库时，SHS 则能够根据发电所需用水对来水量进行调节，结合调节水库水位，确定水电出力，使得出力具有可控性。水电站出力主要取决于河流的径流量和水头高度，其表达式如下：

$$g_{SHS,t}^* = \eta_{SHS} g Q_t H_t \tag{6-4a}$$

式中，$g_{SHS,t}^*$ 为 SHS 在时刻 t 的可用出力；η_{SHS} 为水电站发电效率；g 为 SHS 所在地的重力加速度；Q_t 为 SHS 在时刻 t 的发电引流量；H_t 为水电站净水头，$H_t = Z_u - Z_d$，Z_u 和 Z_d 分别表示 SHS 坝前水位和尾水管出口断面水位。SHS 实际出力取决于水电机组的出力限制，具体如下：

$$g_{SHS,t}^* = \begin{cases} \eta_{SHS} \rho Q_t H_t, & g_{SHS}^{min} \leqslant g_{SHS,t}^* \leqslant g_{SHS}^{max} \\ 0, & g_{SHS,t}^* < g_{SHS}^{min} \end{cases} \tag{6-4b}$$

式中，g_{SHS}^{min} 和 g_{SHS}^{max} 分别为 SHS 的最小和最大出力。

3) WI 运营模式

垃圾焚烧(WI)发电主要通过烟气处理系统实现，由于其燃料日供应量约束，发电时间安排上具有可调节性，特别是安装烟气储气装置后，可实现发电时间与

烟气处理时间的解耦，垃圾焚烧发电能够参与 VPP-ER 的灵活性交易[47]。图 6-2 为垃圾焚烧电厂烟气处理系统结构。

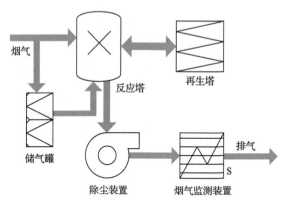

图 6-2　垃圾焚烧电厂烟气处理系统结构

　　根据图 6-2，WI 发电产生的烟气分流进入储气罐和反应塔，引入烟气分流比 λ 反映流入反应塔的烟气量占总烟气量的比值，调节进入储气罐的烟气量，具体数学建模如下：

$$\begin{cases} \lambda = Q_{\mathrm{GR},t} \,/\, Q_t \\ Q_t = g_{\mathrm{WI},t} e_{\mathrm{WI}} = Q_{\mathrm{GR},t} + Q_{\mathrm{GST},t} \end{cases} \tag{6-5}$$

式中，Q_t 为 WI 在时刻 t 产生的烟气总量；$Q_{\mathrm{GR},t}$ 和 $Q_{\mathrm{GST},t}$ 分别为时刻 t 进入反应塔和储气罐中的烟气量；$g_{\mathrm{WI},t}$ 为 WI 在时刻 t 的发电出力；e_{WI} 为 WI 单位发电产生的烟气量。

　　WI 发电过程中存在气泵能耗，包括使烟气进出储气罐的气泵能耗和使烟气从储气罐进入反应塔的气泵能耗。则 WI 发电处理烟气所消耗的总功率包括气泵的功率和在装置中处理烟气所消耗的功率。具体建模如下：

$$g_{\mathrm{WI},t}^{\mathrm{input}} = w_{\mathrm{WI}}\left(Q_{\mathrm{GR},t} + Q_{\mathrm{GST},t}^{\mathrm{GR}} \right) + w_{\mathrm{SP}}\left(Q_{\mathrm{GST},t} + Q_{\mathrm{GST},t}^{\mathrm{GR}} \right) \tag{6-6}$$

式中，$g_{\mathrm{WI},t}^{\mathrm{input}}$ 为 WI 在时刻 t 处理烟气的总耗电功率；w_{WI} 为 WI 处理单位烟气的能耗系数；$Q_{\mathrm{GST},t}^{\mathrm{GR}}$ 为储气罐在时刻 t 进入反应塔的烟气量；w_{SP} 为储气罐进入烟气时的气泵能耗系数。

　　4）负荷需求响应模型

　　不同于城市用电负荷，农村地区负荷主要为生活用电、农业用电和部分小工业用电，难以大规模参与 DR。根据用电特性可将负荷划分为基础负荷和柔性负荷。柔性负荷(FL)能响应 VPP-ER 指令，对自身的用电行为进行调整，提供 PBDR 或 IBDR 服务[48]，表 6-1 为农村不同类型柔性负荷的特性。

表 6-1　农村不同类型柔性负荷的特性

类型	特性	响应类型	举例
Ⅰ类	在一个周期内有固定的工作时长，但工作时段可调	PBDR、IBDR	洗衣机、电动汽车充电及小工业生产用电等
Ⅱ类	与Ⅰ类柔性负荷相似，但在工作时长上有一定的限制	PBDR	冰箱、制冰机等
Ⅲ类	多模式电器，可根据用电需求调整工作模式，但有最小用电需求	IBDR	空调、热水器等

（1）Ⅰ类柔性负荷，具备较强的响应能力，能够灵活调整用电行为，挑选最佳时段参与 PBDR 和 IBDR，具体用电模型如下：

$$\begin{cases} L_{j,t}^{\mathrm{I}} = u_{j,t}^{\mathrm{I}} L_{j,\mathrm{R}}^{\mathrm{I}} \\ \sum_{t=1}^{T} u_{j,t}^{\mathrm{I}} \Delta t = H_j^{\mathrm{I}} \end{cases}, \quad j = 1, 2, \cdots, J \tag{6-7a}$$

式中，$L_{j,t}^{\mathrm{I}}$ 为Ⅰ类柔性负荷 j 在时刻 t 的工作功率；$L_{j,\mathrm{R}}^{\mathrm{I}}$ 为Ⅰ类柔性负荷 j 的额定功率；$u_{j,t}^{\mathrm{I}}$ 为Ⅰ类柔性负荷 j 在时刻 t 的工作状态，0 表示停机，1 为开机；J 为Ⅰ类柔性负荷的数量；H_j^{I} 为Ⅰ类柔性负荷 j 在一个周期内的总工作时长；Δt 为柔性负荷工作的时间间隔。

（2）Ⅱ类柔性负荷，与Ⅰ类柔性负荷相似，能够灵活调整用电时段，但需要满足最短工作时长限制，不能长时间停电，具体用电模型如下：

$$\begin{cases} L_{k,t}^{\mathrm{II}} = u_{k,t}^{\mathrm{II}} L_{k,\mathrm{R}}^{\mathrm{II}} \\ u_{k,t}^{\mathrm{II}} + u_{k,t+1}^{\mathrm{II}} + \cdots + u_{k,t+b_k^{\mathrm{II}}}^{\mathrm{II}} \geqslant a_k^{\mathrm{II}} \\ k = 1, 2, \cdots, K; t = 1, 2, \cdots, T - b_k^{\mathrm{II}} \end{cases} \tag{6-7b}$$

式中，K 为Ⅱ类柔性负荷的数量；$L_{k,t}^{\mathrm{II}}$ 为Ⅱ类柔性负荷 k 在时刻 t 的工作功率；$L_{k,\mathrm{R}}^{\mathrm{II}}$ 为Ⅱ类柔性负荷 k 的额定功率；$u_{k,t}^{\mathrm{II}}$ 为Ⅱ类柔性负荷 k 的在时刻 t 的工作状态，0 表示停机，1 表示开机；a_k^{II} 为Ⅱ类柔性负荷 k 在一个工作周期内的最短工作时长；b_k^{II} 为Ⅱ类柔性负荷 k 在一个工作周期内允许的最长停电时间。

（3）Ⅲ类柔性负荷，不同于Ⅰ类和Ⅱ类柔性负荷，Ⅲ类柔性负荷可切换自身的工作模式，但需要满足最小用电量需求，以保障用户的舒适度，具体用电模型如下：

$$\begin{cases} u_{l,t}^{\text{III}} L_l^{\text{III,min}} \leqslant u_{l,t}^{\text{III}} L_{l,t}^{\text{III}} \leqslant u_{l,t}^{\text{III}} L_l^{\text{III,max}} \\ E_l^{\text{III,min}} \leqslant \sum_{t=1}^{T} L_{l,t}^{\text{III}} \Delta_t \leqslant E_l^{\text{III,max}} \end{cases}, \quad l = 1, 2, \cdots, L \qquad (6\text{-}7\text{c})$$

式中，L 为 III 类柔性负荷的数量；$u_{l,t}^{\text{III}}$ 为 III 类柔性负荷 l 在时刻 t 的工作状态，0 表示停机，1 为开机；$L_{l,t}^{\text{III}}$ 为 III 类柔性负荷 l 在时刻 t 的功率；$L_l^{\text{III,min}}$ 和 $L_l^{\text{III,max}}$ 为 III 类柔性负荷 l 的最小和最大额定功率；$E_l^{\text{III,min}}$、$E_l^{\text{III,max}}$ 为 III 类柔性负荷 l 可消耗的最小和最大电量。

6.2 农村 VPP-ER 电-碳协同交易模式

6.2.1 电-碳协同交易模式

中国农村地区的能源消费量较大，但以风光为代表的分布式清洁能源丰富，当秸秆、垃圾等生物质燃料用于气化发电时，相比于原始就地燃烧方式能够带来碳减排效应，这意味着农村 VPP-ER 在进行电力交易时，既能够产生电力收益，也可能产生碳减排收益。这就对核算 VPP-ER 的碳减排额，建立基于电价-碳价耦合关系的电-碳协同交易模式提出迫切需求。图 6-3 为 VPP-ER 参与电-碳协同交易模式框架。

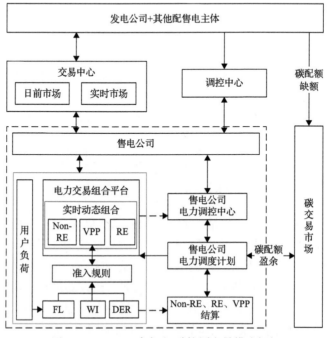

图 6-3　VPP-ER 参与电-碳协同交易模式框架

Non-RE 表示非可再生能源发电商；RE 表示可再生能源发电商

根据图 6-3，VPP-ER 交易包括电力交易和碳交易两部分。在电力交易中，VPP-ER 通过在不同类型市场向可再生能源发电商、非可再生能源发电商以及 VPP 组合购电，参与电力市场的日前交易及实时交易，以追求购售电交易最大化目标。在 VPP-ER 调度计划确定后，则可核算其碳排放总量，若盈余碳配额，则可进入碳交易市场售出配额，反之，则需要在碳交易市场购买配额。其中，电价和碳价的耦合关系将直接影响调度计划的制定，当相同当量的碳价高出电价时，VPP-ER 会更多地购买可再生能源电量，其产生的碳减排额将从碳交易市场获得更高的碳交易收益，反之，当相同当量的碳价低于电价时，VPP-ER 则更愿意购买低价格的非可再生能源电量，而支付部分碳缺额成本，获得更高的电力交易收益。

6.2.2　净碳排放配额测算

当 VPP-ER 进行电力交易时，主要碳排放源于三个渠道，向非可再生能源发电商购买的电量、向电网购买的电量以及内部 BPG 和 WI 的发电量，则 VPP-ER 的电力交易碳排放量计算如下：

$$E_t^{\text{actual}} = e_{\text{Non-RE},t} g_{\text{Non-RE},t} + e_{\text{grid},t} g_{\text{grid},t} + e_{\text{VPP},t} (g_{\text{BPG},t} + g_{\text{WI},t}) \tag{6-8}$$

式中，E_t^{actual} 为 VPP-ER 在时刻 t 应承担的碳排放量；$e_{\text{Non-RE},t}$、$e_{\text{grid},t}$、$e_{\text{VPP},t}$ 分别为非可再生能源发电商、电网和 VPP 在时刻 t 的碳排放强度；$g_{\text{Non-RE},t}$ 和 $g_{\text{grid},t}$ 为 VPP-ER 在时刻 t 向非可再生能源发电商和电网购买的电量；$g_{\text{BPG},t}$ 和 $g_{\text{WI},t}$ 为 VPP-ER 在时刻 t 调用 BPG 和 WI 的发电出力。

本书选择基于发电量的免费初始碳排放分配方式，单位电量碳排放分配系数主要由国家发展改革委发布的"区域电网基准线排放因子"确定，近似认为其碳排放配额与总的售电量成比例，则 VPP-ER 的初始碳排放配额计算如下：

$$E_t^{\text{initial}} = e(g_{\text{VPP},t} + g_{\text{Non-RE},t} + g_{\text{RE},t} - g_{\text{grid},t}) \tag{6-9}$$

式中，E_t^{initial} 为 VPP-ER 在时刻 t 获得的初始碳排放配额；e 为单位电量碳排放分配系数；$g_{\text{RE},t}$ 和 $g_{\text{VPP},t}$ 分别为 VPP-ER 在时刻 t 向可再生能源发电商和 VPP 购买的电量。

式(6-8)和式(6-9)分别计算了 VPP-ER 真实的碳排放量和初始碳排放配额，则 VPP-ER 可交易的碳排放配额如下：

$$E_t = E_t^{\text{initial}} - E_t^{\text{actual}} \tag{6-10}$$

式中，E_t 为 VPP-ER 在时刻 t 可交易的碳排放配额。$E_t > 0$，表示 VPP-ER 将剩余碳排放配额在碳交易市场进行售出，获得碳排放配额售出收益；$E_t < 0$，表示

VPP-ER 需要购买缺欠的碳排放配额，在碳交易市场购买不足配额，支出碳排放配额购买成本。

6.2.3 电-碳协同交易收益测算

VPP-ER 参与电-碳协同交易的收益包括电力市场收益和碳交易市场收益。其中，电力市场收益由售电收入、日前市场购电成本、实时市场交易成本、调度 VPP 的费用构成。同时，为增加自身电力交易的灵活性，考虑 VPP-ER 在日前市场实施 PBDR，即允许其通过参与负荷调节获得补贴，引导 I 类和 II 类用户调整用电负荷分布，从而优化购电策略。

$$R_{\text{benefit}} = \sum_{t=1}^{T} \left\{ \left[P_t^{\text{se}} (L_t - g_{\text{VPP},t}) - P_t^{\text{pur}} \eta_t L_t + P_t^{\text{tran}} L_t^{\text{tran}} - C_{\text{PBDR},t} - C_{\text{VPP},t} \right] + P_t^{\text{carbon}} E_t \right\}$$

$$(6\text{-}11)$$

式中，R_{benefit} 为 VPP-ER 电力市场收益；P_t^{se}、P_t^{pur} 和 P_t^{tran} 为 VPP-ER 在时刻 t 的售电价格、日前市场购电价格和实时市场交易价格，当 $P_t^{\text{tran}} > 0$ 时，表示 VPP-ER 在实时阶段向配电网售电，反之，VPP-ER 在实时阶段向配电网购电；η_t 为 VPP-ER 在时刻 t 的日前市场购电比例；L_t 为 VPP-ER 在时刻 t 签约的合同电量；L_t^{tran} 为 VPP-ER 在时刻 t 的实时市场购电量；P_t^{carbon} 为时刻 t 碳交易市场的交易价格；$C_{\text{PBDR},t}$ 为 VPP-ER 在时刻 t 实施 PBDR 的成本；$C_{\text{VPP},t}$ 为 VPP-ER 在时刻 t 调度 VPP 的费用，主要包括不同分布式电源的调度费用和用户灵活性负荷费用。

$$C_{\text{PBDR},t} = \sum_{j=1}^{J} \Delta P_{j,t}^{\text{I}} \left(L_{j,t}^{\text{I,be}} - L_{j,t}^{\text{I,af}} \right) + \sum_{k=1}^{K} \Delta P_{k,t}^{\text{II}} \left(L_{k,t}^{\text{II,be}} - L_{k,t}^{\text{II,af}} \right) \quad (6\text{-}12\text{a})$$

式中，$\Delta P_{j,t}^{\text{I}}$ 和 $\Delta P_{k,t}^{\text{II}}$ 为 I 类用户 j 和 II 类用户 k 在时刻 t 的价格变化值；$L_{j,t}^{\text{I,be}}$ 和 $L_{j,t}^{\text{I,af}}$ 为 I 类用户 j 在时刻 t 提供 PBDR 前后的负荷；$L_{k,t}^{\text{II,be}}$ 和 $L_{k,t}^{\text{II,af}}$ 分别为 II 类用户 k 在时刻 t 提供 PBDR 前后的负荷。

$$C_{\text{VPP},t} = P_{u,t}^{\text{UN}} g_{u,t}^{\text{UN}} + P_{c,t}^{\text{CN}} g_{c,t}^{\text{CN}} + \left(P_{\text{WI},t}^{\text{out}} g_{\text{WI},t}^{\text{out}} - P_{\text{WI},t}^{\text{in}} g_{\text{WI},t}^{\text{in}} \right) + \sum_{(S,n) \in \{(\text{I},j),(\text{II},k),(\text{III},l)\}} L_{n,t}^{S} P_{n,t}^{S} \quad (6\text{-}12\text{b})$$

式中，$P_{u,t}^{\text{UN}}$ 和 $g_{u,t}^{\text{UN}}$ 为第 u 类 UN 在时刻 t 的调用价格和出力；$P_{c,t}^{\text{CN}}$ 和 $g_{c,t}^{\text{CN}}$ 为第 c 类 CN 在时刻 t 的调用价格和出力；$P_{\text{WI},t}^{\text{in}}$ 和 $P_{\text{WI},t}^{\text{out}}$ 为 WI 在时刻 t 的耗电价格和供电价格；$g_{\text{WI},t}^{\text{in}}$ 和 $g_{\text{WI},t}^{\text{out}}$ 为 WI 在时刻 t 的耗电功率和供电功率；$L_{n,t}^{S}$ 和 $P_{n,t}^{S}$ 为 S 类用户 n 在时刻 t 提供的负荷调整价格。

6.3 农村 VPP-ER 电-碳协同交易双层优化模型

6.3.1 双层模型构建思路

根据 VPP-ER 的电-碳协同交易模式，需确立其日前购电比例、实时交易电量及 VPP 调度计划，本节设计了电-碳协同交易双层优化模型，并将上层电-碳协同交易优化模型转化为 KKT(Karush-Kuhn-Tucker)条件方程组，与下层 VPP 调度优化模型进行迭代优化，确立最终的交易策略。图 6-4 为 VPP-ER 电-碳协同交易双层优化模型构建框图。

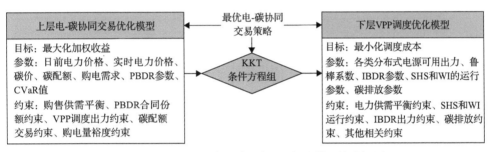

图 6-4 VPP-ER 电-碳协同交易双层优化模型构建框图

根据图 6-4，VPP-ER 电-碳协同交易双层优化模型的构建主要包括 3 个过程。

(1)上层模型，考虑售电收益和风险成本，以加权收益最大化为目标，在确定日前电力价格、实时电力价格、碳价等参数后，建立电-碳协同交易优化模型。

(2)下层模型，以调度成本最小化为目标，在确定不同分布式电源可用出力、鲁棒系数和碳排放总量等参数后，建立 VPP 调度优化模型。

(3)KKT 条件方程组，将上层电-碳协同交易优化模型转化为下层优化模型的 KKT 条件方程组，从而将双层模型转化为单层优化模型，确立 VPP-ER 最优电-碳协同交易策略。

6.3.2 上层电-碳协同交易优化模型

从 VPP-ER 参与电-碳协同交易的收益(式(6-11))可看出，由于电力实时价格、碳价具有不确定性，因此电力交易效益也具有不确定性。VPP-ER 需要考虑日前电力价格、实时电力价格及碳价等信息，分配日前市场、实时市场和 VPP 的购电量，确立出最符合自身风险承受能力的交易方案。因此，本节综合考虑 VPP-ER 参与电-碳协同交易的收益和风险成本，以加权收益最大作为目标函数，具体如下：

$$\max R_{\text{VPP}} = (1-\lambda)R_{\text{benefit}} - \lambda R_{\text{risk}} \tag{6-13a}$$

式中，λ 为风险厌恶系数；R_{risk} 为电力实时价格、碳价的不确定性给 VPP-ER 参与电-碳协同交易带来的风险成本。为描述上述不确定性，引入 CVaR 构造风险成本函数[49]，根据式(6-11)设定 $\boldsymbol{Y} = [Y_t] = \left[\eta_t, g_{\text{VPP},t}, L_t^{\text{tran}}\right] (t = 1, 2, \cdots, 24)$ 为决策向量，$\boldsymbol{y}^{\text{T}} = \left[P_t^{\text{tran}}, P_t^{\text{carbon}}\right]$ 为多元随机向量，则 VPP-ER 参与电-碳协同交易的净收益为 $R_{\text{benefit}}(\boldsymbol{Y}, \boldsymbol{y})$，此时，VPP-ER 参与电-碳协同交易的收益损失函数为 $R_{\text{risk}}(\boldsymbol{Y}, \boldsymbol{y}) = -R_{\text{benefit}}(\boldsymbol{Y}, \boldsymbol{y})$，则可得到考虑实时电力价格和碳价不确定性的 VPP-ER 参与电-碳协同交易的 CVaR 函数，具体如下：

$$R_{\text{risk}} = F_\beta(\boldsymbol{Y}, \alpha) = \alpha + \frac{1}{1-\beta} \int_{\boldsymbol{y} \in \mathbf{R}^m} (L(\boldsymbol{Y}, \boldsymbol{y}) - \alpha)^+ p(\boldsymbol{y}) \mathrm{d}\boldsymbol{y} \tag{6-13b}$$

式中，α 为决策者风险判定的门槛值；β 为 VPP 运行目标函数的置信度。当式(6-13b)达到最小时即为 CVaR 值，此时 α 就是 VaR 值。当 $p(\boldsymbol{y})$ 解析式难以确定时，可构造近似求解算法，通常利用 $\boldsymbol{y}$ 的历史数据或蒙特卡罗模拟样本数据来估计式(6-13b)的积分项。令 $y_1, y_2, \cdots, y_N$ 为 $\boldsymbol{y}$ 的 N 个样本数据，则函数 $F_\beta(\boldsymbol{Y}, \alpha)$ 估计值为

$$R_{\text{risk}} = \alpha + \frac{1}{N(1-\beta)} \sum_{k=1}^{N} (L(\boldsymbol{Y}, \boldsymbol{y}) - \alpha)_k^+ \tag{6-13c}$$

根据式(6-13c)，VPP-ER 通过设置合理的风险厌恶系数 λ，能够确立综合收益最大化时的电-碳协同交易目标。进一步，电-碳协同交易需要综合考虑购售电量平衡约束、PBDR 合同份额约束、VPP 调度出力约束、碳配额交易约束及购电量裕度约束。

1)购售电量平衡约束

具体约束如下：

$$\eta_t L_t + g_{\text{VPP},t} + L_t^{\text{tran}} = L_t + \sum_{j=1}^{J} \Delta L_{j,t}^{\text{I}} + \sum_{k=1}^{K} \Delta L_{k,t}^{\text{II}} \tag{6-14}$$

式中，$\Delta L_{j,t}^{\text{I}}$、$\Delta L_{k,t}^{\text{II}}$ 分别为 I 类用户 j 和 II 类用户 k 在时刻 t 参与 PBDR 产生的负荷变动量，可由电力价格弹性和电力价格变动量计算，以 $\Delta L_{j,t}^{\text{I}}$ 为例，具体计算如下：

$$\Delta L_{j,t}^{\text{I}} = e_{j,tt} \times \frac{\Delta P_{j,t}^{\text{I}}}{P_{j,t}^{\text{I}}} + \sum_{\substack{s=1 \\ s \neq t}}^{24} e_{j,st} \times \frac{\Delta P_{j,s}^{\text{I}}}{P_{j,s}^{\text{I}}} \tag{6-15a}$$

$$e_{j,st} = \frac{\Delta L_{j,s}^{\mathrm{I}} / L_{j,s}^{\mathrm{I}}}{\Delta P_{j,t}^{\mathrm{I}} / P_{j,t}^{\mathrm{I}}} \begin{cases} e_{j,st} \leqslant 0,\ s = t \\ e_{j,st} \geqslant 0,\ s \neq t \end{cases} \tag{6-15b}$$

式中，$\Delta L_{j,s}^{\mathrm{I}}$ 为 I 类用户 j 在时刻 s 参与 PBDR 产生的负荷变动量；$\Delta P_{j,t}^{\mathrm{I}}$ 为 I 类用户 j 在时刻 t 参与 PBDR 产生的电价变动量；$P_{j,t}^{\mathrm{I}}$ 和 $P_{j,s}^{\mathrm{I}}$ 为 I 类用户 j 在时刻 t 和时刻 s 的 PBDR 前的电力价格；$e_{j,st}$ 为电力需求价格弹性，当 $s{=}t$ 时，$e_{j,tt}$ 称为自弹性，当 $s{\neq}t$ 时，$e_{j,st}$ 称为交叉弹性。只有需求缩减时，$e_{j,st}$ 才会为负，此时，负载变化总是一个负值。

2）PBDR 合同份额约束

VPP-ER 可通过提前实施 PBDR 激励措施，引导用户用电负荷优化，从而提升自身购售电交易空间，但当用户过度响应时，可能会导致负荷峰谷倒挂，进而增加电力交易风险，因此，需要对 PBDR 合同份额进行约束，以 $\Delta L_{j,t}^{\mathrm{I}}$ 为例，具体约束如下：

$$u_{j,t}^{\mathrm{I}}\Delta L_{j,t}^{\mathrm{I,min}} \leqslant u_{j,t}^{\mathrm{I}}\Delta L_{j,t}^{\mathrm{I}} \leqslant u_{j,t}^{\mathrm{I}}\Delta L_{j,t}^{\mathrm{I,max}} \tag{6-16a}$$

$$\sum_{t=1}^{T} \Delta L_{j,t}^{\mathrm{I}} \leqslant \Delta L_{j}^{\mathrm{I,max}} \tag{6-16b}$$

式中，$\Delta L_{j,t}^{\mathrm{I,min}}$ 和 $\Delta L_{j,t}^{\mathrm{I,max}}$ 分别为 I 类用户 j 在时刻 t 允许签订 PBDR 的最小和最大合同份额；$u_{j,t}^{\mathrm{I}}$ 为 I 类用户 j 在时刻 t 的启停状态；$\Delta L_{j}^{\mathrm{I,max}}$ 为 I 类用户 j 允许签订的 PBDR 总合同份额。

3）VPP 调度出力约束

VPP 主要包括 UN、CN、WI 和负荷需求响应等分布式单元，由于 WPP 和 PV 均有不确定性，故当 VPP-ER 在制定 VPP 调用计划时，需考虑 VPP 出力约束和爬坡约束，具体约束条件如下：

$$g_{\mathrm{VPP},t}^{\min} \leqslant g_{\mathrm{VPP},t} \leqslant g_{\mathrm{VPP},t}^{\max} \tag{6-17a}$$

$$\Delta g_{\mathrm{VPP}}^{\min} \leqslant g_{\mathrm{VPP},t} - g_{\mathrm{VPP},t-1} \leqslant \Delta g_{\mathrm{VPP}}^{\max} \tag{6-17b}$$

式中，$g_{\mathrm{VPP},t}^{\max}$ 和 $g_{\mathrm{VPP},t}^{\min}$ 为 VPP 在时刻 t 的最大和最小功率；$\Delta g_{\mathrm{VPP}}^{\max}$ 和 $\Delta g_{\mathrm{VPP}}^{\min}$ 为 VPP 在时刻 t 的最大和最小爬坡功率。

4）碳配额交易约束

VPP-ER 的净碳排放配额可在碳交易市场进行售出或购入，但最大售出配额不能超过初始碳排放配额，具体约束条件如下：

$$\sum_{t=1}^{T} \max\{E_t, 0\} \leqslant E_t^{\mathrm{initial}} \tag{6-18a}$$

$$\sum_{t=1}^{T} E_t^{\text{actual}} \leqslant \sum_{t=1}^{T} E_t^{\text{initial}} + \sum_{t=1}^{T} \min\{E_t, 0\} \tag{6-18b}$$

当 $\sum_{t=1}^{T} \max\{E_t, 0\} = E_t^{\text{initial}}$ 时，表明 VPP-ER 获得的初始碳排放配额全部在碳交易市场售出，即 VPP-ER 交易电量全部源于零碳电源。式(6-18b)表示全调度周期 VPP-ER 的实际碳排放份额应不超过初始配额和买入配额的总和，否则多购买配额会导致 VPP-ER 的总交易成本增加。

5) 购电量裕度约束

由于电力实时价格和碳价具有不确定性，VPP-ER 在进行日前购电时，会根据签订的合约交易电量，超额购买部分电量以增加电力交易裕度，具体约束条件如下：

$$\eta_t L_t + g_{\text{VPP},t} - \sum_{j=1}^{J} \Delta L_{j,t}^{\text{I}} - \sum_{k=1}^{K} \Delta L_{k,t}^{\text{II}} \geqslant \gamma L_t \tag{6-19}$$

式中，γ 为 VPP-ER 在日前阶段的购电裕度，一般取值高于 η_t，用于应对实时阶段电力短缺或者电价急剧增高风险。

6.3.3 下层 VPP 调度优化模型

当上层电-碳协同交易优化模型确定 VPP 调度计划后，下层模型需要整合 WPP、PV、BPG、SHS、WI 和负荷需求响应等资源，满足调度计划。由于 VPP 中 BPG 和 WI 的发电碳排放均归属于 VPP-ER，故下层优化模型仅考虑如何以成本最小作为优化目标，协同满足电力平衡和碳平衡，具体目标函数如下：

$$\min C_{\text{VPP}} = \sum_{t=1}^{T} \left\{ \begin{pmatrix} P_{\text{WPP},t} g_{\text{WPP},t} + P_{\text{PV},t} g_{\text{PV},t} \\ + P_{\text{BPG},t} g_{\text{BPG},t} + P_{\text{SHS},t} g_{\text{SHS},t} \end{pmatrix} + \begin{pmatrix} P_{\text{WI},t} g_{\text{WI},t} \\ - P_t^{\text{se}} g_{\text{WI},t}^{\text{input}} \end{pmatrix} \right. \\ \left. + \left(\sum_{j=1}^{J} P_{j,t}^{\text{I,IB}} \Delta L_{j,t}^{\text{I,IB}} + \sum_{l=1}^{L} P_{l,t}^{\text{III,IB}} \Delta L_{l,t}^{\text{III,IB}} \right) \right\} \tag{6-20}$$

式中，$P_{\text{WPP},t}$、$P_{\text{PV},t}$、$P_{\text{BPG},t}$、$P_{\text{SHS},t}$ 和 $P_{\text{WI},t}$ 分别为 WPP、PV、BPG、SHS 和 WI 在时刻 t 的调用成本系数；P_t^{se} 为 WI 在时刻 t 处理烟气的成本系数；$P_{j,t}^{\text{I,IB}}$ 和 $P_{l,t}^{\text{III,IB}}$ 分别为 I 类用户 j 和 III 类用户 l 在时刻 t 调用的 IBDR 的成本系数；$\Delta L_{j,t}^{\text{I,IB}}$ 和 $\Delta L_{l,t}^{\text{III,IB}}$ 分别为 I 类用户 j 和 III 类用户 l 在时刻 t 调用的 IBDR 出力。

进一步，需要考虑 VPP 内部的电力供需平衡约束、各分布式电源运行约束及 IBDR 出力约束、碳排放约束等。

1) 电力供需平衡约束

具体约束条件如下:

$$g_{\text{WPP},t} + g_{\text{PV},t} + \left(g_{\text{WI},t} - g_{\text{WI},t}^{\text{input}}\right) + g_{\text{BGT},t} + g_{\text{SHS},t} - \sum_{j=1}^{J} \Delta L_{j,t}^{\text{I,IB}} - \sum_{l=1}^{L} \Delta L_{l,t}^{\text{III,IB}} = g_{\text{VPP},t}^{*}$$

(6-21a)

式中, $g_{\text{VPP},t}^{*}$ 为上层交易优化模型确定的 VPP 调度计划。由于 WPP 和 PV 具有不确定性,若按式(6-21a)进行 VPP 调度计划制定,当出力偏差发生时,将导致 VPP 的实际出力计划与调度计划不吻合,这就要求提前对这种不确定性进行分析。相比传统不确定性分析方法,鲁棒优化的最优解对集合内每一个元素可能造成的不良影响都具有一定的抑制性,调节鲁棒系数即可决策出不同程度上抑制不确定性影响的优化调度方案。该方法无须考虑大量随机方案,计算负担较小,适用空间更广[47],具体应用过程如下。

设定 WPP 和 PV 的预测偏差系数为 $\rho_{\text{WPP},t}$ 和 $\rho_{\text{PV},t}$,则可以得到 WPP 和 PV 的出力在区间 $\left[(1-\rho_{\text{WPP},t}) \cdot g_{\text{WPP},t}, (1+\rho_{\text{WPP},t}) \cdot g_{\text{WPP},t}\right]$ 和 $\left[(1-\rho_{\text{PV},t}) \cdot g_{\text{PV},t}, (1+\rho_{\text{PV},t}) \cdot g_{\text{PV},t}\right]$ 内波动。为便于表达,用 $\rho_{\text{UN},t}$ 替代 $\rho_{\text{WPP},t}$ 和 $\rho_{\text{PV},t}$,且 $g_{\text{UN},t} = g_{\text{WPP},t} + g_{\text{PV},t}$,引入净负荷需求 M_t,具体计算如下:

$$M_t = g_{\text{VPP},t} - \left[\left(g_{\text{WI},t} - g_{\text{WI},t}^{\text{input}}\right) + g_{\text{BGT},t} + g_{\text{SHS},t} - \sum_{j=1}^{J} \Delta L_{j,t}^{\text{I,IB}} - \sum_{l=1}^{L} \Delta L_{l,t}^{\text{III,IB}}\right]$$

(6-21b)

进而, 式(6-21a)能够改写为

$$-\left[g_{\text{UN},t}(1-\varphi_{\text{UN}}) \pm \rho_{\text{UN},t} \cdot g_{\text{UN},t}\right] \leqslant M_t$$

(6-21c)

式中, φ_{UN} 为风光发电机组的电量损耗率。

式(6-21c)表明当随机变量的影响更大时,不等式约束变得更严格。为保证在实际输出达到预测边界时约束满足要求,引入非负辅助变量 $\theta_{\text{UN},t}$ 以加强上述约束。假设 $\theta_{\text{UN},t} \geqslant \left|g_{\text{UN},t}(1-\varphi_{\text{UN}}) \pm e_{\text{UN},t} \cdot g_{\text{UN},t}\right|$。因此, 式(6-21c)可以改写如下:

$$-(g_{\text{UN},t} + \rho_{\text{UN},t} g_{\text{UN},t}) \leqslant -g_{\text{UN},t} + \rho_{\text{UN},t}\left|g_{\text{UN},t}\right| \leqslant -g_{\text{UN},t} + \rho_{\text{UN},t}\theta_{\text{UN},t} \leqslant M_t \quad (6\text{-}21d)$$

式(6-21d)显示了最严格的鲁棒约束。由于极端情况具有一定的发生概率,引入鲁棒系数 $\Gamma_{\text{UN}} \in [0,1]$ 将上述约束修改为

$$-(g_{\text{UN},t} + \rho_{\text{UN},t} g_{\text{UN},t}) \leqslant -g_{\text{UN},t} + \Gamma_{\text{UN}}\rho_{\text{UN},t}\left|g_{\text{UN},t}\right| \leqslant -g_{\text{UN},t} + \rho_{\text{UN},t}\theta_{\text{UN},t} \leqslant M_t \quad (6\text{-}21e)$$

2) SHS 运行约束

小水电受季节影响，存在枯水期和丰水期。对于枯水期，需保证水库存在一定水量满足夜间负荷；对于丰水期，需保证水量不能超过最大库容，故需合理调节水库水量。特别是在丰水期，若水库水量已基本达到最大容量，由于水轮机组的发电引流量存在最大值限制，还需弃水以满足水库库容的要求。相应地，水库需水量、发电引流量以及弃水流量约束如下：

$$V_{\min} \leqslant V_{T_0-1} + \int_{T_0-1}^{T_0} (q_t - Q_t - S_t)\mathrm{d}t \leqslant V_{\max} \tag{6-22a}$$

$$Q_{\min} \leqslant Q_t \leqslant Q_{\max} \tag{6-22b}$$

$$S_{\min} \leqslant S_t \leqslant S_{\max} \tag{6-22c}$$

式中，V_{T_0-1} 为任意发电时段开始前调节水库需水量；$V_{\min}$ 为水库的最小库容；$V_{\max}$ 为水库最大允许水量；q_t、Q_t、S_t 分别为时刻 t 水电站的自然来水量、发电引流量和弃水流量；$Q_{\min}$、$Q_{\max}$ 分别为水电站水轮机发电引流量的最小和最大值；$S_{\min}$、$S_{\max}$ 分别为 SHS 允许弃水流量的最小和最大值。

3) WI 运行约束

对于 WI 来说，其主要包括反应塔（GR）和储气罐（GST）两部分，涉及 GR 发电约束和 GST 储气约束，这就要求满足最大运行功率约束和最大储气量约束，具体约束条件如下：

$$\sum_{t=1}^{T} Q_{\mathrm{GST},t} = \sum_{t=1}^{T} Q_{\mathrm{GST},t}^{\mathrm{GR}} \tag{6-23a}$$

$$\sum_{t=1}^{T} \left(Q_{\mathrm{GST},t} - Q_{\mathrm{GST},t}^{\mathrm{GR}} \right) \leqslant S_{\mathrm{GST}}^{\max} \tag{6-23b}$$

$$0 \leqslant Q_{\mathrm{GST},t}, Q_{\mathrm{GR},t}, Q_{\mathrm{GST},t}^{\mathrm{GR}} \leqslant Q_{\mathrm{GR\text{-}GST}}^{\max} \tag{6-23c}$$

式中，$S_{\mathrm{GST}}^{\max}$ 为 GST 的最大储气量；$Q_{\mathrm{GR\text{-}GST}}^{\max}$ 为烟气管道的最大流量。

4) IBDR 出力约束

I 类和 III 类用户可通过 IBDR 参与 VPP 发电调度，但作为灵活性负荷，其出力应该在合理的区间，且难以大幅度增加或减少，即需要面临出力约束和爬坡约束，以 $\Delta L_{l,t}^{\mathrm{III,IB}}$ 为例，具体约束条件如下：

$$u_{l,t}^{\mathrm{III,IB}} \Delta L_{l,t}^{\mathrm{III,IB,min}} \leqslant u_{l,t}^{\mathrm{III,IB}} \Delta L_{l,t}^{\mathrm{III,IB}} \leqslant u_{l,t}^{\mathrm{III,IB}} \Delta L_{l,t}^{\mathrm{III,IB,max}} \tag{6-24a}$$

$$u_{l,t-1}^{\text{III,IB}}\Delta L_{l,t-1}^{\text{III,IB,-}} \leqslant \Delta L_{l,t}^{\text{III,IB}} - \Delta L_{l,t-1}^{\text{III,IB}} \leqslant u_{l,t-1}^{\text{III,IB}}\Delta L_{l,t-1}^{\text{III,IB,+}} \tag{6-24b}$$

式中，$u_{l,t}^{\text{III,IB}}$ 为 III 类用户 l 在时刻 t 的调用状态；$\Delta L_{l,t}^{\text{III,IB,max}}$ 和 $\Delta L_{l,t}^{\text{III,IB,min}}$ 为 III 类用户 l 在时刻 t 的最大和最小出力；$\Delta L_{l,t-1}^{\text{III,IB,+}}$ 和 $\Delta L_{l,t-1}^{\text{III,IB,-}}$ 为 III 类用户 l 在时刻 t 的最大上下爬坡功率。

5）碳排放约束

上层交易优化模型确立了 VPP 的调度计划和碳排放总量限额，因此，在下层调度优化时，来自 BPG 和 WI 的碳排放总量不能超过上层模型的碳排放总量限额，具体约束条件如下：

$$e_{\text{BPG},t}g_{\text{BPG},t} + e_{\text{WI},t}g_{\text{WI},t} \leqslant e_{\text{VPP},t}g_{\text{VPP},t}^{*} \tag{6-25}$$

式中，$e_{\text{BPG},t}$ 和 $e_{\text{WI},t}$ 为 BPG 和 WI 在时刻 t 的发电碳排放强度。

6.3.4　双层优化模型求解方法

本书建立双层模型的目的在于获得 VPP-ER 的最优电-碳协同交易策略，其中，下层模型需实现上层模型确立的 VPP 调度计划，当下层 WPP 和 PV 出现较大出力偏差，无法实现 VPP 调度计划时，上层模型需调整交易策略，这使得上层交易优化模型与下层 VPP 调度优化模型存在耦合关系，难以独立进行求解，故需考虑如何将双层模型转化为单层模型。本节通过构建上层模型的拉格朗日函数，求得上层模型的 KKT 条件[50]，将上层模型转化为下层模型的附加条件，上层模型的拉格朗日函数构建如下：

$$
\begin{aligned}
L =& \left[(1-\lambda)R_{\text{benefit}} - \lambda R_{\text{risk}}\right] - \mu_1\left(\eta_t L_t + g_{\text{VPP},t} + L_t^{\text{tran}} - L_t - \sum_{j=1}^{J}\Delta L_{j,t}^{\text{I}} - \sum_{k=1}^{K}\Delta L_{k,t}^{\text{II}}\right) \\
& -\varphi_1\left(u_{j,t}^{\text{I}}\Delta L_{j,t}^{\text{I,min}} - u_{j,t}^{\text{I}}\Delta L_{j,t}^{\text{I}}\right) - \varphi_2\left(u_{j,t}^{\text{I}}\Delta L_{j,t}^{\text{I}} - u_{j,t}^{\text{I}}\Delta L_{j,t}^{\text{I,max}}\right) - \varphi_3\left(u_{j,t}^{\text{II}}\Delta L_{j,t}^{\text{II,min}} - u_{j,t}^{\text{II}}\Delta L_{j,t}^{\text{II}}\right) \\
& -\varphi_4\left(u_{j,t}^{\text{II}}\Delta L_{j,t}^{\text{II}} - u_{j,t}^{\text{II}}\Delta L_{j,t}^{\text{II,max}}\right) - \varphi_5\left(\sum_{t=1}^{T}\Delta L_{j,t}^{\text{I}} - \Delta L_{j}^{\text{I,max}}\right) - \delta_1\left(\Delta g_{\text{VPP}}^{\text{min}} - g_{\text{VPP},t} + g_{\text{VPP},t-1}\right) \\
& -\delta_2\left(g_{\text{VPP},t} - g_{\text{VPP},t-1} - \Delta g_{\text{VPP}}^{\text{max}}\right) - \delta_3\left(\sum_{t=1}^{T}\max\{E_t,0\} - E_t^{\text{initial}}\right) \\
& -\delta_4\left(\sum_{t=1}^{T}E_t^{\text{actual}} - \sum_{t=1}^{T}E_t^{\text{initial}} + \sum_{t=1}^{T}\min\{E_t,0\}\right) \\
& -\delta_5\left[-\left(\eta_t L_t + g_{\text{VPP},t} - \sum_{j=1}^{J}\Delta L_{j,t}^{\text{I}} - \sum_{k=1}^{K}\Delta L_{k,t}^{\text{II}}\right) + \gamma L_t\right]
\end{aligned}
$$

$$\tag{6-26}$$

式中，μ_1、$\varphi_1 \sim \varphi_5$、$\delta_1 \sim \delta_5$ 分别为上层模型的约束条件对应的拉格朗日乘子，进一步，为得到下层模型的 KKT 条件，分别对 η_t、L_t^{tran}、$g_{\text{VPP},t}$ 及 λ、$\varphi_1 \sim \varphi_5$、μ_1、β、$\delta_1 \sim \delta_5$ 等变量进行求导：

$$\sum_{t=1}^{T}\left[-P_t^{\text{pur}}L_t(1-\lambda)\right] - \lambda\left[\alpha + \frac{1}{N(1-\beta)}\sum_{k=1}^{N}\left(\sum_{t=1}^{T}P_t^{\text{pur}}L_t + \alpha\right)_k^+\right] - (\mu_1 - \delta_5)L_t = 0 \tag{6-27a}$$

$$(1-\lambda)\sum_{t=1}^{T}\left(P_t^{\text{tran}}\right) - \lambda\left\{\alpha + \frac{1}{N(1-\beta)}\sum_{k=1}^{N}\left[-\sum_{t=1}^{T}\left(P_t^{\text{tran}}\right) - \alpha\right]_k^+\right\} - \mu_1 = 0 \tag{6-27b}$$

$$\sum_{t=1}^{T}\left\{(1-\lambda) - \lambda\left[\alpha + \sum_{k=1}^{N}\frac{1}{N(1-\beta)}\right]\right\} - \mu_1 - \delta_1 - \delta_2 - \delta_5 = 0 \tag{6-27c}$$

$$0 \leqslant \mu_1 \perp \left(\eta_t L_t + g_{\text{VPP},t} + L_t^{\text{tran}} - L_t - \sum_{j=1}^{J}\Delta L_{j,t}^{\text{I}} - \sum_{k=1}^{K}\Delta L_{k,t}^{\text{II}}\right) \geqslant 0 \tag{6-28}$$

$$0 \leqslant \varphi_1 \perp \left(u_{j,t}^{\text{I}}\Delta L_{j,t}^{\text{I,min}} - u_{j,t}^{\text{I}}\Delta L_{j,t}^{\text{I}}\right) \geqslant 0 \tag{6-29a}$$

$$0 \leqslant \varphi_2 \perp \left(u_{j,t}^{\text{I}}\Delta L_{j,t}^{\text{I}} - u_{j,t}^{\text{I}}\Delta L_{j,t}^{\text{I,max}}\right) \geqslant 0 \tag{6-29b}$$

$$0 \leqslant \varphi_3 \perp \left(u_{j,t}^{\text{II}}\Delta L_{j,t}^{\text{II,min}} - u_{j,t}^{\text{II}}\Delta L_{j,t}^{\text{II}}\right) \geqslant 0 \tag{6-29c}$$

$$0 \leqslant \varphi_4 \perp \left(u_{j,t}^{\text{II}}\Delta L_{j,t}^{\text{II}} - u_{j,t}^{\text{II}}\Delta L_{j,t}^{\text{II,max}}\right) \geqslant 0 \tag{6-29d}$$

$$0 \leqslant \varphi_5 \perp \left(\sum_{t=1}^{T}\Delta L_{j,t}^{\text{I}} - \Delta L_{j}^{\text{I,max}}\right) \geqslant 0 \tag{6-29e}$$

$$0 \leqslant \delta_1 \perp \left(\Delta g_{\text{VPP}}^{\text{min}} - g_{\text{VPP},t} + g_{\text{VPP},t-1}\right) \geqslant 0 \tag{6-30a}$$

$$0 \leqslant \delta_2 \perp \left(g_{\text{VPP},t} - g_{\text{VPP},t-1} - \Delta g_{\text{VPP}}^{\text{max}}\right) \geqslant 0 \tag{6-30b}$$

$$0 \leqslant \delta_3 \perp \left(\sum_{t=1}^{T}\max\{E_t, 0\} - E_t^{\text{initial}}\right) \geqslant 0 \tag{6-30c}$$

$$0 \leqslant \delta_4 \perp \left(\sum_{t=1}^{T} E_t^{\text{actual}} - \sum_{t=1}^{T} E_t^{\text{initial}} + \sum_{t=1}^{T} \min\{E_t, 0\} \right) \geqslant 0 \qquad (6\text{-}31)$$

$$0 \leqslant \delta_5 \perp \left[-\left(\eta_t L_t + g_{\text{VPP},t} - \sum_{j=1}^{J} \Delta L_{j,t}^{\text{I}} - \sum_{k=1}^{K} \Delta L_{k,t}^{\text{II}} \right) + \gamma L_t \right] \geqslant 0 \qquad (6\text{-}32)$$

这里，$0 \leqslant a \perp b \geqslant 0$ 等价于 $a \geqslant 0$，$b \geqslant 0$，$ab = 0$。式(6-27a)～式(6-32)构成了上层模型的混合非线性互补问题。通过将上层模型转化为 KKT 条件方程组，结合式(6-20)～式(6-25)，建立 VPP-ER 电-碳协同交易优化模型，进而得到 VPP-ER 在电力市场(日前、实时、VPP)和碳交易市场的决策方案以及电-碳协同交易优化方案。

6.4　算 例 分 析

6.4.1　基础数据

本节选择河南兰考产业集聚区(中国首个农村能源革命试点)作为实例对象[51]。该产业集聚区共配置 $7 \times 0.5\text{MW}$ WPP、$6 \times 1\text{MW}$ PV、$1 \times 2.5\text{MW}$ BPG 和 $1 \times 1.5\text{MW}$ WI。其中，BPG 设备参数 ∂_0、∂_1、∂_2 和 ∂_3 分别为 -233.80、32.34、1.25 和 2.82，启动和停机时间分别为 0.1h 和 0.2h[46]。WI 设备参数包括 $e_{\text{WI}} = 0.96$、$w_{\text{WI}} = 0.6$ 和 $w_{\text{SP}} = 0.8$，$Q_{\text{GR-GST}}^{\max} = 15\text{m}^3/\text{h}$ 和 $\varphi_{\text{WI},t}$ (WI 的发电价格)$= 328$ 元/$(\text{MW}\cdot\text{h})$[47]。WI 配置 15m^3 的烟气存储装置，设定调度周期始末储气量均为零。兰考产业集聚区周边还有 $1 \times 1\text{MW}$ 的小型水利发电机组，其年平均水流量为 $40\text{m}^3/\text{h}$，调节水库最大库容为 9 万 m^3，调节水库初始水量为最大水库容量的 70%。该产业集聚区存在表 6-1 中 I 类、II 类和 III 类用户柔性负荷，图 6-5 为典型负荷日三类用户负荷需求的分布。

设定产业集聚区由 1 个 VPP-ER 代理电力交易业务，最大用电负荷为 81.40MW，全部由 VPP-ER 在日前市场、实时市场购买电力和调度 VPP 满足。当内部 VPP 存在盈余电力时，可通过 VPP-ER 进行售出。通过实地调研，兰考县夏季日间风电出力系数为 0.68，春季日间风电出力系数为 0.75，夜间风电出力系数为 0.89，光伏电站日间出力系数为 0.8，夜间不出力。设定 WPP 切入风速、额定风速和切出风速分别为 2.8m/s、12.5m/s 和 22.8m/s，形状参数 $\varphi = 2$，尺度参数 $\vartheta = 2\overline{v}/\sqrt{\pi}$。参照文献[52]设定光辐射强度参数 a 和 b 为 0.3 和 8.54。图 6-6 为典型负荷日产业集聚区负荷需求、WPP 和 PV 可用出力。

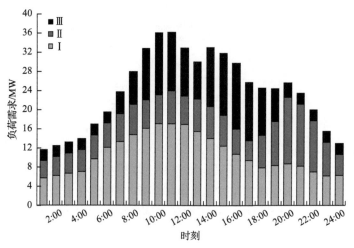

图 6-5　典型负荷日三类用户负荷需求的分布

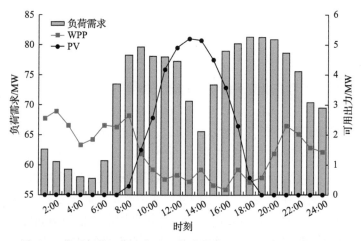

图 6-6　典型负荷日产业集聚区负荷需求、WPP 和 PV 可用出力

设定 VPP-ER 日前购电价格为 0.4 元/(kW·h)，根据对实时购电价格和碳交易价格的预测，进行购售电交易方案决策。设定 VPP-ER 的实时市场购电价格[52]，同时，由于该价格具有不确定性，本节设定其服从正态分布，均值为上述实时市场购电价格，标准差为 0.05 元/(kW·h)，参照文献[53]所提方法进行抽样；参照中国碳交易市场首个交易日碳价[54]，本书碳交易价格设定 51.23 元/t。同样，为描述碳交易价格的不确定性，设定当日最高碳价为 52.8 元/t 和最低碳价为 48 元/t，出清价格为 51.23 元/t，应用文献[50]提出的抽样方案，对实时碳交易价格进行抽样，得到 1 组 24 个碳价作为 VPP-ER 的碳交易价格。图 6-7 为 VPP-ER 的实时购电价格、售电价格和碳价。

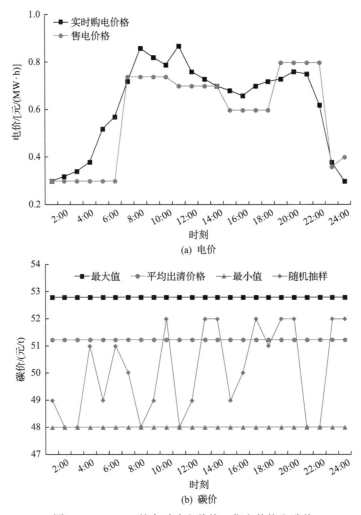

图 6-7　VPP-ER 的实时购电价格、售电价格和碳价

最后，设定 VPP-ER 上层模型中置信度 β 为 0.85，下层模型中预测偏差为 0.1、初始鲁棒系数为 0.85。考虑 VPP-ER 在日前阶段实施 PBDR 以优化用户用电分布，降低购电成本，设实施 PBDR 前价格为 735.5 元/(MW·h)；PBDR 后，峰(8:00～12:00)、平(12:00～0:00)、谷(0:00～8:00)时段价格调整系数分别为 1.57、1.00 和 0.5。当 VPP-ER 通过 VPP 调用三类柔性负荷时，IBDR 减负荷响应价格为 240 元/(MW·h)和 IBDR 增负荷响应价格为 740 元/(MW·h)。三类用户的 PBDR 出力和 IBDR 出力均不高于 0.2MW。图 6-8 为 VPP-ER 电-碳协同交易双层优化模型求解流程。

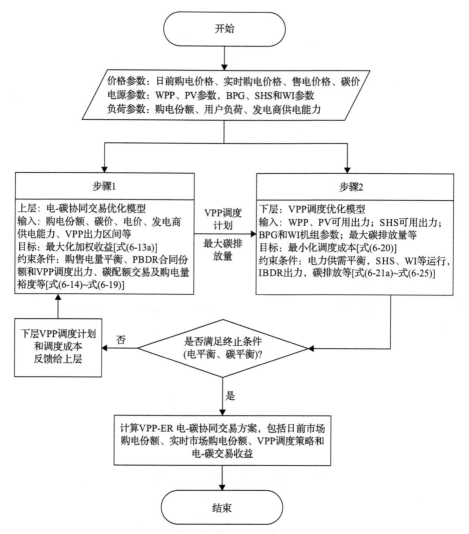

图6-8　VPP-ER电-碳协同交易双层优化模型求解流程

6.4.2　优化结果

1. 上层电-碳协同交易结果

本节重点分析VPP-ER在日前市场、实时市场和VPP的购电量分配策略。在完成VPP-ER购电量分配后，核算电力交易碳排放总量，当存在剩余碳排放配额时，可在碳交易市场售出，获得碳交易收益，反之，则需要购买碳配额，付出碳交易成本。图6-9为VPP-ER电-碳协同交易方案。

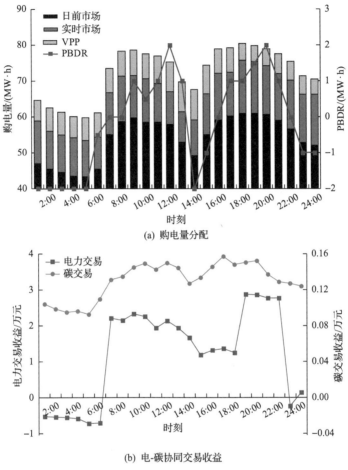

(a) 购电量分配

(b) 电-碳协同交易收益

图 6-9　VPP-ER 电-碳协同交易方案

根据图 6-9，在谷时段，负荷需求较低，且实时购电价格较低，故更多电量从实时市场购买，且购买部分 DR 负向出力增加购电可靠性；而在峰时段，负荷供需关系紧张，较小的不确定性将带来较大的风险成本，且实时电力交易价格较高，VPP-ER 更多在日前市场购电，且通过调度 VPP 出力和 DR 正向出力降低风险成本。就电-碳协同交易收益来看，若以总售电量作为初始碳排放配额分配依据，当 VPP-ER 购买清洁能源发电时，节省的碳排放配额可通过市场售出，在碳价较高的峰时段，由于调用了更多 VPP 出力且在实时市场购买更多电量，碳交易收益也较高。但在谷时段，由于售电价较低，VPP-ER 电力交易收益为负，在峰时段则获得较高的价差收益。表 6-2 为不同置信度下的 VPP-ER 电-碳协同交易结果。

表 6-2　不同置信度下的 VPP-ER 电-碳协同交易结果

β	购电比重/%			电-碳协同交易收益/万元		风险成本/万元	
	日前市场	实时市场	VPP	电力交易	碳交易	VaR	CVaR
0.70	70.49	17.21	12.30	32.17	3.19	29.00	29.83
0.80	73.07	16.77	10.16	30.48	3.15	28.84	29.46
0.85	74.85	16.32	8.83	29.47	3.13	28.71	29.05
0.90	76.31	15.66	8.03	28.77	3.12	28.66	28.81
0.95	79.03	14.55	6.42	28.04	3.11	28.50	28.61
0.99	81.21	13.44	5.35	27.52	3.08	28.44	28.44

注：不同 β 值下，"购电比重"三项的加和不为 100% 是由四舍五入引起的。

根据表 6-2，当置信度 β 较大时，VPP-ER 更愿意在日前市场购买电量，特别是当 $\beta=0.99$ 时，日前市场购电比重为 81.21%，实时市场购电比重仅为 13.44%，表明决策者为极度风险厌恶者，这也导致电-碳协同交易总收益仅为 30.60 万元，相比 $\beta=0.85$，降低了 6.13%。从 β 变动分布来看，当 β 属于[0.8,0.9]时，日前市场购电比重随 β 的增加而增加，表明此时决策者属于风险偏好者，即愿意承担部分风险，以追求超额的交易收益，当 $\beta<0.8$ 或者 $\beta>0.9$ 时，β 的小幅增加会导致日前市场购电比例的较大幅度增加。前者表明决策者更愿意关注风险，迅速增加日前市场购电比重，平衡交易收益和风险，后者则表明决策者已属于风险厌恶型，不愿意承担风险带来的超额收益。进一步，初始碳排放配额作为 VPP购电方案的外部约束，也将对 VPP-ER 电-碳协同交易收益带来直接影响，此外，式 (6-13a) 中的 λ 也反映了决策者对风险成本的态度，因此，引入碳配额变动率 α，考虑碳配额变动率 α、置信度 β 和 λ 对 VPP-ER 电-碳协同交易的影响，图 6-10 为 VPP-ER 在不同 α、β 和 λ 时的电-碳协同交易加权综合收益。

根据图 6-10，从 α 的变动来看，随着 α 的增长，VPP-ER 电-碳协同交易加权综合收益也逐渐增加，当 α 属于[0.95,1.05]时，加权综合收益增长幅度较高，表明在进行初始碳排放配额分配时，应分配的碳配额为总交易电量的 1±5%；然后，从置信度 β 来看，与图 6-9 分析结论一致，当确定碳排放配额时，随着置信度 β 增长，其加权综合收益逐步降低；最后，从 λ 来看，当决策者对风险比较敏感，设置较高的 λ 时，加权综合收益相对较低，两者总体上呈现线性关系，对于风险极度厌恶者来说，可设置 0.5 作为风险系数，以平衡 VPP-ER 电-碳协同交易的收益与风险，实现总体交易方案最优。

2. 下层 VPP 调度优化结果

上层电-碳协同交易优化方案确立 VPP 调度计划，下层模型主要根据 WPP、

PV 的预测出力，合理调用 BPG、WI、SHS 和用户需求响应等，按照调度成本最小化目标，落实 VPP 调度计划。图 6-11 为 VPP 调度优化结果。

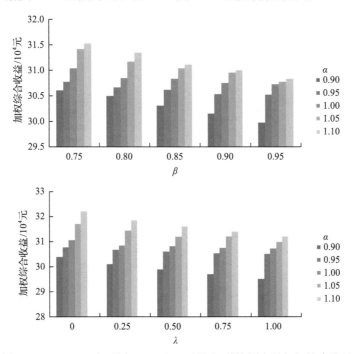

图 6-10　VPP-ER 在不同 α、β 和 λ 时的电-碳协同交易加权综合收益

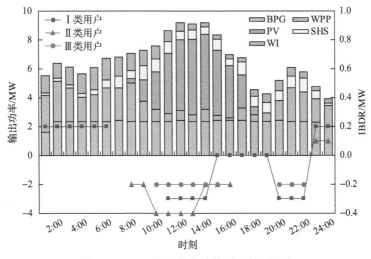

图 6-11　VPP 调度优化结果(扫码见彩图)

根据图 6-11，由于 WPP 和 PV 的发电成本较低，故 VPP 优先调用 WPP 和 PV，而 BPG 则基本维持稳定发电，WI 和 SHS 则主要用于为 WPP 和 PV 提供调节服

务。由于 WI 发电自身存在损耗，故在谷时段，WI 利用低电价优势，以较低的电量损耗成本，提供较多的出力，在平时段和峰时段，SHS 则被调用平衡 WPP 和 PV 出力的波动性。此外，从三类用户需求响应来看，仅 I 类用户和 II 类用户（仅 23:00 和 24:00）在谷时段提供正向出力，在峰时段提供负向出力，即增加用电负荷，更大比例消纳 PV 发电，而 III 类由于仅能参加 IBDR，故只在峰时段提供负向出力。图 6-12 为 VPP 中 WI 的运行方案。

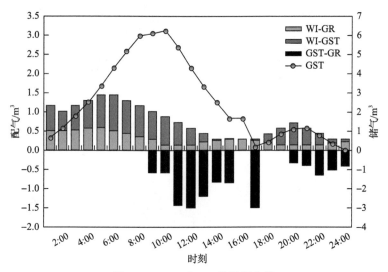

图 6-12　VPP 中 WI 的运行方案

GST-GR 表示从储气罐到反应塔的烟气；GST-GR、WI-GST、WI-GR 对应配气；GST 对应储气

根据图 6-12，在低谷时段，WI 将更多的垃圾燃烧产生的烟气存储于 GST 中，仅使用较少的烟气直接进行发电。在峰时段（8:00～12:00），GST 中的烟气开始发电，为 WPP 和 PV 提供调节性出力，降低其波动性给 VPP 运行带来的风险。在平时段，WI 同时进行垃圾焚烧发电和烟气存储，并在调度周期末，存储的烟气全部被用于发电，实现运行效益最大化。总体来说，WI 因配置了 GST 从而能够实现发电时间与烟气处理时间的解耦，产生"低储高发"效应，从而有能力为 WPP 和 PV 提供辅助服务。表 6-3 为不同鲁棒系数下的 VPP 调度优化结果。

表 6-3　不同鲁棒系数下的 VPP 调度优化结果

Γ	分布式电源出力/(MW·h)					负荷需求响应/(MW·h)			调度成本/万元
	WPP	PV	BPG	WI	SHS	I 类	II 类	III 类	
0.70	35.34	35.94	53.68	18.09	13.35	(2.0,−2.70)	(0.4,−3.2)	−2.6	4.89
0.75	35.25	35.69	54.54	18.43	13.70	(1.80,−2.40)	(0.4,−3.3)	−2.4	4.92
0.80	35.05	35.12	54.71	18.85	14.05	(1.60,−2.40)	(0.4,−2.6)	−2	4.95

Γ	分布式电源出力/(MW·h)					负荷需求响应/(MW·h)			调度成本/万元
	WPP	PV	BPG	WI	SHS	Ⅰ类	Ⅱ类	Ⅲ类	
0.85	34.33	34.86	55.51	18.73	14.41	(1.60,−2.10)	(0.2,−2.6)	−1.8	5.00
0.90	32.89	33.89	57.65	18.48	15.10	(1.40,−2.10)	(0.2,−2.2)	−1.6	5.07
0.95	32.36	33.19	57.90	18.41	15.80	(1.40,−1.80)	−2.2	−1.6	5.16
0.99	31.30	31.79	59.95	18.27	16.40	(1.20,−1.80)	−2	−1.2	5.24

根据表 6-3，Γ 的高低反映了决策者对 VPP 调度方案的整体风险水平的接受程度。当 Γ 设置得较高时，决策者难以承受 WPP 和 PV 的波动性带来的风险，特别是当 Γ=0.99 时，决策者属于极度风险厌恶型，相比 Γ=0.70，WPP 和 PV 发电出力分别降低了 11.43% 和 11.55%，相应地，由于更多地调用了发电成本较高的 BPG 和 WI，调度成本也增长了 7.16%。从 Γ 的分布来看，当 Γ 为 0.80~0.90 时，WPP 和 PV 的发电出力下降，VPP 调度成本呈线性上升，表明决策者属于风险偏好型，愿意衡量风险与收益之间的关系，制定符合自身风险态度的调度方案。当 Γ<0.8 时，决策者对风险不够敏感，更愿意追求 VPP 的最低调度成本；当 Γ>0.9 时，决策者属于风险厌恶型，更倾向减少调用 WPP 和 PV，以规避其不确定性风险。图 6-13 为不同鲁棒系数 Γ 和预测误差 ρ 下 VPP 的调度成本。

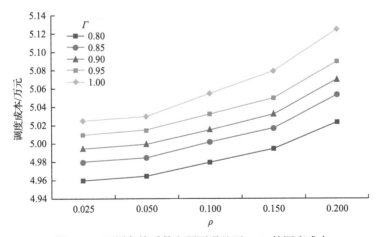

图 6-13　不同鲁棒系数和预测误差下 VPP 的调度成本

根据图 6-13，预测误差 ρ 的增大会放大不确定性对调度成本的影响，例如，相比 ρ=0.150，当 ρ=0.200 时，若 Γ 由 0.8 增大到 0.85，调度成本分别增加 $0.02×10^4$ 元和 $0.03×10^4$ 元。具体来说，当 ρ<0.050 时，其增长给 VPP 调度成本带来的影响较小，但当 ρ>0.15 时，较小的预测误差增长也会导致 VPP 调度成本较大的涨幅。因此，为控制 WPP 和 PV 的不确定性风险，应尽量提升 WPP 和 PV 的预测精度，使预测误差在 0.050～0.150 波动，从而最小化预测误差对 WPP 和 PV 不确定性风险的放大效应。

6.4.3 结果分析

基于 6.1 节双层优化模型结果，对比分析 VPP 和 DR 对 VPP-ER 电-碳协同交易方案的影响，设置四种分析情景，即无 VPP 和 DR、仅有 VPP、仅有 DR、同时有 VPP 和 DR，表 6-4 为不同情景下的 VPP-ER 电-碳协同交易策略。

表 6-4 不同情景下的 VPP-ER 电-碳协同交易策略

情景	上层/(MW·h)				下层/(MW·h)						加权收益/万元		
	日前市场	实时市场	VPP	DR	WPP	PV	BPG	WI	SHS	DR	收益	CVaR	加权值
无 VPP 和 DR	1418.67	315.72	—	—	—	—	—	—	—	—	28.45	26.24	25.38
仅有 VPP	1305.23	278.45	150.71	—	28.45	29.85	57.85	20.15	14.41	—	30.45	28.36	27.20
仅有 DR	1413.14	270.25	—	(−24,18)	—	—	—	—	—	(2.4,−8.5)	29.73	27.16	26.40
同时有 VPP 和 DR	1298.17	283.10	153.12	(−15.5,12)	34.33	34.86	55.51	18.73	14.41	(1.8,−5.5)	32.60	29.05	28.99

根据表 6-4，当无 VPP 和 DR 时，VPP-ER 仅在日前市场和实时市场购买电量，占比分别为 81.80% 和 18.20%，此时收益和 CvaR 值均为最低值，也表明更高比例的日前合约购电能降低购电风险成本，但无法博取实时低电价的超额收益。对比仅有 VPP 和仅有 DR 情景，仅有 VPP 时，VPP-ER 调度 VPP 电量占比为 8.69%，收益和 CVaR 值分别增长 7.03% 和 8.08%，但仅有 DR 时，收益和 CvaR 值分别增长 4.50% 和 3.51%，这表明 VPP 能够更好地提升收益，而 DR 则能够更好地降低交易风险。当同时有 VPP 和 DR 时，收益增幅为 14.59%，要高于风险增幅（10.71%），表明两者具有协同优化效应，即能够在增大交易收益的同时合理控制不确定性风险。图 6-14 为不同场景及不同 α、β、Γ 下 VPP-ER 的调度结果。

根据图 6-14，就碳配额的变动来说，当 α 增加时，仅有 VPP 情景对综合收益的提升效应要优于仅有 DR 情景，而同时有 VPP 和 DR 情景的加权收益达到最大，当 $\alpha=1$ 时，后三种情景的增幅分别为 7.53%、4.02% 和 12.73%，表明 VPP 和 DR 具有收益协同增加效应。就置信度来说，由于 VPP 具有较强的调节能力，能够应对实时电价和碳价的不确定性，故当 β 增加时，仅有 VPP 情景和同时有 VPP 和 DR 情景的加权收益基本维持不变，但 DR 的调节能力有限，故当 β 较高时，仅有 DR 情景的加权收益降幅明显，这表明 VPP 和 DR 具有风险协同减少效应。就鲁棒系数来说，当不含有 VPP 时，Γ 不会引起收益变动，而当含有 VPP 时，同时有 VPP 和 DR 情景的加权收益要高于仅有 VPP、仅有 DR、无 VPP 和 DR 情景。总体来说，VPP 和 DR 具有收益协同增加效应和风险协同减少效应，能够实现在增加收益的同时降低风险。

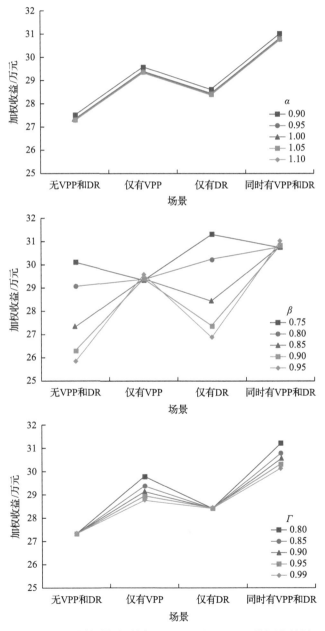

图 6-14　不同场景及不同 α、β、Γ 下 VPP-ER 的调度结果

第7章 虚拟电厂参与电力中长期合约交易优化模型

《中共中央、国务院关于进一步深化电力体制改革的若干意见》(中发〔2015〕9号)，提出开放发售电侧的市场准入与竞争，以多买多卖的市场格局，推动市场机制在资源配置中决定性作用的落实。为充分挖掘电力市场活力，建立良好有序的市场机制，我国电力市场以中长期市场为切入点，多地区的电力市场建设形成了以中长期交易为主、现货交易为辅的市场机制。中长期市场中，发电侧与购电侧通过中长期电量合同保证规避交割电价的波动性，以实现规避部分市场风险，争取更大利润空间的目的。虚拟电厂通过聚合多类能源参与市场交易，同时合理的风险规避、利润获得及多方效益分配策略能更好地调动多类主体对市场的参与积极性，推动我国电力市场的深入发展。因此，本章就虚拟电厂参与中长期电力市场交易优化及收益分配展开研究。

7.1 虚拟电厂参与电力市场的交易路径

虚拟电厂通过聚合常规机组及可再生能源机组，既可作为"正电厂"向系统供电调峰，又可作为"负电厂"加大负荷消纳配合系统填谷。多聚合单位为用户供电的同时可实现对电网调整的快速响应，既能保障系统稳定，也可获得经济效益，即等同于虚拟电厂参与容量、电量、辅助服务等各类电力市场获得经济收益。在电力市场交易中，虚拟电厂可根据其内部单元的出力特性，分别参与不同时间尺度下的市场交易种类，虚拟电厂参与电力市场的流程如图7-1所示。

虚拟电厂参与交易的市场种类可分为以下三类。

(1)中长期市场。虚拟电厂聚合供给侧电源单位，通过对发电量的中长期预测，结合市场运行模式，与用户签订双边合约，以固定电价合约或者差价合约的形式，固定部分电量收益。

(2)现货市场。虚拟电厂可参与由日前电力市场及实时电力市场组成的现货市场交易，结合市场运行模式，考虑中长期电量分解、机组出力预测等，在日前市场中进行报价，市场出清后，虚拟电厂进行跟随并结算收益。实时市场中，虚拟电厂由于其调度的灵活性，可为市场运行提供备用，在实时交易中占有一定优势，从而实现相关收益。

(3)调峰辅助服务市场。结合我国电力市场改革现状，现货市场仅在试点中进行试运行，大部分地区仍依靠调峰辅助服务市场进行调峰。因此，虚拟电厂可结合内部常规机组及储能装置，考虑市场备用、调峰需求及机组补偿机制，参与调峰辅助服务市场交易获取相关经济利益。

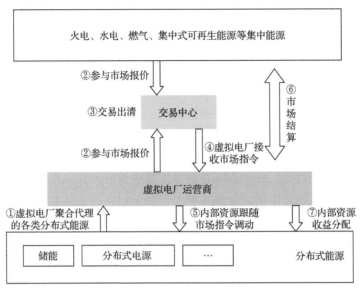

图 7-1　虚拟电厂参与电力市场的流程图

此外，在进行市场交易时，虚拟电厂可对进行交易的市场类别进行决策分析。虚拟电厂可单独参与单级市场交易，如单独参与中长期市场或实时市场等，通过市场价格与内部成本之间的价差获得收益。基于虚拟电厂的灵活特性，为进一步获得收益，虚拟电厂可参与联合市场的交易，即结合虚拟电厂内部单元的出力特性，预测市场价格与负荷量，选择虚拟电厂可参与的交易类型进行产品组合交易。此外，虚拟电厂由于聚合了大量分布式资源及可控负荷，具备发电、调峰、备用等能力，因此在参与市场交易时，可以利润最大化为目标，进行多级市场的参与，以此发挥虚拟电厂的最大效用，进一步提高能源资源的利用效率。

7.2　中长期电力市场特点

7.2.1　电力市场模式

结合目前各国电力市场的市场结构、交易产品等情况，市场运行主要分为分散式电力市场和集中式电力市场两种模式。分散式电力市场主要以中长期实物合同，即电力物理合同为基础，购售双方在日前进行日电量的自主分解，实际运行偏差电量通过日前、实时平衡交易进行调节。集中式电力市场中以现货交易为主，对全电量进行集中竞价，以中长期差价合同作为金融结算手段，帮助市场主体规避一定的市场风险，从而发挥市场的资源最优配置效用。

1. 分散式电力市场

分散式电力市场目前主要在英国、北欧电力市场应用，规则较为简单，适用性强，且可结合区域特色进行管理。分散式电力市场中，中长期市场的体量大，可通过固定大部分电量来保证市场运行，且通过"日前-日内-实时"的多级现货市场调整报价，以 5～15min 为周期开展偏差调整竞价，竞价模式为部分电量竞价，优化结果为竞价周期内的发电偏差调整曲线、电量调整结算价格、辅助服务容量、辅助服务价格等，降低价格波动性，保证市场运行的稳定性。此外，分散式电力市场中，市场主体可根据自身供需能力及要求进行交易品类的自主选择，更可体现市场交易自由的特点，放大市场在资源配置中的决定性作用，符合我国电改趋势。相对于集中式电力市场，分散式电力市场中包含各主体对中长期合约的自行分解数据等，信息量大且流动性强，对电网电源结构要求较高。

2. 集中式电力市场

典型的集中式电力市场模式为美国电力市场、澳大利亚电力市场等，调度和交易机构往往是一个主体，便于实现市场实时偏差的调整和统一出清结算。市场同样由中长期市场、现货市场等多级构成，其中，中长期市场以差价合约为主，仅作为结算依据而对物理电能量无影响；现货市场根据调节尺度分为日前市场、日内市场和实时市场，实时市场以 5～15min 为周期开展竞价，竞价模式为全电量竞价，优化结果为竞价周期内的发电曲线、结算价格、辅助服务容量、辅助服务价格等。集中式电力市场具有高效、调动灵活的特点，但其监管难度大，价格波动风险也较大，因此更需要金融市场进行相应的风险规避。

7.2.2 中长期电力市场交易品种

中长期电力市场作为我国电力市场改革的首位，经过近年来的运行，市场机制日趋完善，交易规则也根据各市场目前的实际运行情况进行了多样化设计，对于市场的准入、交易方式及机制、价格及出清规则等进行了更新。由于电力生产与负荷的不确定性为电力日前交易带来了一定的价格波动风险，因此，中长期电力市场可通过事前价格商议，进行一定程度的风险防控。中长期电力市场也由于其灵活的交易组合方式及较好的资源配置能力，可以较好地规避价格波动风险，达到维护市场平稳运行的目的。我国中长期电力市场交易品种主要分为电力直接交易、跨省跨区交易、电力合同转让等，交易周期主要分为年度和月度，主要的交易方式有购售双边协议、集中竞价及挂牌交易等。

1. 电力直接交易

电力直接交易是新一轮电力体制改革下突破电网垄断地位的重要交易形式, 电力直接交易中, 电力用户与发电企业可进行直接协商交流, 约定达成电力交易行为。发用电双方按约定价格与电量直接进行交割, 其中, 电网公司仅收取电能在输配环节发生的过网费用, 改变了电力用户只能从电网公司按照国家核定的价格购买电能、发电企业只能按照国家核定的价格卖电给电网公司电能的统购统销模式。

2. 跨省跨区交易

跨省跨区交易是对省内交易的有效衔接, 也是电力市场未来发展的重要补充。跨省跨区交易可分为网对网交易、网对点交易、点对网交易、点对点交易四种形式。网对网交易是送端电网与受端电网之间的交易；网对点交易是受端电网企业与送端发电企业之间的交易；点对网交易是指电力用户(售电公司)与送端电网企业之间的交易；点对点交易是指电力用户(售电公司)与发电企业之间的交易。

3. 电力合同转让

电力合同转让, 主要是指对已签订合同的电量的转让。《电力中长期交易基本规则(暂行)》具备条件的地区可开展分时(如峰谷平)电量交易, 鼓励双边协商交易约定电力交易(调度)曲线。跨省跨区交易包含跨省跨区电力直接交易；跨省跨区交易可以在区域交易平台开展也可以在相关省交易平台开展；点对网专线输电的发电机组(含网对网专线输电但明确配套发电机组的情况)视同为受电地区发电企业, 不属于跨省跨区交易, 纳入受电地区电力电量平衡, 并按受电地区要求参与市场。合同电量转让交易主要包括优先发电合同、基数电量合同、直接交易合同、跨省跨区交易合同等转让交易。发电企业之间以及电力用户之间可以签订电量互保协议, 一方因特殊原因无法履行合同电量时, 经电力调度机构安全校核通过后, 由另一方代发(代用)部分或全部电量, 在事后补充转让交易合同, 并报电力交易机构。

7.2.3　中长期电力市场交易方式

中长期电力市场作为日以上电能交易的主要载体, 尤其在分散式电力市场中, 承担了电力市场中大部分的电力交易行为, 其交易方式包括双边协商交易、集中竞价交易和挂牌交易。

1. 双边协商交易

双边协商交易是指市场主体之间通过自主协商, 经安全校核后形成交易结果。在双边协商交易中, 供电商与购电商自主结合, 约定一段时期后的电量及交易价格，经市场校核后形成交易结果，从而完成合约签订。通过合约的签订，交易主体的成交电量与电价可看作市场中的稳定收益/成本，从而为日前市场中的电力交易风险提供一定的承担能力，降低了参与主体在日前市场中的交易份额，为电力市场的公平秩序与稳定运营提供了保障。因此，双边协商交易高度灵活自主的特性及其较好的风险规避能力，使得其成为我国中长期电力市场最主要的交易方式。

2. 集中竞价交易

集中竞价交易是指参与市场交易的购售双方，结合电力交易平台进行电量与价格的申报，电力交易机构结合报价行为监审进行报价撮合，对市场交易进行价格出清，并确定出清电量及成交价格等。集中竞价交易通常以月度周期进行开展，结合周期短、节点报价、撮合匹配等特点，可看作对年度双边协议电量分解到月度的灵活补充，从而加强市场运行的稳定性。

3. 挂牌交易

挂牌交易中，市场主体基于电力交易平台，将可供/需求电量及价格对外发布要约，由具备资格的另一方进行摘牌，表示要约接受，在市场交易机构和调度部门校核调整后发布交易结果。挂牌交易相比其他两类交易方式，更能体现市场的透明性，实现市场对资源的灵活配置。

7.3 虚拟电厂参与中长期电力市场交易优化分析

7.3.1 中长期电力市场交易合约机制

由于电力商品不能以实物形态储存，中长期合同就相当于建立了一个虚拟的库存，由此可以提供类似于其他可储存商品的某种事前保护，用以规避因供给和需求短期不匹配而造成的现货市场价格的大幅度波动。也就是说，中长期合同交易，既是交易的形式，也是防范风险的手段。

中长期电力市场中主要有两种合同形式：物理合同和差价合约。对物理合同来说，达成交易的电量需要物理执行，即合同签订了多少电量，双方应供/用这些电量。而对于差价合约来说，其内容仅作为结算依据，对电量并无物理执行要求，因此可作为风险规避的有效手段。

1. 物理合同

物理合同主要指交易双方签订的、约定在未来进行具体电量电价交割的合约，主要分为固定合同及灵活电力远期合同。固定合同对未来双方进行交易的时间、电量及价格进行约定，且在实际交割时按合同固定模式执行。灵活电力远期合同相较于固定合同来说，具有一定的灵活性，交易双方可根据自身需求，灵活制定合同交割计划。此类物理合同在分散式电力市场中采用得较多。

分散式电力市场以英国市场为代表，以发电方与购电方的双边交易为主，现货市场、平衡市场及辅助服务交易等在分散市场内完成。在此类市场模式下，双边交易合同占整个市场交易电量的很大比例。我国电力市场改革起步时，2017 年的广东电力中长期交易所采用的方式为固定电价制度与偏差考核机制相结合，基于历史年度基本负荷信息，以物理合同的形式，对全年度的市场交易电量进行约定，所签订的电量可进行季度、月度或周等不同时间尺度的分解，再结合其他交易形式进行电量补充或调整，偏差考核机制对分解后的一定时期的电量进行结算，确定偏差系数及惩罚系数。在此形式下，物理合同由于其对所约定电量及电价的明确固定、规则清晰及分解后电量调整灵活性大的特点，在电力市场化进程中具有较强的可行性。

2. 差价合约

未来电力市场发展中，现货市场将成为调配市场资源的重要方式，基于现货市场极为灵活的报价方式和超短期的结算节点，其市场出清电价将为市场主体带来较大的价格波动风险。为了规避现货市场风险，差价合约应运而生。差价合约是基于合约双方达成的约定价格，在清算时进行金融交割，而无实物执行。

在差价合约中，以现货市场的价格与差价合约价格进行比对结算。现货市场出清价格低于差价合约价格时，若以现货市场价格出清，购电方效益将明显高于售电方，则售电方为规避风险，可通过差价合约，使购电方将现货市场价格与合约价格的差价返还。反之，当现货市场出清价格高于差价合约价格时，售电方则将价差电费返还购电方，从而规避购电方的价格风险。由此可见，差价合约在现货市场中仅做结算而不要求物理执行，因此差价合约的结算对市场的资源配置不会起到主动约束的作用。

差价合约从合约总量上看，分为定量差价合约与不定量差价合约两类。不定量差价合约考虑的不确定性来自于用户用电量的不确定性与发电侧的发电量的不确定性。结合发用电量的不确定性，设计有以用户实际用电量达成合约量的差价合约与以发电企业实发电量达成合约量的差价合约。由于我国目前电力市场还并未全部放开，存在一定数量的非市场用户，其用电依旧按目录电价进行结算，这可看作电网公司为非市场用户提供了以目录电价为标的的差价合同，为其用电量进行兜底。而针对市场中的优先发电量，保障性收购政策则可看作对优先发电机组的保价合约，是以其实发电量为合约量，以规定的价格为结算价格的差价合约。

在差价合约的运用方面，合约任一方若同时参与现货市场交易，且在现货市场的交易量与合约约定电量相等，则最后成交结果可中和为不受现货市场价格变化影响的固定价格水平。差价合约的适用范围较广,在集中式和分散式电力市场中均可规避由现货市场带来的风险冲击。典型差价合约价值挖掘的实施市场为北欧市场。通过差价合约,中长期电力市场与现货市场得以建立价格联系,并通过风险规避实现良好的关联结合,以此,既平稳了市场运行,又加强了市场主体的参与意愿,进一步提高了市场的资源优化配置功能。

7.3.2　固定电价合约下虚拟电厂收益分析

虚拟电厂通过聚合分布式能源,实现了市场准入。考虑到我国电力市场目前的发展情况,并结合《国家发展改革委 国家能源局关于做好 2021 年电力中长期合同签订工作的通知》对中长期电力市场基石作用的强调,提出虚拟电厂对中长期电力市场的参与决策。通过聚合多种分布式可再生能源,虚拟电厂可以通过中长期电力市场电量的签订保障可再生能源的消纳量,响应国家对于可再生能源发展的相关政策,并通过市场交易获取更多经济效益。在多数省份以中长期为主的电力市场交易中,固定电价合约及偏差考核机制是影响市场主体中长期收益的主要因素。

1. 合同电量分解

由于中长期电力市场的时间拉锯较大,在计算特定时期内的虚拟电厂收益时,应对其电量进行分解,加强中长期电力市场与其他市场的衔接。市场主体结合历史负荷信息对中长期合约电量进行分解。电量分解通常采用"逐步分解",结合历史负荷分布特性、机组检修计划等,将年电量分解至月,再结合周末与工作日的负荷特点及用户用电习惯分解至日及小时,虚拟电厂中长期电量分解形式如图 7-2

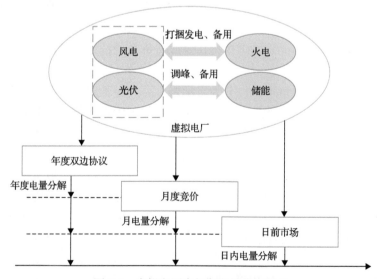

图 7-2　虚拟电厂中长期电量分解形式

所示。具体的分解方式有以下几种。

（1）全天平均分解：以 15min 为一个结算周期，全天电量在 96 个时段内进行平均分解，形成日电量曲线。

（2）峰时段分解：将分解至日的电量按负荷高峰所持续的时段进行均分，其余的谷时段及平时段电量暂分为零，形成了 96 个时段下的日电量分解曲线。

（3）平时段分解：将日电量平均分解至平时段，谷时段和峰时段为零，形成 96 个时段的电量曲线。

（4）谷时段分解：将日电量平均分解至谷时段，其余时段为零，形成 96 个时段的电量曲线。

（5）峰平谷曲线分解：结合历史负荷特性及峰平谷时段设计，确定峰平谷三类时段下的负荷分布比例，将日电量分解为 96 个时段的电量曲线。

2. 偏差考核成本

通常，中长期合约电量会被分解到一定时期中，且在此段时期内，虚拟电厂的合约电量与其划分到此时刻的实际出力之差称为合约电量的偏差。合约电量与实际出力的偏差不应过大使虚拟电厂受到过多的经济惩罚，应控制在一定的范围内。偏差考核机制一般按月结算，且为了避免在中长期电力市场中虚拟电厂受到较大的惩罚，通常引入合约偏差系数 a_c 进行电量约束，其中，$a_c \in [0,1]$，则有

$$(1 - a_c)P_t^c \leqslant P_t^{real} \leqslant (1 + a_c)P_t^c \tag{7-1}$$

$$\sum_{t=1}^{T} P_t^c = \sum_{t=1}^{T} P_t^{real} \tag{7-2}$$

式中，P_t^c 为 t 时刻的市场合约电量；P_t^{real} 为虚拟电厂在 t 时刻属于合约电量范围内的实际出力；T 为虚拟电厂实际出力时间。

针对发生的偏差电量，设定惩罚系数，有

$$p_\theta = \begin{cases} A\bar{p}_c, & P_t^{real} < (1 - a_c)P_t^c \\ B\bar{p}_c, & P_t^{real} > (1 + a_c)P_t^c \\ 0, & (1 - a_c)P_t^c \leqslant P_t^{real} \leqslant (1 + a_c)P_t^c \end{cases} \tag{7-3}$$

式中，p_θ 为惩罚电价；A 和 B 分别为电量发生负偏差与正偏差时的惩罚系数；$\bar{p}_c$ 为发电商的平均上网价格。

7.3.3　差价合约下虚拟电厂收益分析

分布式能源的容量和功率较小，在电力市场的准入方面具有一定劣势，且由于自身成本较高，即使通过代理聚合，也在市场竞争中处于劣势。虚拟电厂通过灵活聚合多类分布式电源，一方面，可提高能源的互补利用效率；另一方面，达到电力市场的准入条件，通过市场交易获取更高的经济效益。相对于固定电价的物理合同，差价合约明显具有更强的风险规避能力，且其金融结算的特性为虚拟电厂创造了更大的利润空间。

通常，在集中式电力市场模式下，考虑到分布式能源较强的出力不确定性以及现货市场中的价格波动，虚拟电厂可通过差价合约来规避不确定性带来的风险。虚拟电厂作为市场的售方，结合差价合约的结算公式，有

$$R_c = (p_c - p_b)Q_c \tag{7-4}$$

式中，p_c 为差价合约的约定价格；p_b 为基准价格；Q_c 为差价合约约定的电量；R_c 为虚拟电厂通过差价合约得到的收益。

通过差价合约，发电商可在现货市场价格较低时获取差价补偿，即合同价格 $p_{contract}$ 与现货市场的出清价 p_{spot} 的价差，即 $p_{contract} - p_{spot}$。若发电商所在区域存在区域电价 p_{region}，则可在区域电价较低时获得补偿，有 $p_{spot} - p_{region}$，且在价区获得的差价合约价格收益为 p_{area}。基于区域价差，发电商的差价合约收益可表示为

$$\begin{aligned} R_{con} &= Q_c[p_{region} + (p_{contract} - p_{spot}) + (p_{spot} - p_{region}) + p_{area}] \\ &= Q_c(p_{contract} + p_{area}) \end{aligned} \tag{7-5}$$

由此可见，中长期合约签订后，发电商，此处即虚拟电厂，所获得的收益为无现货风险影响的定值。

7.4　计及可再生能源衍生品的虚拟电厂中长期合约交易优化分析

虚拟电厂对分布式能源进行聚合，并以虚拟电厂作为市场参与主体，参与市场交易。由于市场准入规则中，对于分布式的光伏及风电未开放准入政策，若通过虚拟电厂对分布式能源进行拟合，并结合较为灵活的微型燃气轮机及储能等可

控负荷组成虚拟电厂,则可创造市场竞争机会。此外,分布式风电与光伏的发电成本较高,在市场竞争中并不具备优势,因此,为了进一步提高分布式能源聚合的虚拟电厂在中长期电力市场中的竞争优势,本节结合可再生能源配额制及绿色证书机制,降低清洁能源的竞争压力,分析虚拟电厂参与中长期电力交易时分布式能源发电的获利情况。

7.4.1　可再生能源配额制及绿色证书机制影响量化分析

可再生能源具有清洁特性及环境友好性,其发展是解决能源资源紧缺、环境污染问题的重要手段。2019 年 5 月,国家发展改革委、能源局联合出台了《关于建立健全可再生能源电力消纳保障机制的通知》,明确了按省级行政区域确定可再生能源电力消纳责任权重[55]。通过设置可再生能源的强制消纳目标,提高电力系统中可再生能源的占比。绿色证书机制是可再生能源配额制的配套措施,若仅考虑配额制,则忽略了分布式能源资源的地理分布,造成资源分配的局部性,而绿色证书通过统一的线上平台进行售卖,克服了可再生能源消纳的地域限制,实现可再生能源的跨区配置,对市场效率提高具有间接的推动促进作用[56-60]。结合配额制目标,绿色证书机制将可再生能源的补贴成本以交易的方式进行"商品性"转化,通过绿证价格的市场性交易逐步推进可再生能源的平价上网,可再生能源参与电力市场及绿色证书交易思路的过程如图 7-3 所示。可再生能源配额制及配套的绿色证书机制是良好的先行措施。2020 年我国各省非水可再生能源配额比重如表 7-1 所示。

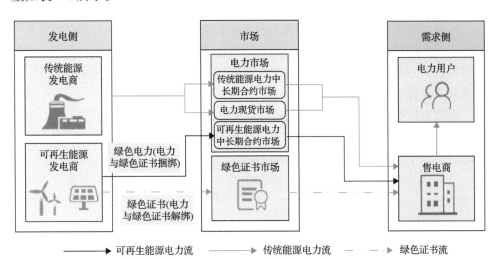

图 7-3　可再生能源参与电力市场及绿色证书交易思路的过程

表 7-1　2020 年各省份非水可再生能源配额比重(不含港澳台数据)

省份	非水可再生能源配额比重/%	省份	非水可再生能源配额比重/%
北京	10	上海	5
天津	10	江苏	7
河北	10	浙江	7
山西	10	安徽	7
内蒙古	13	福建	7
辽宁	13	江西	5
吉林	13	山东	10
黑龙江	13	河南	7
湖北	7	广东	7
湖南	7	广西	5
海南	10	四川	5
重庆	5	贵州	5
云南	10	陕西	10
西藏	13	甘肃	13
青海	10	宁夏	13
新疆	13		

实施配额制后，非可再生能源企业为达到配额制要求，可通过购买绿色证书避免未达标而产生的惩罚成本。因此，可再生能源进行绿色证书交易的利润由两部分组成，一是通过电量交易获得的电价收入，二是为满足市场配额制需求，在绿色证书交易市场中的交易获利。

虚拟电厂中，分布式风电与光伏均可通过售卖绿色证书，降低自身发电成本，从而在中长期电力市场交易中具有一定的价格优势。因此，在虚拟电厂参与中长期电力市场中，可参考绿色证书价格来确定其协议价格，即有

$$p_{con}^{VPP} = p_G^{VPP} + p_{con}^{TPu} \tag{7-6}$$

$$p_G \leqslant \bar{p}_G \tag{7-7}$$

式中，p_{con}^{VPP} 为虚拟电厂达成的中长期电量合约的成交价格；p_G^{VPP} 为虚拟电厂中分布式可再生机组提供的绿色证书价格；p_{con}^{TPu} 为传统能源发电商达成的中长期电

量合约的成交价格；p_G 为绿色证书成交价；$\bar{p}_G$ 为绿色证书成交均价。式 (7-7) 说明，为保证虚拟电厂的可再生能源成交量，可通过适当降低绿色证书价格以获取更多交易机会。虚拟电厂与购电用户达成中长期交易后，电能与绿色证书捆绑转移给对方，该部分电量不再参与绿证市场获取额外收益。

7.4.2　计及可再生能源衍生品的虚拟电厂中长期合约交易决策模型

1. 目标函数

考虑到虚拟电厂的构成，其参与中长期电力市场的目的主要有两点：一是提高分布式风电与光伏的消纳量；二是通过推动消纳分布式可再生能源，结合绿色证书交易获取更多绿电收益。理想状态下，虚拟电厂的电量出力全由分布式风电与光伏机组承担，结合式 (7-5)，此时，中长期市场可帮助虚拟电厂实现最大的出力定量保值。然而，分布式风电与光伏机组的出力受天气等因素影响，其出力具有一定的随机性和不确定性，需要分布式燃料机组及可控负荷对其进行调峰辅助。因此，虚拟电厂参与中长期合约交易下的最大化利润目标为

$$\max \pi_{\text{vpp}}^{\text{ML}} = \sum_{t=1}^{N} \left(R_{\text{VPP},t}^{\text{ML}} - C_{\text{VPP},t}^{\text{Op}} \right) - p_\theta Q_{\text{con}}^{\text{gap}} + n_{\text{extra},g} \, p_G^{\text{VPP}} \qquad (7\text{-}8)$$

式中，$R_{\text{VPP},t}^{\text{ML}}$ 为虚拟电厂参与中长期合约交易的收入；$C_{\text{VPP},t}^{\text{Op}}$ 为虚拟电厂的运行成本，主要考虑实时出力的风电、光伏及火电与储能机组的运行成本；$Q_{\text{con}}^{\text{gap}}$ 为虚拟电厂的实际出力与合约分解电量的偏差量；$n_{\text{extra},g}$ 为除去中长期合约电量后，风光剩余出力可换算的绿色证书数量。

$$N_{\text{VPP}} = \frac{Q_{\text{PV}} + Q_{\text{WPP}}}{1000} \qquad (7\text{-}9)$$

式中，N_{VPP} 为虚拟电厂可提供的总绿色证书数量，按 1MW·h 电量换取一张绿色电力证书的原则进行计算；Q_{PV} 为虚拟电厂通过光伏所得的发电量；Q_{WPP} 为虚拟电厂通过风力所得的发电量。

虚拟电厂的运行成本为

$$C_{\text{VPP},t}^{\text{Op}} = \sum_{t=1}^{T} C_t^{\text{WPP}} + C_t^{\text{PV}} + C_t^{\text{MT}} + C_t^{\text{ESS}} + C_G \qquad (7\text{-}10)$$

$$C_G = \begin{cases} 0, & \dfrac{Q_{\text{WPP}} - Q_{\text{PV}}}{Q_{\text{VPP}}} \geqslant \eta \\[4mm] \dfrac{Q_{\text{MT}} - Q_{\text{WPP}} - Q_{\text{PV}}}{1000} \cdot \bar{p}_G, & \dfrac{Q_{\text{WPP}} - Q_{\text{PV}}}{Q_{\text{VPP}}} < \eta \end{cases} \qquad (7\text{-}11)$$

式中，C_t^{WPP}、C_t^{PV}、C_t^{MT}、C_t^{ESS}分别为风电、光伏、微型燃气轮机及储能系统在t时刻的运行成本；Q_{MT}为虚拟电厂通过微型燃气轮机所得的发电量；C_{G}为虚拟电厂运行未满足可再生能源配额制所需的绿色证书成本，为大于或等于零的数，若$C_{\mathrm{G}}=0$，表示虚拟电厂满足配额制比例，若$C_{\mathrm{G}}>0$，这说明虚拟电厂运行未满足可再生能源配额制比例，需额外购入绿色证书。

2. 约束条件

虚拟电厂参与市场交易时，应考虑市场运行的平稳性及市场交易的相关约束条件，以保证电力系统运行的稳定性及市场交易进行的客观性。因此，相关约束条件包括系统功率的平衡约束，中长期市场合约交易约束，风电、光伏、储能和火电输出功率约束，备用约束，绿证市场约束等。

1) 系统功率平衡约束

虚拟电厂参与市场交易时：

$$Q_t^{\mathrm{D}} + Q_t^{\mathrm{ML}} = L_t \tag{7-12}$$

式中，Q_t^{D}为t时刻日前市场电量；Q_t^{ML}为t时刻中长期电量；L_t为系统t时刻的负荷需求。日前市场出清电量中包含年双边协商和月度集中竞价的分解电量。

2) 中长期市场合约交易约束

考虑到当前我国电力市场改革中，计划电量与市场电量并行，因此，在研究虚拟电厂参与电力市场交易时，仅考虑市场电量的交易情况。

$$\varphi Q_{\mathrm{market}} \leqslant \sum_{t=1}^{N} \left(Q_{\mathrm{VPP},t}^{\mathrm{CfD}} + Q_{\mathrm{VPP},t}^{\mathrm{J}} \right) \leqslant Q_{\mathrm{market}} \tag{7-13}$$

式中，φ为中长期电力市场电量在市场总电量的最低占比；Q_{market}为市场电量，中长期电力市场电量占市场总电量份额常取40%~70%；$Q_{\mathrm{VPP},t}^{\mathrm{CfD}}$为$t$时刻虚拟电厂的差价合约电量；$Q_{\mathrm{VPP},t}^{\mathrm{J}}$为$t$时刻虚拟电厂计划电量。

3) 风电、光伏、储能和火电输出功率约束

具体约束如下：

$$Q_{\mathrm{WPP},t}^{\mathrm{D}} \leqslant Q_{\mathrm{WPP},t} \tag{7-14}$$

$$Q_{\mathrm{PV},t}^{\mathrm{D}} \leqslant Q_{\mathrm{PV},t} \tag{7-15}$$

$$u_{i,t} Q_{\mathrm{T}i}^{\min} \leqslant Q_{\mathrm{T}i,t}^{\mathrm{D}} \leqslant u_{i,t} Q_{\mathrm{T}i}^{\max} \tag{7-16}$$

$$u_{i,t}\Delta Q_{\mathrm{T}i}^{-} \leqslant Q_{i,t}^{\mathrm{T}} - Q_{i,t-1}^{\mathrm{T}} \leqslant u_{i,t}\Delta Q_{\mathrm{T}i}^{+} \tag{7-17}$$

$$\left(T_{\mathrm{T}i,t-1}^{\mathrm{on}} - T_{\mathrm{T}i,\min}^{\mathrm{on}}\right)\left(u_{i,t-1} - u_{i,t}\right) \leqslant 0 \tag{7-18}$$

$$\left(T_{\mathrm{T}i,t-1}^{\mathrm{off}} - T_{\mathrm{T}i,\min}^{\mathrm{off}}\right)\left(u_{i,t} - u_{i,t-1}\right) \leqslant 0 \tag{7-19}$$

$$0 \leqslant P_{\mathrm{ch},t}^{\mathrm{ESS}} \leqslant \varphi_{\mathrm{ESS}} P_{\mathrm{ch,max}}^{\mathrm{ESS}} \tag{7-20}$$

$$0 \leqslant P_{\mathrm{dis},t}^{\mathrm{ESS}} \leqslant \varphi_{\mathrm{ESS}} P_{\mathrm{dis,max}}^{\mathrm{ESS}} \tag{7-21}$$

式中，$Q_{\mathrm{WPP},t}^{\mathrm{D}}$ 为 t 时刻风电在日前市场的电量；$Q_{\mathrm{PV},t}^{\mathrm{D}}$ 为 t 时刻光伏在日前市场的电量；$Q_{\mathrm{WPP},t}$ 为 t 时刻风电的总发电量；$Q_{\mathrm{PV},t}$ 为 t 时刻光伏的总发电量；$Q_{\mathrm{T}i}^{\max}$ 和 $Q_{\mathrm{T}i}^{\min}$ 为火电机组 i 的输出上下限；$Q_{\mathrm{T}i,t}^{\mathrm{D}}$ 为火电机组 i 在 t 时段内参与日前市场的电量；$u_{i,t}$ 为 t 时刻火电机组的启动状态，为 0-1 变量，0 代表火电机组未启动，1 代表火电机组处于运行状态；式 (7-17) 表示虚拟电厂中火电机组的爬坡约束，$Q_{i,t}^{\mathrm{T}}$ 为火电机组 i 在时刻 t 的出力，$\Delta Q_{\mathrm{T}i}^{+}$ 和 $\Delta Q_{\mathrm{T}i}^{-}$ 分别表示火电机组 i 的爬坡上下限；$T_{\mathrm{T}i,t-1}^{\mathrm{on}}$ 和 $T_{\mathrm{T}i,t-1}^{\mathrm{off}}$ 的差值为火电机组 i 在 $t-1$ 时刻持续运作的时长；$T_{\mathrm{T}i,\min}^{\mathrm{on}}$ 和 $T_{\mathrm{T}i,\min}^{\mathrm{off}}$ 为火电机组 i 启动、停止所需的最短时长；$P_{\mathrm{ch,max}}^{\mathrm{ESS}}$ 和 $P_{\mathrm{dis,max}}^{\mathrm{ESS}}$ 为储能设备充放电功率的最大值；φ_{ESS} 为储能设备的充放电状态，且储能系统的充电与放电状态不能同时在。

4) 备用约束

具体约束如下：

$$\sum_{i=1}^{N} u_{i,t}\left(Q_{\mathrm{T}i,t}^{\max} - Q_{\mathrm{T}i,t}^{\mathrm{D}} - Q_{\mathrm{T}i,t}^{\mathrm{ML}}\right) \geqslant R_t^{\mathrm{up}} \tag{7-22}$$

$$\sum_{i=1}^{N} u_{i,t}\left(Q_{\mathrm{T}i,t}^{\mathrm{ML}} + Q_{\mathrm{T}i,t}^{\mathrm{D}} - Q_{\mathrm{T}i,t}^{\min}\right) \geqslant R_t^{\mathrm{down}} \tag{7-23}$$

式中，R_t^{up} 为系统需要的上备用容量；R_t^{down} 为系统需要的下备用容量；$Q_{\mathrm{T}i,t}^{\mathrm{ML}}$ 为火电机组 i 在 t 时刻内参与中长期市场的电量。

5) 绿证市场约束

具体约束如下：

$$p_{\mathrm{G}}^{\mathrm{VPP}} \leqslant \overline{p}_{\mathrm{G}} \leqslant p_{\mathrm{punish}} \tag{7-24}$$

式中，p_{punish} 为非可再生能源发电商未达到配额制标准而受到的惩罚价格。

7.4.3 算例分析

1. 基础数据

本节以某以风、光、火、储聚合的虚拟电厂为例，研究其参与中长期电力市场的交易行为。市场电量在年度及月度电量按时段平均分解的基础上，对日内的电量采取峰谷平方式进行分解。算例中，中长期电力市场的结算周期为 30 天，绿色证书交易市场的周期为 1 天，市场的日负荷需求为 4568MW·h，可再生能源的配额比例参照 2020 年规定的各省消纳比重，定为 13%[53]。绿色证书均价参考中国绿色电力证书认购交易平台自 2019 年至 2020 年底的历史价格，平均价格为 172 元/张，单位罚金为 360 元/张。算例中，以我国西部地区某多电源互补项目为原型，对电源设置进行适当修改，包括了 3×25MW 的风电机组、3×14MW 的光伏电站、40MW 的 CHP 机组及 30MW 的储能装置，机组的出力参数如表 7-2 所示。根据该地区风光典型日历史发电数据预测日前功率，模拟生成 10 组风光日前功率数据，将各个时间点的均值作为最终预测功率，风光平均可用出力如图 7-4 所示。

表 7-2 机组出力参数设置情况

机组类型	最大出力/MW	最小出力/MW	爬坡速率/(MW/h)	机组参数		
				a	b	c
CHP 机组	40	6.5	1.5	0	0.3725	0.0218
风电机组	25	0	8	0	0	0
光伏机组	14	0	3.2	0	0	0

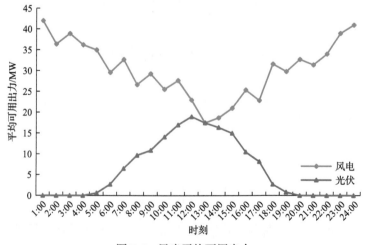

图 7-4 风光平均可用出力

表 7-3 中，该地区风电机组的上网电价为 300 元/(MW·h)，光伏机组的上网电价为 487 元/(MW·h)，弃风的惩罚成本为 176 元/(MW·h)，弃光的惩罚成本为 243 元/(MW·h)。上调备用报价和下调备用报价分别为 150 元/(MW·h) 和 120 元/(MW·h)。当月火电双边协议的合约成交价格为 278.2 元/(MW·h)。虚拟电厂的绿色证书合约成交价格定为 164 元/张，则其参与年度双边合约的成交价格为 442.2 元/(MW·h)，成交电量为 248832MW·h。经年、月电量分解后当日电量为 691.2MW·h，经峰平谷分解规则后日电量如图 7-5(a) 所示（峰时段：9:00～15:00、18:00～21:00；谷时段：23:00～次日 7:00；平时段：7:00～9:00、15:00～18:00，21:00～23:00）。偏差考核系数为 3%，超过部分的惩罚系数就是标杆电价的 1.2 倍。基于此，下面分析中长期电力市场下的虚拟电厂交易行为。

表 7-3　虚拟电厂内部单元价格设置

机组类型	上网价格/[元/(MW·h)]	合约成交价格/[元/(MW·h)]	惩罚成本/[元/(MW·h)]
火电机组	296	278.2	—
风电机组	300	0	176
光伏机组	487	0	243
绿色证书	176	164	—
虚拟电厂	—	442.2	—

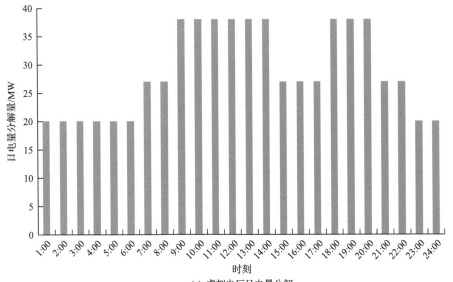

(a) 虚拟电厂日电量分解

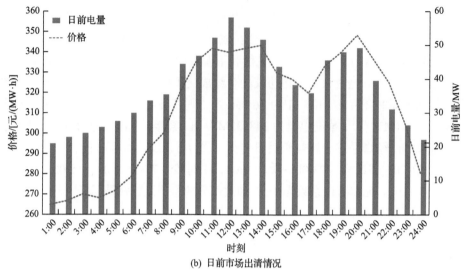

(b) 日前市场出清情况

图 7-5　虚拟电厂日电量分解及日前市场出清情况

2. 情景及结果分析

在虚拟电厂中，分布式可再生能源机组按平均出力情况进行发电，如图 7-6 所示。

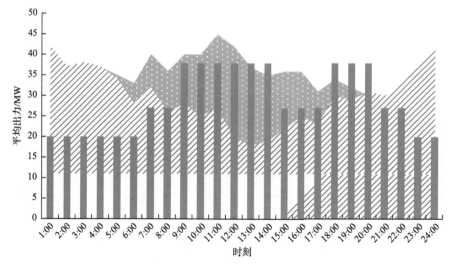

图 7-6　虚拟电厂中可再生能源平均出力

由图 7-6 可知，基于可再生能源的平均出力情况，结合其他机组及储能设备，虚拟电厂可满足所签订的年度合约电量目标。此时，分散式电力市场模式下虚拟电厂签订固定电价合约进行电量物理交割获得的经济效益与集中式电力市场模式下虚拟电厂签订差价合约进行结算时获得的收益相等。但在实际运行过程中，风光出力受天气的影响较强，其出力的波动性较大，可能出现可再生能源出力无法满足当日合约电量的情况。为进一步研究风光出力波动时，虚拟电厂在不同合约交易模式下的收益情况，结合图 7-5 日前市场的出清电价及电量曲线，模拟设计可再生能源正常出力、欠出力及未出力三种情景下，不同市场模式下虚拟电厂参与中长期合约交易的收益情况。

1) 可再生能源正常出力情景

可再生能源正常出力情景中，由图 7-6 知，虚拟电厂中可再生能源的日出力满足合约的日分解电量，即虚拟电厂所签订的可再生合约电量可进行正常结算，获得的中长期合约收入按交割电量与约定价格进行计算。合约外的日前申报电量可由各时段过剩的可再生能源电量及其他类型机组承担，可再生能源正常出力情景中虚拟电厂在此日的出力情况如图 7-7 所示。

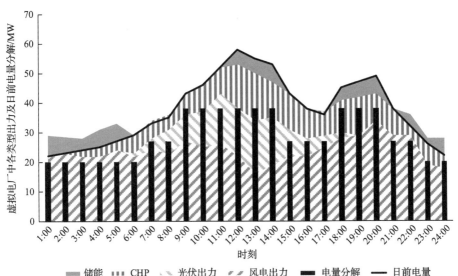

图 7-7　可再生能源正常出力情景下虚拟电厂出力情况

此情景中，若虚拟电厂按固定电价合约进行结算，可再生能源的总发电量为 699.31MW·h，可满足所签订的中长期合约分解后的日电量。结合虚拟电厂日前市场出清曲线及参与中长期电力市场的目标函数求得其出力曲线，如图 7-7 所示。可再生能源正常出力情景中，风电在各时段的出力均较为明显，由于风电出力与负荷分布存在"逆向"关系，风电在谷时段的发电占比较高，而在负荷高峰时来风较少、电量占比下降，结合 CHP 机组出力，接入储能装置实现发电量在时间上的平移，使虚拟电厂的出力尽量与日前计划申报电量曲线吻合。而且由图中的虚拟电厂出力情况可知，风电在夜间具有较强的出力，但由于负荷分布，只能通过储能进行部分储存。然而在实际虚拟电厂的运行中，还可以通过引入热能及电转气设备在夜间的活跃需求，实现富余风电的"电-热"转化与"电-气"转化应用。

此情景中，虚拟电厂在分散式电力市场运行模式下所签订的中长期合约为物理合同，存在实物交割，可获得的合约收入为305490元。此时，虚拟电厂的总收入为374669.7元，净收益为190706.7元。

此情景中，若虚拟电厂在集中式电力市场运行模式下，市场通过"全电量竞争"确定上网电量，而对于签订中长期合约的部分电量实施差价结算，通过固定的价格与电量，实现对现货市场价格风险的规避。而且在集中式电力市场模式的结算下，中长期合约价格高于日前市场出清价格时，中长期合约对虚拟电厂收益具有正向作用，且在现货市场发生价格波动时尽可能实现部分电量收益的锁定，具有一定的风险规避作用。

2)可再生能源欠出力情景

在虚拟电厂的运行过程中，如遇特殊天气，部分分布式风电与光伏机组未开机，造成可再生能源总出力水平锐减，其出力情况无法满足当日合约分解的负荷，如图7-8所示，需调动虚拟电厂中CHP机组及储能设备进行辅助，且此时虚拟电厂的合约参与模式的差异使所获经济效益呈现出不同的效果。

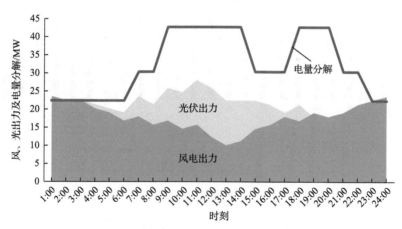

图7-8　可再生能源欠出力情景的合约电量满足情况

由图7-8可知，虚拟电厂中分布式可再生能源的出力水平较差，不足其平均出力水平的一半，仅靠分布式风光出力无法满足合约电量，需要虚拟电厂调动其他发电机组进行辅助出力，为实现虚拟电厂收益最大化，出力情况如图7-9所示。

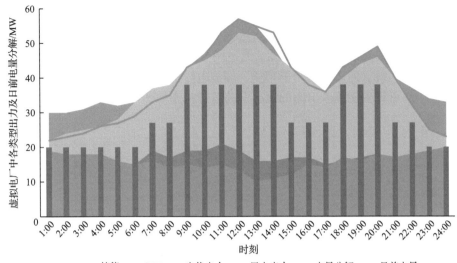

图 7-9　可再生能源欠出力情景下虚拟电厂出力情况(扫码见彩图)

此时,若实施固定电价合约,可再生能源电力无法满足当天的合约分解电量,出现了 270.52MW·h 的可再生能源电量缺口,此时虚拟电厂通过调动其他机组,如 CHP 机组,并利用接入的储能装置进行源侧电量平移以满足日前负荷曲线。在 0:00～6:00 及 21:00 后,储能装置通过对富余风电进行储存,并在高峰时期进行放电,降低了机组的出力负担,也提高了可再生能源的利用效率。在此情景下,虚拟电厂通过调动可再生能源电源以外的机组满足了合约的日分解电量,但由于用于满足合约电量的电力不全为可再生能源,即有部分电力无法提供相应的绿色证书,应通过购买绿色证书的形式予以补齐,此时虚拟电厂应承担的绿色证书购买成本为 46440 元。在该情景中虚拟电厂承担的绿色证书购买成本较高,甚至会高于承担偏差成本时的损失,因此对此时的虚拟电厂合约收益展开进一步分析。

(1)在分散式电力市场中,虚拟电厂采用固定电价+偏差考核机制,面临合约电量的物理交割。若仅以可再生能源电量进行结算,则存在约 270MW·h 的合约电量偏差,若以偏差考核机制进行惩罚成本结算,燃煤机组的上网电价为 284 元/(MW·h),偏差考核费用约为 85128.26 元。偏差考核机制通常以月进行结算,周期内总电量的变化可与此次电量偏差部分相抵,从而实现平均日偏差考核费用的降低。

(2)集中式电力市场中,虚拟电厂实施差价合约,差价合约仅用于结算而不涉及实际电量交割,此时虚拟电厂通过差价合约获得的收入为 30.5649 万元。可再生能源出力与合约分解电量的绿证成本缺口可通过绿证市场进行购买,则购买费用为 46440 元。若将可再生能源的保障性收购政策看作约定价格的差价合约机制,则无须考虑合约电量的分解,以实发电量为结算量,差价合约收入为 18.6026 万元。

3) 可再生能源未出力情景

虚拟电厂的运行过程中，存在可再生能源不出力的极端情景，中长期合约分解电量完全需要其他机组进行满足。通过调节 CHP 机组及储能装置的运行，可基本满足合约曲线，但若参与日前市场，虚拟电厂的出力能力将受到一定的限制，虚拟电厂在可再生能源未出力的情况下的运行状态如图 7-10 所示。

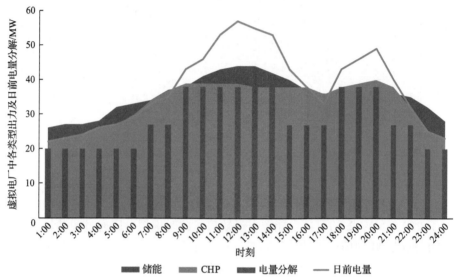

图 7-10　可再生能源未出力时虚拟电厂运行状态(扫码见彩图)

此情景下，虚拟电厂所签订的中长期合约分解到日的负荷量基本可由 CHP 机组出力实现，但无法满足日前市场的预测负荷曲线。在负荷高峰时段内(9:00～15:00、18:00～21:00)，日前电量曲线下方出现了较为明显的电力缺口，说明在此情况下，虚拟电厂仅可满足中长期曲线的分解电量负荷，而对日前市场的参与度有限。此时，虚拟电厂签订中长期合约中所承担的绿色证书交易成本全部需要从绿证市场进行购买获得，需承担的绿色证书成本为 118886.4 元，在此基础上，下面分析虚拟电厂参与中长期合约签订模式的具体影响。

(1)分散式电力市场中，虚拟电厂采用固定电价+偏差考核机制，面临合约电量的物理交割。若以 CHP 机组所发电量进行考核，则需配以 118886.4 元的绿色证书购买费用，参与中长期合约的收入约为 186762.2 元。但若合约以可再生能源电量进行结算，则存在约 691.2MW·h 的合约电量偏差，若以偏差考核机制进行惩罚成本结算，燃煤机组的上网电价为 284 元/(MW·h)，偏差考核费用高达 235561 元。而此情景下偏差考核费用较高，较难通过月周期内其他方向的电量偏差进行调节，因此，若出现可再生能源出力为零的情景，虚拟电厂在中长期电力市场若采用固定电价合约则面临较大的风险。

(2)集中式电力市场中,虚拟电厂实施差价合约,差价合约仅用于结算而不涉及实际电量交割,此时虚拟电厂通过合约获得的收入为 30.5649 万元,但需考虑绿色证书的配套提供,在结算时承担周期内相应的绿色证书购买成本。此外,若将可再生能源的保障性收购政策看作约定价格的差价合约机制,则无须考虑合约电量的分解,以实发电量为结算量,不承担相应的违约风险。

由上述分析可知,在极端情景中虚拟电厂也通过差价合约实现对部分收入的保障。对于可再生能源正常出力情景,虚拟电厂采用固定电价机制也可实现可再生能源电力较大程度的保障,且可再生能源配额制及配套的绿色证书机制也为分布式可再生能源聚合的虚拟电厂在市场交易中提供了较好的竞争力。但在可再生能源出力具有较大不确定性的情况下,差价合约基于其金融结算的特点,为虚拟电厂中可再生能源出力提供较好的保障,实现可再生能源消纳水平及市场参与能力的提高,但集中式电力市场中合约比例存在上限,无法实现风险的完全规避。

第8章 虚拟电厂参与日前市场交易优化模型

随着电力市场化改革的不断推进,现货市场的发展成为当前阶段的重要目标。而日前市场作为与现货市场最近的衔接市场,对其稳定性及风险规避程度的优化是参与者获得额外利益的重要方向之一。虚拟电厂作为能源聚合商参与日前市场交易时,需考虑内部分布式可再生能源出力的不确定性、市场交易时所报出力曲线与实际出力的偏差带来的风险。因此,本章分析及描绘虚拟电厂在参与日前电力市场交易中所面临的相关不确定性来源,处理虚拟电厂不确定性,降低电力日前交易风险,实现虚拟电厂的市场收益最大化。为最大化体现分布式可再生能源的出力不确定性,本章选取由风电、光伏发电、储能及需求响应为主要结构的虚拟电厂形式在日前市场交易的参与行为,分析其在日前市场中的最优出力表现。

8.1 日前市场交易不确定性分析

8.1.1 虚拟电厂不确定性分析及建模

1. 风光出力不确定性

风电和光伏是极具有潜力的可再生能源,在生产经营期内完全没有碳排放,是彻底节约资源的绿色能源。由于绿色出力及较低的建造与运行成本,风电和光伏是未来能源革命的发展主流能源,也是虚拟电厂中能源的重要组成部分。然而,光伏与风电受自然条件影响较大,来风受地理位置及时段影响、光伏组件受天气及辐射强度分布的时段分布影响,二者的出力皆具有较强的波动性和随机性,这也是制约风电与光伏发展的一个关键因素。

此外,在市场化改革背景下,燃煤火电机组可作为市场主体,主动参与到市场竞争中,分布式的风电、光伏由于自身容量及功率太小,一般无法直接参与到市场交易中。虚拟电厂通过对分布式能源的聚合,使其参与到市场交易中,以自身的灵活调控能力并引入储能等元件,尽可能多地提高分布式能源的利用效率,调动其参与市场的积极性。因此,日前市场交易中,虚拟电厂应首先克服自身内部来自风光出力的不确定性。

2. 风电机组不确定性出力建模

风力发电机组输出不确定性取决于风速的随机特性,其通常可用韦布尔分布进行描述[61]，风速概率密度计算模型具体如下：

$$f(v) = \frac{k}{c} \cdot \left(\frac{v}{c}\right)^{k-1} \cdot \mathrm{e}^{-\left(\frac{v}{c}\right)^k} \tag{8-1}$$

式中，v 为风速；c 为韦布尔分布的尺度参数；k 为形状参数。基于式(8-1)对风速概率密度的计算，可得风力发电机的输出功率和实时风速之间的关系：

$$P_t^{\mathrm{WT}} = \begin{cases} 0, & v < v_{\mathrm{in}}, v > v_{\mathrm{out}} \\ 0.5 C_{\mathrm{p}} \rho A_{\mathrm{w}} v^3, & v_{\mathrm{in}} \leqslant v \leqslant v_{\mathrm{rated}} \\ P_{\mathrm{rated}}^{\mathrm{WT}}, & v_{\mathrm{rated}} < v \leqslant v_{\mathrm{out}} \end{cases} \tag{8-2}$$

式中，P_t^{WT} 为风机在 t 时刻的输出功率；C_{p} 为风能利用系数；ρ 为空气密度；A_{w} 为风速在机组叶片扫过区域上的垂直投影面积；$P_{\mathrm{rated}}^{\mathrm{WT}}$ 为风机的额定功率；v_{in}、v_{rated} 和 v_{out} 为风电机组切入风速、额定风速和切出风速。

3. 光伏发电机组不确定性出力建模

光伏发电机组输出不确定性取决于太阳辐射强度的随机特性，其通常可用贝塔分布进行描述[62]，太阳辐射强度模型具体如下：

$$f_{\mathrm{PV}}(t) = \frac{\Gamma(\alpha + \beta)}{\Gamma(\alpha) + \Gamma(\beta)} \left(\frac{\theta_t}{\theta_{t\max}}\right)^{\alpha-1} \left(1 - \frac{\theta_t}{\theta_{t\max}}\right)^{\beta-1} \tag{8-3}$$

式中，θ_t 为 t 时段太阳辐射强度；$\theta_{t\max}$ 为 t 时段太阳最大辐射强度；α 和 β 为贝塔分布的形状参数，其变化将导致贝塔分布概率密度曲线形状的变化，α 和 β 可以根据该段时间内太阳辐射强度的数学期望 μ 和方差 δ 计算得到：

$$\alpha = \mu \left[\frac{\mu(1-\mu)}{\delta^2} - 1\right] \tag{8-4}$$

$$\beta = (1-\mu) \left[\frac{\mu(1-\mu)}{\delta^2} - 1\right] \tag{8-5}$$

基于对太阳辐射强度的计算，得到光伏发电的输出模型：

$$P_t^{\mathrm{PV}} = \chi^{\mathrm{PV}} \rho^{\mathrm{PV}} \theta_t \tag{8-6}$$

式中，χ^{PV} 为转化效率；ρ^{PV} 为光伏组件的总面积；θ_t 为 t 时段的太阳辐射强度。

8.1.2 结合 CVaR 的日前市场不确定性综合模型

实际运行中,市场主体的实际出力曲线与主体上报的预测出力曲线存在偏差。在市场主体为虚拟电厂时,为提高分布式风电与光伏的消纳水平,内部火电机组及储能装置承担灵活备用调节的责任。该偏差主要是由风、光出力带来的,通过引入 CVaR 方法进行描述,基础的 VaR 值可表示为

$$P(X < \text{VaR}) = \alpha \tag{8-7}$$

式中,P 为损失值小于 VaR 值的可能性;X 为资产单位的损失值;α 为置信区间。

基础的 VaR 方法的置信水平不服从规律性分布,其离散性无法体现极端情景,且置信水平的变化对 VaR 值的影响较大,具有一定的片面性。因此,引入 CVaR,基于 VaR 的原理,增加条件性,以体现额外的风险分布情况[63]。其原理如下:

$$\text{CVaR} = E(X \mid X \geqslant \text{VaR}) \tag{8-8}$$

进一步,有

$$\text{CVaR}_{\alpha}(X) = E[X \mid \text{VaR}_{\alpha}(X)] = \frac{1}{1-\alpha} \int_{-\infty}^{\text{VaR}} x f(x) \mathrm{d}x \tag{8-9}$$

式中,$\text{VaR}_{\alpha}(X)$ 为置信水平为 α 时的 VaR 值,则 $\text{CVaR}_{\alpha}(X)$ 为损失超过 $\text{VaR}_{1-\alpha}(X)$ 时的期望值;VaR 为 X 的 α 分位数;$f(x)$ 为概率分布,不定义为绝对连续函数。考虑风电与光伏发电的实际出力偏差功率 g'_{WPP} 与 g'_{PV} 的概率密度函数服从正态分布,分析虚拟电厂风光不确定性改进下的日前市场交易优化行为。

8.2 虚拟电厂日前市场交易优化模型

8.2.1 虚拟电厂内部不确定性处理

1. 方法选择

1)集合经验模态分解

集合经验模态分解(EEMD)是在原有经验模态分解(EMD)的基础上改进的新型自适应序列分析技术,有效克服了 EMD 方法的模态混叠问题。EEMD 基于经验模态分解,在原功率信号中加入一系列高斯白噪声信号,结合频谱均衡分布的统计特征,对原序列中具有不同特征的趋势进行逐级筛选统计,形成以特征为聚类的固有模态函数(intrinsic mode function, IMF)分量,然后,抵消各分量中的高斯白噪声但可保留功率序列的原特征,从而解决了 EMD 方法中出现的模态混叠

问题。EEDM 的实现方法如下。

（1）对于功率信号 $P(t)$，加入高斯白噪声信号 $\kappa(t)$，此时新的功率信号为 $P'(t)$：

$$P'(t)=P(t)+\kappa(t) \tag{8-10}$$

（2）对 $P'(t)$ 进行 EMD，则可得 IMF 分量，此时可表示为

$$P'(t)=r_n(t)+\sum_{i=1}^{n}I_i(t) \tag{8-11}$$

式中，$r_n(t)$ 为分解后的残差分量；$I_i(t)$ 为第 i 层的 IMF 分量，并按照频率从高到低排列；n 为 EMD 层数。

（3）在 $P(t)$ 中继续加入 j 次高斯白噪声，并重复上述步骤，可得

$$P_j'(t)=P(t)+\kappa_j(t)=r_{j,n}(t)+\sum_{i=1}^{n}I_{ji}(t) \tag{8-12}$$

式中，$I_{ji}(t)$ 为第 j 次高斯白噪声加入后得到的第 i 个 IMF 分量；$r_{j,n}(t)$ 为第 j 次高斯白噪声加入分解后的残差分量。

（4）结合 EMD 不相关随机序列统计均值为 0 的原理，对 $I_{ji}(t)$ 进行整体平均处理，抵消多次高斯白噪声加入对功率信号的影响，最终 IMF 分量可表示为

$$I_i(t)=\frac{1}{N}\sum_{j=1}^{N}I_{ji}(t) \tag{8-13}$$

式中，N 为加入高斯白噪声信号的整体平均次数。

在 EEMD 的处理过程中，高斯白噪声信号应满足 $\varepsilon_n=\varepsilon/\sqrt{N}$，$\varepsilon$ 代表高斯白噪声信号的幅值。当 N 取 100～300 时，ε 值取信号标准差的 0.1%～50%。ε_n 为原始功率信号与 EEMD 处理后功率信号的误差值。

2）布谷鸟搜索算法

布谷鸟搜索算法（cuckoo search，CS）是 2009 年剑桥大学杨新社教授与 Suash Deb 开发的自然启发式算法。CS 的基础是布谷鸟的又巢寄生（brood parasitism）行为。布谷鸟在宿主的巢里产卵，并会把宿主的蛋移走，一些看起来像宿主蛋的布谷鸟蛋，就有机会被养育成成年布谷鸟。在其他情况下，这些蛋会被宿主鸟类发现并被扔掉，或者宿主离开巢穴，寻找其他地方来建造新的鸟巢，即此时所有蛋都被放弃继续培育。巢中的每个蛋代表一种解决方法，一个布谷鸟蛋代表一种新的解决方法。CS 使用新的和可能更好的解决方案来替换嵌套中不太好的解决方案。

　　CS 的运行规则如下：每只布谷鸟一次只产一个蛋，并把这个蛋随机放入一个鸟巢中；带有最高质量的蛋(解决方案)的巢将可以继续到下一代；可产卵的巢数是固定的，宿主鸟能将布谷鸟蛋挑选出来的概率为 $p_a \in [0,1]$。

　　若被发现，宿主鸟可选择将布谷鸟蛋扔出或弃巢并换地点建巢。若未被发现，这些布谷鸟蛋将被成功孵化并通过 Lévy 飞行选择新的孵化地点。考虑到布谷鸟寻巢特征的 Lévy 飞行行为特征，假设在 D 维搜索空间中有 N 个鸟蛋，第 k 次迭代第 i 个鸟蛋的位置为 x_i^k，新位置 x_i^{k+1} 可表示为

$$x_i^{k+1} = x_i^k + \delta_i \tag{8-14}$$

$$\delta_i = \alpha \times s_i \oplus (x_i^k - x^{\text{best}}) \tag{8-15}$$

式中，$\alpha > 0$ 为步长，由问题的规模决定；δ_i 为需进行的位置变化量；$\oplus$ 为矩阵乘法；s_i 为服从均匀分布的随机数；x^{best} 为鸟蛋的最优位置。

　　随机步长由对称 Lévy 分布产生，有

$$s_i = \frac{u}{|v|^{1/\beta}} \tag{8-16}$$

式中，$u = [u_1, u_2, \cdots, u_d]$、$v = [v_1, v_2, \cdots, v_d]$ 为 D 维空间的向量；$\beta = 3/2$。u 和 v 的每个分量服从如下的正态分布：

$$u \sim N(0, \sigma_u^2), v \sim N(0, \sigma_v^2) \tag{8-17}$$

$$\sigma_u \sim \left\{ \frac{\Gamma(1+\beta) \cdot \sin(\pi \cdot \beta / 2)}{\Gamma[(1+\beta)/2] \cdot \beta \cdot 2^{(\beta-1)/2}} \right\}^{1/\beta}, \quad \sigma_v = 1 \tag{8-18}$$

　　Lévy 飞行包括随机定向且无特征尺度的直线运动序列，每段序列的步长满足重尾分布。经常发生的相对较短的直线运动会间歇性地由较少出现的步长较长的运动代替。Lévy 飞行可以确保搜索整个空间，因此布谷鸟能够在搜索空间进行比标准高斯随机过程更有效的搜索。

　　3) 极限学习机算法

　　极限学习机(extreme learning machine, ELM)算法是黄光斌教授在 2004 年提出的，是一种快速高效的单层前馈神经网络算法。ELM 算法的本质是基于线性参数模式求解输出权重的智能算法。由于输入权值和隐藏层阈值是随机给定的，隐藏层节点的个数对模型的性能有很大的影响。对于单隐藏层前馈神经网络(SLFN)，ELM 算法利用隐藏层数进行网络训练，大大减少了训练时间和降低了计算复杂

度。ELM 算法的主要思想是随机设置网络权值，得到隐藏层的逆输出矩阵。ELM 算法与其他学习模式相比，具有操作速度极快、精确度更高的优点，在许多领域得到了广泛的应用。在实际的极端学习训练过程中，ELM 算法只需确定隐藏层中的神经元数目即可。因此，在不调整输入层神经元与隐藏层神经元之间的连接权以及隐藏层神经元的偏差的情况下，可以计算隐藏层输出矩阵。

设 N 组初始训练集为 (x_i, t_i)，输入层为 $x_i = [x_{i1}, x_{i2}, \cdots, x_{in}]^{\mathrm{T}} \in R^n$，目标输出层为 $t_i = [t_{1i}, t_{2i}, \cdots, t_{mi}]^{\mathrm{T}} \in R^m$，隐藏层含有 L 个节点，其激活函数 $g(x)$ 的表达式如下：

$$\sum_{i=1}^{L} \boldsymbol{\beta}_i g_i(x_i) = \sum_{i=1}^{L} \boldsymbol{\beta}_i g(w_i x_j + b_i) = y_j, \quad j = 1, 2, \cdots, N \tag{8-19}$$

式中，L 为节点个数；y_j 为使用 ELM 模型的输出向量；$\boldsymbol{\beta}_i$ 为连接隐藏层与输出层的权重向量；w_i 为连接隐藏层与输入层的权重向量；b_i 和 $g(w_i \cdot x_j + b_i)$ 分别为隐藏层节点 i 的阈值和输出值。

ELM 算法的目标是寻找一个合适的 $\boldsymbol{\beta}$、w 和 b 集合来逼近所有训练样本集，且误差为零。

$$\sum_{j=1}^{N} \left\| t_j - y_j \right\| = \sum_{j=1}^{N} \left\| t_j - \sum_{i=1}^{L} \boldsymbol{\beta}_i g(w_i x_j + b_i) \right\| = 0 \tag{8-20}$$

式 (8-20) 可表示为

$$\boldsymbol{H}\boldsymbol{\beta} = \boldsymbol{T} \tag{8-21}$$

$$\boldsymbol{H} = \begin{bmatrix} g(w_1 x_1 b_1) & g(w_2 x_1 b_2) & \cdots & g(w_L x_1 b_L) \\ g(w_1 x_2 b_1) & g(w_2 x_2 b_2) & \cdots & g(w_L x_2 b_L) \\ \vdots & \vdots & & \vdots \\ g(w_1 x_N b_1) & g(w_2 x_N b_2) & \cdots & g(w_L x_N b_L) \end{bmatrix}_{N \times L} \tag{8-22}$$

$$\boldsymbol{\beta} = [\boldsymbol{\beta}_1, \boldsymbol{\beta}_2, \cdots, \boldsymbol{\beta}_L]_{L \times 1}^{-1}, \quad \boldsymbol{T} = [t_1, t_2, \cdots, t_L]_{L \times 1}^{-1} \tag{8-23}$$

式中，$\boldsymbol{H}$ 为隐藏层的输出矩阵；$\boldsymbol{\beta}$ 为连接隐藏层节点和输出层神经元的权重向量；$\boldsymbol{T}$ 为目标输出。

当激活函数无穷可微时，ELM 算法可通过搜索线性方程最小的范数最小二乘解，输出隐藏层的解。

$$\left\| \boldsymbol{H}\hat{\boldsymbol{\beta}} - \boldsymbol{T} \right\| = \min_{\boldsymbol{\beta}} \left\| \boldsymbol{H}\boldsymbol{\beta} - \boldsymbol{T} \right\| \tag{8-24}$$

$$\boldsymbol{H\beta}=\boldsymbol{T}$$

$$\hat{\boldsymbol{\beta}} = \boldsymbol{H}^{\mathrm{T}}\boldsymbol{T} \tag{8-25}$$

式中，$\boldsymbol{H}^{\mathrm{T}}$ 为隐藏层矩阵的 Moore-Penrose 广义逆矩阵；$\hat{\boldsymbol{\beta}}$ 为 $\boldsymbol{\beta}$ 的最优解。

2. 基于 EEMD-CS-ELM 的风光出力预测模型

在 ELM 模型中，确定隐藏层节点数后，随机确定网络结构的输入权值和隐藏层偏差，使得模型本身的稳定性受到影响。采用 CS 算法对 ELM 算法改进后，自适应地选择 ELM 模型的隐藏层节点数和输入权值及阈值，具体流程图如图 8-1 所示。

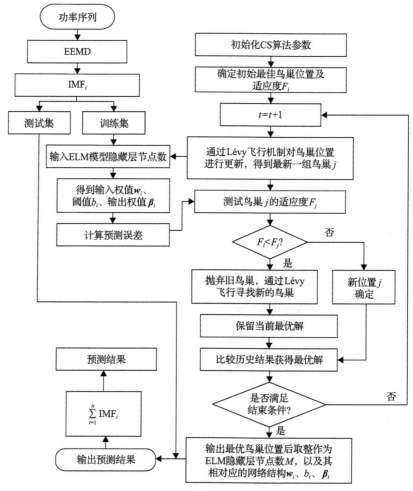

图 8-1　EEMD-CS-ELM 计算流程图

（1）设置 CS 算法参数。设置鸟巢被发现的概率参数 p_f，初始生成 N 个鸟巢位置 $\text{nest}_0 = \left[x_1^0, x_2^0, \cdots, x_N^0 \right]$，向上取整后作为 ELM 模型隐藏层节点数的 N 个不同的取值，输入样本并计算数据的均方根误差（RMSE）作为最对应的适应度值 F_0，最大迭代次数为 max_it。

（2）选取上一次最优鸟巢位置 x_i，根据 Lévy 飞行机制搜索鸟巢位置 j，取整后作为 ELM 模型的隐藏层节点数，计算 F_j，与 F_i 进行比较，保留最优适应度。

（3）产生的随机数 p_r 与 p_f 比较，若 $p_r > p_f$，则随机选择鸟巢位置，并替换鸟巢中最差的一项，否则不做改变。

（4）满足迭代次数后停止搜索。

（5）选择适应度最小的点作为 ELM 模型的隐藏层节点数 M，输出所对应的 w_i、b_i、β_i。

8.2.2　计及 CVaR 的虚拟电厂日前交易优化模型

结合风电和光伏预测出力与实际出力的偏差，对 CvaR 值进行改进，风电的出力偏差可表示为

$$g'_{\text{WPP}} = g_{\text{WPP}} - g^{\text{f}}_{\text{WPP}} \tag{8-26}$$

式中，g_{WPP} 为风电出力实际值；$g^{\text{f}}_{\text{WPP}}$ 为风电出力的预测值，服从正态分布 $N(0, \sigma^2_{\text{WPP}})$，则概率密度函数满足：

$$f(g'_{\text{WPP}}) = \frac{1}{\sqrt{2\pi}\sigma_{\text{WPP}}} e^{-\frac{g'^2_{\text{WPP}}}{2\sigma^2_{\text{WPP}}}} \tag{8-27}$$

同理，光伏出力预测偏差的概率密度函数满足：

$$f(g'_{\text{PV}}) = \frac{1}{\sqrt{2\pi}\sigma_{\text{PV}}} e^{-\frac{g'^2_{\text{PV}}}{2\sigma^2_{\text{PV}}}} \tag{8-28}$$

式中，g'_{PV} 为光伏出力预测偏差。

考虑虚拟电厂中风电机组与光伏机组均为虚拟电厂出力的必要组件，其出力曲线可看作风电机组与光伏机组共同出力的结果，且为了简化模型计算，其共同出力的偏差可表达为

$$\varphi_{\text{WPP,PV}} = g^*_{\text{WPP,PV}}(t) - E\left\{ g^*_{\text{WPP,PV}}(t) \middle| g^*_{\text{WPP,PV}}(t) \leqslant \text{VaR}_\alpha\left[g^*_{\text{WPP,PV}}(t) \right] \right\} \tag{8-29}$$

式中，$\varphi_{\text{WPP,PV}}$ 为风光共同出力的预测误差；$g^*_{\text{WPP,PV}}(t)$ 为 t 时刻风光共同出力。

此时，由于风电与光伏在出力特性上无联系，则根据卷积公式，$g_{\mathrm{WPP,PV}}^{*}$ 的概率密度分布函数为

$$f(z) = f(g_{\mathrm{WPP,PV}}^{*}) = \frac{1}{\sqrt{2\pi}\left(\sqrt{\sigma_{\mathrm{WPP}}^{2} + \sigma_{\mathrm{PV}}^{2}}\right)} \times e^{-\frac{(g_{\mathrm{WPP}}' + g_{\mathrm{PV}}')^{2}}{2(\sigma_{\mathrm{WPP}}^{2} + \sigma_{\mathrm{PV}}^{2})}} \tag{8-30}$$

且有

$$\mathrm{CVaR}_{\alpha} = \frac{\sqrt{\sigma_{\mathrm{WPP}}^{2} + \sigma_{\mathrm{PV}}^{2}}}{\alpha} f[c(\alpha)] \tag{8-31}$$

式中，$c(\alpha)$ 为标准正态分布 α 的百分位数。

考虑虚拟电厂参与日前市场的主要目的是提高分布式能源对电力市场的参与度，因此，本章在分布式可再生能源机组出力的基础上引入需求响应机制及储能等可控负荷，将其聚合为虚拟电厂以平衡其出力波动并进行调控。在分布式可再生能源机组发电侧接入储能机组后，可结合储能系统"低充高放"的灵活性，对多余出力进行储存，从而减少虚拟电厂竞标时的正偏差电量，且在竞标电量产生负偏差时，利用储能机组及可中断负荷机制，进行电量卖出及部分负荷的转移，减少在日前市场结算时的电量偏差惩罚成本。虚拟电厂的组成如图 8-2 所示。

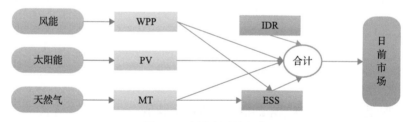

图 8-2　虚拟电厂的组成

考虑到日前市场的交易规则，虚拟电厂在交易日的前一日进行发电计划的申报。由于虚拟电厂的容量较小，其在市场中的竞争能力不强，且电量与容量对市场的价格出清不产生较大影响，在市场中往往作为"价格接受者"进行分析，因此，分析虚拟电厂的日前申报行为时，市场仅需对虚拟电厂的报量进行考虑。

基于图 8-2 虚拟电厂的组成及图 8-3 虚拟电厂参与日前市场的交易流程，为实现分布式能源的整合及调度，需考虑虚拟电厂中可再生能源的消纳水平。虚拟电厂参与市场交易时，也需考虑自身效益。而虚拟电厂作为市场价格的接受者，可通过降低运行成本来获取更多的市场利益。在日前申报发电计划后，独立调度机构(ISO)对市场所有报价/报量进行整合出力、集合优化，形成新的发电计划，结合 ISO 给出的发电计划，虚拟电厂根据目标对机组的出力做出调整。虚拟电厂

参与日前市场的交易流程如图 8-3 所示。

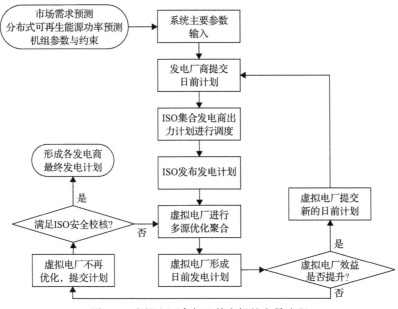

图 8-3　虚拟电厂参与日前市场的交易流程

结合虚拟电厂在日前市场中的交易需求，目标函数可表示为

$$F_1^{\mathrm{DA}} = \max\left(Q_{\mathrm{WPP}}^{\mathrm{DA}} + Q_{\mathrm{PV}}^{\mathrm{DA}}\right) \tag{8-32}$$

$$F_2^{\mathrm{DA}} = \min C_{\mathrm{VPP}}^{\mathrm{DA}} \tag{8-33}$$

式中，$Q_{\mathrm{WPP}}^{\mathrm{DA}}$ 为日前电力市场中风电电量；$Q_{\mathrm{PV}}^{\mathrm{DA}}$ 为日前市场中光伏电量。

虚拟电厂参与日前市场的总成本为

$$C_{\mathrm{VPP}} = C_{\mathrm{ESS}} + C_{\mathrm{WPP}} + C_{\mathrm{PV}} + C_{\mathrm{DR}} + C_{\mathrm{MT}} \tag{8-34}$$

$$C_{\mathrm{WPP}} = \sum_{t=1}^{T} C_{t,\mathrm{o}}^{\mathrm{WPP}} + C_z^{\mathrm{WPP}} + g_{\mathrm{WPP}}' \cdot p_{\mathrm{WPP}} \tag{8-35}$$

$$C_{\mathrm{PV}} = \sum_{t=1}^{T} C_{t,\mathrm{o}}^{\mathrm{PV}} + C_z^{\mathrm{PV}} + g_{\mathrm{PV}}' \cdot p_{\mathrm{PV}} \tag{8-36}$$

$$C_{\mathrm{MT}} = \sum_{t=1}^{T} \left(a_{\mathrm{MT}} P_{\mathrm{MT},t}^2 + b_{\mathrm{MT}} P_{\mathrm{MT},t} + c_{\mathrm{MT}}\right) \tag{8-37}$$

$$C_{\mathrm{ESS}} = \sum_{t=1}^{T} \left(p_t^{\mathrm{D,ESS}} \times Q_t^{\mathrm{char}} + C_{t,\mathrm{o}}^{\mathrm{ESS}}\right) \tag{8-38}$$

式中，$C_{t,o}^{WPP}$ 和 $C_{t,o}^{PV}$ 为风电和光伏机组在 t 时段的运行成本；C_z^{WPP} 和 C_z^{PV} 为风电和光伏机组的折旧成本；$g'_{WPP} \cdot p_{WPP}$ 与 $g'_{PV} \cdot p_{PV}$ 为风电与光伏机组的偏差成本；a_{MT}、b_{MT} 及 c_{MT} 为 MT 机组的成本参数；$P_{MT,t}$ 为 MT 在 t 时段的价格；$p_t^{D,ESS}$ 为 t 时刻储能买卖电能的价格；Q_t^{char} 为 t 时刻储能买入电能进行充电的电量；$C_{t,o}^{ESS}$ 为 t 时刻储能的运行成本。

模型求解过程中，考虑电力日前市场供需平衡与机组运行等约束，具体如下。

1) 电力日前市场供需平衡约束

具体情况如下：

$$D = Q_{WPP}^D + Q_{PV}^D + Q_{ESS}^D \tag{8-39}$$

式中，D 为用电需求；Q_{WPP}^D 为风电机组在日前市场的实际出力；Q_{PV}^D 为光伏机组在日前市场的实际出力；Q_{ESS}^D 为储能机组在日前市场的电能贡献量。实施需求响应，会带来电价的变化从而带来负荷量的平移，但不会引起负荷量的实际变化。

2) 机组运行约束

在满足供能量不能超过机组最大允许可发电量的基础上，发电商各运行机组仍需满足以下约束条件。

(1) 风电出力约束：

$$0 \leqslant P_{t,WPP} \leqslant P_{t,WPP}^{max} \tag{8-40}$$

式中，$P_{t,WPP}^{max}$ 为风电机组在 t 时刻的出力上限。

(2) 光伏发电约束：

$$0 \leqslant P_{t,PV} \leqslant P_{t,PV}^{max} \tag{8-41}$$

式中，$P_{t,PV}^{max}$ 为光伏机组在 t 时刻的出力上限。

(3) MT 机组约束。对于 MT 机组，主要考虑其功率约束及爬坡约束：

$$P_{MT,t}^{min} \leqslant P_{MT,t} \leqslant P_{MT,t}^{max} \tag{8-42}$$

$$P_{MT}^{down} \leqslant P_{MT,t+1} - P_{MT,t} \leqslant P_{MT}^{up} \tag{8-43}$$

式中，$P_{MT,t}^{min}$ 和 $P_{MT,t}^{max}$ 分别为 t 时段 MT 出力的下限与上限；P_{MT}^{up} 和 P_{MT}^{down} 分别为 MT 机组的上下爬坡功率。

(4)储能机组约束：

$$0 \leqslant P_t^{\text{ESS,ch}} \leqslant \delta_s P_{\max}^{\text{ESS,ch}} \tag{8-44}$$

$$0 \leqslant P_t^{\text{ESS,dis}} \leqslant (1-\delta_s) P_{\max}^{\text{ESS,dis}} \tag{8-45}$$

$$E^{\min} \leqslant E_t \leqslant E^{\max} \tag{8-46}$$

式中，$P_{\max}^{\text{ESS,ch}}$ 为储能设备最大充电功率；$P_{\max}^{\text{ESS,dis}}$ 为储能设备最大放电功率；δ_s 为储能系统的运行状态，充放电无法同时完成；$E^{\min}$ 与 $E^{\max}$ 为储能机组储能容量的最小值与最大值。

8.2.3　基于蚁群优化算法的多目标优化模型求解

本节构建的日前虚拟电厂优化交易模型包含了成本最小化与可再生能源消纳最大化目标，且受机组技术约束、运行约束及电量约束等，难以通过普通计算得到。蚁群优化算法(ACO)是结合自然界蚁群觅食行为的仿生算法。在蚁群优化算法中，蚂蚁走过的路径代表问题的可行解，所有存在的路径构成了优化问题的可行解空间。其中，较短的路径可释放更多的信息素，随后，更多的蚂蚁会选择此路径，经过一定次数的迭代之后，筛选出全局的最优路径。在蚁群觅食行为中，群体间的交流因素仅为信息素的浓度，使得蚁群优化算法具备较强的全局搜索能力，是一种分布式的并行算法。因此，蚁群优化算法由于较好的全局搜索能力可较好地解决虚拟电厂的多目标交易优化问题。

在采用蚁群优化算法求解日前虚拟电厂交易优化的多目标模型时，主要影响参数有蚂蚁个体的状态转移概率及信息素更新规则等。

1)状态转移概率

在蚁群觅食过程中，蚂蚁的行为受信息素浓度影响，其路径选择也会发生相应变化，蚂蚁 a 从节点 i 转移到节点 j 的概率可表示为

$$P_{ij}^a(t) = \begin{cases} \dfrac{\tau_{ij}^\alpha(t)\eta_{ij}^\beta(t)}{\displaystyle\sum_{j \in S_a^c} \tau_{ij}^\alpha(t)\eta_{ij}^\beta(t)}, & j \in S_a^c(t) \\[4mm] 0, & \text{其他} \end{cases} \tag{8-47}$$

式中，$\tau_{ij}^\alpha(t)$ 为 t 时刻蚂蚁 a 从节点 i 转移到节点 j 的路径上的信息素；$\eta_{ij}^\beta(t)$ 为选择从节点 i 到节点 j 的期望程度，路径越长，则越偏移最优解，即期望越小；$S_a^c(t)$ 为蚂蚁 a 从节点 i 到节点 j 中可以到达的地点集合。

2）信息素更新规则

每只蚂蚁在到达食物点时，都会在其行走过的路径上留下信息素，即这条路径的信息素浓度提高，则该路径上信息素的变化可表示为

$$\tau'(a) = \begin{cases} \alpha_1 \Delta\tau_j(a) + (1-\alpha_1)\tau(a), & \tau_j > \tau_i \\ (1-\alpha_1)\tau(a), & \tau_j \leqslant \tau_i \end{cases} \quad (8\text{-}48)$$

式中，$\tau'(a)$ 为蚂蚁 a 最新位置上的信息素浓度；α_1 为该条路径上原有信息素的挥发系数；$\Delta\tau_j(a)$ 为本次迭代中最优路径代表的蚂蚁所留下的信息素；$\tau(a)$ 为上次迭代后的最优路径所属蚂蚁的信息素。

蚁群优化算法求解虚拟电厂在日前市场交易优化模型的流程如图 8-4 所示。

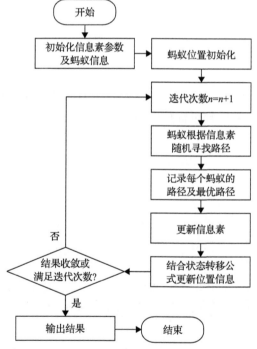

图 8-4　蚁群优化算法求解虚拟电厂在日前市场交易优化模型的流程

8.3　算　例　分　析

8.3.1　风光出力预测结果

关于风电功率取样，以我国西北部地区某 10MW 风电站 2019 年 7 月的数据

作为训练数据，选择 2019 年 8 月 2 日的风电出力功率作为检测数据。对于光伏电站的取样仍以当地总容量为 5MW 的光伏电站集在 2019 年 6～7 月的数据为计算依据，并选择当年 8 月 3 日为光伏功率的预测日。

采用 EEMD 对已选定的风电与光伏出力集的功率信号序列进行分解。由于雨雪天气与多云天气下，光伏发电功率序列稳定性较差，因此，为全面体现虚拟电厂在日前市场的调度特征的客观性，以正常天气的风电出力为例，输入 EEMD 模型，共分解得到 12 个 IMF 分量和一个残差分量 r，光伏序列分解后，得到 11 个 IMF 分量和一个残差分量 r。风电与光伏出力序列的分解结果如图 8-5 和图 8-6 所示。

为证实本书所提方法的可行性，选择反向传播神经网络(BPNN)、支持向量机(SVM)和 CS-ELM 预测模型进行预测效果的对比，如图 8-7 所示。

在得到结果后，将平均百分比误差(MAPE)、均方根误差(RMSE)及确定系数 R^2 作为评价预测模型效果的指标，对预测结果实施检验。MAPE 可以反映误差的总体水平，RMSE 可以反映误差的离散程度。MAPE、RMSE 和 R^2 的表达如下：

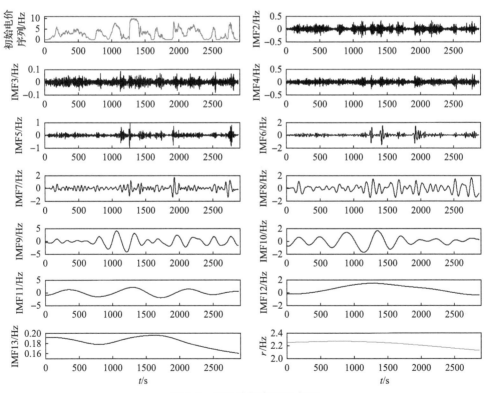

图 8-5　风电分解序列示意图

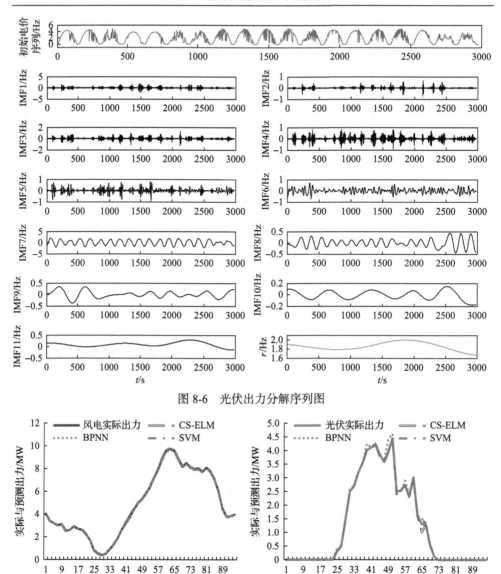

图 8-6　光伏出力分解序列图

图 8-7　多种预测方法下的风光出力预测结果(扫码见彩图)

$$
\text{RMSE} = \sqrt{\frac{1}{n}\sum_{i=1}^{n}(x_i - x_i')^2} \tag{8-49}
$$

$$
\text{MAPE} = \frac{1}{n}\sum_{i=1}^{N}\left|\frac{x_i' - x_i}{x_i}\right| \times 100\% \tag{8-50}
$$

$$R^2 = \frac{\sum_{i=1}^{n}\left(p_i' - \overline{p_i}\right)^2}{\sum_{i=1}^{n}\left(p_i - \overline{p_i}\right)^2} \tag{8-51}$$

式中，x_i 为实际的出力功率；x_i' 为预测的出力功率；n 为数据量；p_i' 为预测的出力；p_i 为实际出力；$\overline{p_i}$ 为实际出力均值。风电和光伏功率各预测方法的 RMSE、MAPE 及 R^2 值如表 8-1 和表 8-2 所示。

表 8-1　风电功率预测误差检验情况

误差	预测方法		
	CS-ELM	BPNN	SVM
MAPE/%	8.32	34.20	21.56
RMSE	9.4	11.21	17.33
R^2	0.92	0.76	1.18

表 8-2　光伏功率预测误差检验情况

误差	预测方法		
	CS-ELM	BPNN	SVM
MAPE/%	7.68	16.7	18.77
RMSE	16.13	19.62	23.82
R^2	0.95	0.82	1.33

由表 8-1 及表 8-2 可见，所提的 CS-ELM 方法在三种误差检验指标中都表现良好，其预测精度均高于其他模型，其误差指标数值也均小于其他模型，进一步证明了模型的有效性。

8.3.2　虚拟电厂日前交易结果分析

虚拟电厂参与日前市场交易时，其内部的风、光出力均需要满足整体经济效益最优，有效实现虚拟电厂整体收益最大的目标。因此，结合 CvaR 方法的风险价值理论，在目标函数中考虑风险带来的惩罚因子，则虚拟电厂的目标函数 2 可写为

$$F_2^{\mathrm{DA}} = \max(C_{\mathrm{VPP}}^{\mathrm{DA}} + \varphi_{\mathrm{WPP,PV}} \cdot \lambda) \tag{8-52}$$

式中，λ 为考虑风光出力偏差风险时的风险惩罚项中的惩罚因子。

　　结合 8.3.1 节的风光预测结果，接入 10MW 的储能装置及 10WM 的微型燃气轮机，并分析考虑不确定性风险下的虚拟电厂日前交易行为，计算置信度分别为 0.92、0.95 和 0.98 下的虚拟电厂日前交易结果。其中，MT 机组的成本参数分别为 2.5 元/MW^2、30 元/MW、与 0 元，爬坡速率为 3MW/h，故障率为 0.5%。风电的成本电价约为 234 元/(MW·h)，光伏的成本价格为 276 元/(MW·h)，储能装置的初始容量为 1.5MW·h，充放电效率为 95%。由于 8.3.1 节中，对于风光预测的时间尺度为 15min 的日前市场交易，后面将以风电与光伏在 1h 时内的平均预测出力进行进一步分析，图 8-8 为风光出力情况预测。

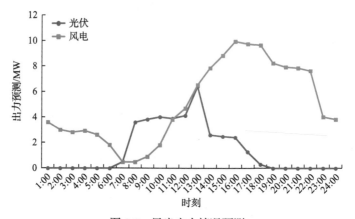

图 8-8　风光出力情况预测

　　由于分布式电源的整体容量偏小，虚拟电厂在电力市场交易中的体量较小，对于市场出清影响不大，在市场中常作为"价格接受者"。因此，在本节算例中，虚拟电厂在日前市场中的竞标行为仅通过报量进行考虑。表 8-3 为风电与光伏出力分布数据。

表 8-3　风电与光伏出力分布数据

	风电	光伏机组	风光联合计算
方差/MW^2	24.72	16.4	29.67
均值/MW	9.434	6.71	8.072

　　日前市场的出清价格以北欧地区市场 2020 年 4 月某日的市场运行结果为依据进行处理，虚拟电厂日前市场负荷预测及 ISO 调整后的发电计划如图 8-9 所示。

　　申报时，虚拟电厂根据日前市场的负荷预测量进行申报，其内部运行按照成本最小与可再生能源消纳量最大的双目标函数进行计划调度，各类机组申报情况如图 8-10 所示。

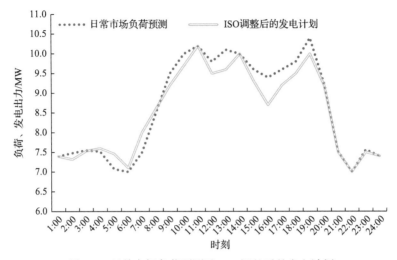

图 8-9　日前市场负荷预测及 ISO 调整后的发电计划

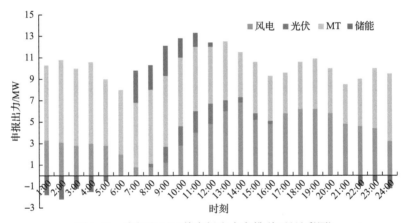

图 8-10　虚拟电厂日前申报出力安排(扫码见彩图)

　　申报后,市场 ISO 结合各发电商的申报出力及电量计划进行集合调整,并发布更新后的出力计划,虚拟电厂结合更新后的出力计划及目标函数对各机组的出力安排进行调整,最终出力计划如图 8-11 所示。

　　由图 8-9~图 8-11,虚拟电厂在调整出力计划时,主要调整的是 MT 机组及储能装置,这也是因为风光出力存在相关的不确定性,且 MT 机组及储能装置存在调整迅速的特点。此外,结合图 8-8,可见虚拟电厂在进行发电计划申报时,风光机组的申报出力较可用出力具有一定差距,这是由于风光出力的成本电价高于MT 机组,也考虑到了为克服风光出力不确定性的相关备用成本。此时,虚拟电厂所报出力计划的总运行成本为 50846.65 元。

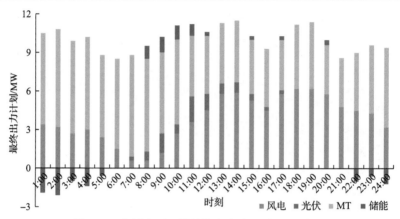

图 8-11　　虚拟电厂日前最终出力计划(扫码见彩图)

8.3.3　不同置信水平对交易结果的影响

考虑虚拟电厂的风险偏好，以不同置信水平设置情景，对不同置信水平下虚拟电厂的运行成本进行多情景分析。基于 8.1.2 节对虚拟电厂参与日前市场中的风险分析可知，风光的出力偏差对虚拟电厂的日前交易产生一定影响。为了应对虚拟电厂中风光出力的不确定性，虚拟电厂选择增加相应的备用容量，来降低市场风险。因此，选择置信水平为 0.92、0.95 和 0.98 下的虚拟电厂日前交易结果进行进一步分析。

由表 8-4 可见，随着置信水平的逐步提高，虚拟电厂为了应对可再生能源出力的不确定性，通过利用储能及 MT 机组为分布式风电与光伏出力提供了备用服务，使成本也不断上升。由图 8-12 可知，随着置信水平的提高，分布式可再生电力在日前市场中的成交量也出现了一定程度的减少，即为了降低不确定性，减少风光的中标量，通过缩小其计划出力与实际出力的偏差，进一步降低了惩罚成本。因此，虚拟电厂在参与日前市场时，需要综合考虑分布式风光的出力量与置信水平，以便进一步实现虚拟电厂经济性与风险规避之间的协调平衡。图 8-12 为不同置信水平下分布式可再生能源的出力比较。

表 8-4　　不同置信水平下的虚拟电厂运行成本分析

置信水平	虚拟电厂运行成本/元
未考虑	50846.65
0.92	64376.17
0.95	69072.27
0.98	79508.05

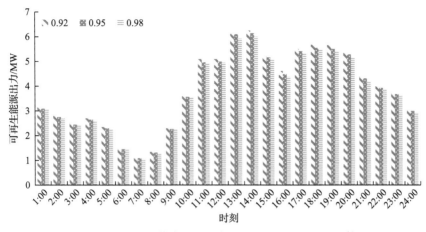

图 8-12　不同置信水平下分布式可再生能源的出力比较

第9章 虚拟电厂参与日内-实时协同交易优化模型

近年来，智能计量技术及互联网通信技术等的不断发展，推动了分布式可再生能源在电力系统中的良性互动与良性发展。随着电力市场化改革的进一步推进，可再生能源参与电力市场逐渐成为未来市场化改革的一个重要方向。虽然短期内分布式可再生能源的电力市场参与度不高，但分布式可再生能源参与市场交易、结合市场达到资源最优配置才是实现分布式可再生能源未来长久发展的最优路径。虚拟电厂通过聚合多种分布式能源实现了电力市场的交易准入，并结合自身灵活调控、协同耦合的特点丰富了市场交易类别。虚拟电厂基于分布式资源及可控负荷的灵活性，在电力现货市场中可灵活调节各组件出力，实现自身参与市场交易的收益最大化。因此，本章结合含储能及需求响应的虚拟电厂，重点考虑分散式电力市场下，虚拟电厂在电力日内、实时市场中的电量调整行为等，实现虚拟电厂参与电力短期-超短期交易行为的优化。

9.1 电力日内-实时市场概述

当前我国电力市场建设的重点落在现货市场的设计及运行上，已有的 8 个现货市场试点大多采用了日前市场提前申报、实时市场平衡调节的模式。其中，山东、山西及蒙西三地，设计日内市场对日前市场与实时市场进行衔接。电力市场化改革的另外一个重要目标是提高可再生能源的市场参与程度，而可再生能源出力的不确定性将增加并网成本。此外，可再生能源边际运行成本低，将有效降低市场价格，为市场带来套利可能。因此，为了平衡计划与市场间的电量偏差及降低可再生能源的并网风险，应增加市场层级进行平衡调节。日内市场将日前计划与实时调整进行关联，以日内 1h 或几小时为调整间隔，可以有效实现市场主体与投标策略的修改，优化市场架构，提高传统机组及可再生能源机组的参与积极性。

9.1.1 日前市场与日内市场关联分析

电力现货市场中，日内市场与日前市场占比最高。日前市场在交易日的前一天将各参与主体的报价报量撮合并进行出清，可精确到次日交易的每个小时的出力情况，而日内市场则可对当天市场的负荷及出力变化做进一步调整。对于发电商而言，若日前电量高于此时段的负荷，则日内市场可以通过买入减出力实现平衡；若日前电量低于此时段的负荷，则日内市场可通过买入增发达到平衡。由此可见，日内市场的交易规模较为稳定，大约为总交易量的 2%以内，主要为市场成员微调发用电计划而运行，有利于市场进一步优化资源配置、促进可再生能源的消纳。在部分电力市场的建设过程中，采用了"日前+日内"或"日前+日内+实时"市场相结合的现货市场机制。

1）北欧电力市场的平衡机制

北欧电力市场由挪威、瑞典、芬兰和丹麦四个国家组成，统一运行，是以现货市场为基础，以调峰辅助服务市场与金融结算为补充的跨国区域电力市场。由于市场组成中存在国家单位，市场中设计各国价区。现货市场由日前市场、日内市场与平衡市场组成，其中日前市场电量占比最高，日内市场与平衡市场的交易占比很低。

北欧市场的日前与日内市场主要考虑不同价区间联络线的潮流限额，具体的物理模型及约束在平衡市场得以实施。在北欧电力市场中，平衡市场的报价在日内市场关闭后经调度机构整理对次日可能出现的不平衡量进行排序匹配。在电网实时运行中，以总费用最小的原则对平衡市场的报价进行调用，并进行事后结算。

2）内蒙古电力市场日前与日内市场的联合运行机制

内蒙古电力市场以中长期电力市场为核心，现货市场在中长期电力市场电量分解的基础上，进行日前与日内的调整执行。内蒙古电力市场日内电能量现货交易实施细则中提到，日内交易在交易执行时刻前 4h 组织开展，每 4h 为一个日内交易周期，每 15min 为一个交易出清时段，每个日内交易周期含有 16 个交易出清时段。日前市场以次日出力预测为基础编制日前计划，日内市场指导日内电量的偏差调整，实现了市场对电网日前、日内运行的直接调整优化。而且，结合内蒙古地区的电力禀赋特征，中长期电力市场交易无法完全保证风光等可再生能源出力的稳定性，因此需要开展日前及日内市场进行电量调整，实现多级市场的衔接，提高电网的调节能力。

9.1.2　日前市场与实时市场关联分析

实时市场的作用主要在于保障系统的实时平衡，结合超短期下的负荷预测及出力预测与实际情况的偏差，提前将此偏差通过常规机组/备用单元进行及时调节，此类规避现货市场最短时期偏差的方式为实时平衡。借由实时市场的平衡机制，许多电力市场的建设中往往采用"日前+实时"的耦合模式，发电商在日前市场中进行提前一天的出力报价，进而在实时市场中对电量偏差及时做出调整。

1) 美国 PJM 市场

美国 PJM(Pennsylvania-New Jersey-Maryland)市场主要采用了"日前+实时"的现货市场运行结算方式。由于 PJM 市场整体采用了"全电量报价"的形式,日前市场中,发电商可基于全市场的负荷需求进行电量及价格申报,并以日前的节点边际电价为参考进行结算估计。在运行当日,PJM 市场对负荷进行超短期预测,并以此对市场运行进行资源调度。以 5min 为一个滚动周期,周期内滚动出清下一周期的实时成交电量及价格信息。由于日前市场的计划电量与实时市场形成的实际出力间存在一定差异,因此,在结算时,实时市场中的偏差电量以实时中标电价结算,日前电量以日前价格结算,中长期合约交易的电量以差价合约的形式由购售双方进行自行结算。

2) 英国电力市场实时平衡机制

英国电力市场以双边交易为主,即中长期电力市场为主要电量交易来源,现货市场为辅,主要负责调整短时间内的电量偏差。英国现货市场主要由日前集中竞价市场与平衡市场组成。日前集中竞价市场由英国 APX 电力公司(APX power UK)和英国电力交易市场(N2EX)两个电力交易所组织,市场出清不考虑网络约束及机组的物理参数。因此,调度机构要针对电网运行的安全稳定性,对日前市场运行过程中电网的平衡与安全问题进行分析,引导成员调整交易。调度机构每日上午提前公布全网及分区的负荷预测信息,并根据市场成员提交的初始电力曲线进行次日的系统平衡裕度分析,并于 16:00 根据市场主体的申报内容,提出系统平衡裕度与次日发电计划。针对电力供应不足的情况,发布电力不足及限电警告,市场成员判断电价上涨,则可下调负荷需求。若电网存在阻塞,则引导市场成员调整交易计划,减小实际出力与合同约定电量的偏差。

为了解决英国电力市场可能导致的低效率调度优化问题,通过设置平衡机制,对每个时段的系统不平衡量进行调整。平衡市场的设置在于为调度部门提供交易 1h 前调整偏差的手段,也为市场成员提供了不平衡电量的价格结算机制。

9.1.3　虚拟电厂日内市场交易博弈行为分析

1. 博弈理论

博弈理论也称对策论,是现代数学的一个重要分支,主要是用于研究当多个决策主体之间存在利益关联甚至冲突时,各决策主体如何根据自身能力及所掌握的信息,做出有利于自己或决策者群体的决策的一种理论。博弈理论致力于为多方共同参与问题给出解决方案。在博弈问题中,必须考虑其他参与者的行动决策。

博弈理论的参与者为参与博弈的对象，策略集合为参与者在了解其他参与者的信息后做出决策的集合，收益函数是每个参与者提出的策略在博弈或决策后取得的收益情况。每个参与者也决定着下一阶段决策的走向，博弈均衡为博弈最终达到的一个被所有参与者所接受的平衡状态，假设参与者都追求更高的收益，并且各参与者会适当分享相关信息以及决策方向。博弈的类型分为合作博弈、非合作博弈等[64,65]，本节根据不同博弈行为的相关特性进行了具体分类，如图 9-1 所示。

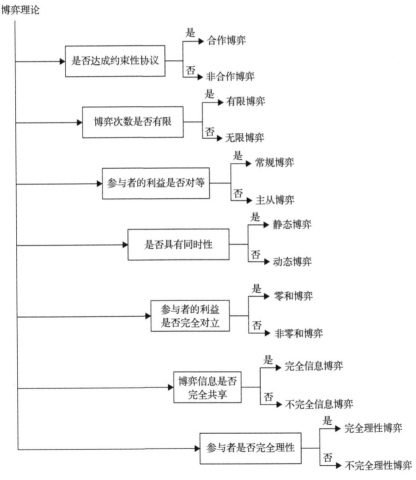

图 9-1 博弈理论分类

随着博弈理论的不断发展，其不仅在经济、金融领域具有重要意义，在电力市场交易中也具有良好的应用。博弈理论通过考虑其他竞争者的交易行为，帮助市场参与主体进行交易决策，从而实现多方共赢。

2. 主从博弈理论

斯塔克尔伯格模型（主从博弈模型）(Stackelberg model)是一个产量竞争的"领导—跟随"模型。该模型中存在一个领导性厂商和诸多跟随性厂商，领导性厂商首先决定产量，跟随性厂商在观察到这个产量后作出产量决策。主从博弈与古诺模型(Cournot model)均为寡头竞争模型，其区别在于决策的时序性。在主从博弈中，领导者与跟随者的决策行动存在次序的差异，即有一方具有先决权，后行动方可根据先行动方的动向进行决策，以实现自身决策优化。主从博弈的相关特征如下。

(1)主从博弈中，参与者通常为同行业中的两个寡头。

(2)主从博弈是动态博弈行为，其参与者存在先后行动的次序差异。一般，先行动者为领导者，后行动者为跟随者。

(3)主从博弈为非合作博弈，参与双方间无特定协同关系。

(4)主从博弈中的跟随者可以观察到领导者的决策从而对自身决策进行优化，而领导者也可根据跟随者的行为举动对自身决策进行调整，领导者和跟随者在动态博弈中可以实现均衡，即模型存在均衡解。

3. 虚拟电厂参与日内市场的主从博弈交易思路

在虚拟电厂参与电力现货市场交易中，主从博弈模型可用于短期市场内虚拟电厂的交易及调节问题。在日内市场中，虚拟电厂可看作领导者，而虚拟电厂在参与市场交易时，面临着偏差调整的相关目标；储能系统可根据虚拟电厂的计划变动进行充放电策略的制定，可看作主从博弈中的跟随者。作为领导者，虚拟电厂可以制定各单元的出力计划，结合市场价格的变化，实现对储能系统的高效利用；作为市场中的价格接受者，储能系统在价格合适的时段进行充电，并结合虚拟电厂的充放电计划获得收益。虚拟电厂与储能系统的主从博弈关系如图9-2所示。

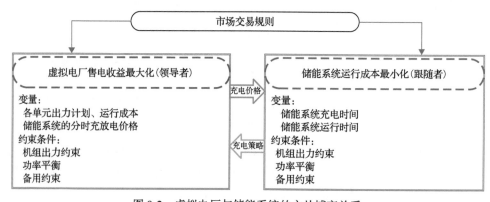

图 9-2　虚拟电厂与储能系统的主从博弈关系

由图 9-2 可见，虚拟电厂参与日内市场时，可结合主从博弈理论对交易行为进行优化。虚拟电厂作为领导者，在日内市场中制定各单元的出力计划并设计储能系统的分时充放电价格，储能系统作为跟随者，根据分时电价制定充电策略，以实现自身充电及运行成本的最小化。虚拟电厂和储能系统在调整过程中进行动态博弈直至达到平衡。

9.2　虚拟电厂参与多级电力市场交易建模

9.2.1　虚拟电厂参与日前-日内-实时市场交易

虚拟电厂在电力市场中以收益最大化为目标参与竞价，需要考虑自身出力的不确定性。虚拟电厂在日前市场中标后，由于其内部分布式可再生能源的出力特性，若实际出力大于日前竞得的出力，将受到超发惩罚，而若实际出力小于日前竞得的出力，需要结合实时市场进行购电或受到经济惩罚。日内市场及实时市场可根据实际交易情况，及时进行电量调整及备用调用等，减小虚拟电厂的出力偏差，从而实现交易行为优化。图 9-3 为虚拟电厂参与三阶段现货市场交易。

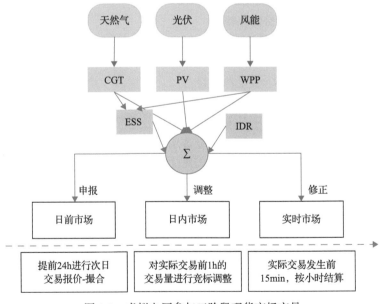

图 9-3　虚拟电厂参与三阶段现货市场交易

（1）第一阶段，日前市场（24h）。虚拟电厂在当日日前电力市场交易关闭前，对次日的出力情况进行预测，向市场中的 ISO 提交次日 24h 的竞标信息，一般为价格与电量的组合报价。考虑到虚拟电厂中大部分电量由分布式可再生能源机组出力，边际出力成本低，在现货市场竞争中具有一定优势，在市场中可看作"价格接受者"，在报价中可报低价，通过市场统一出清电价获取收益。日前市场在闭市后对所有市场参与者的报价及市场需求进行匹配，出清日前市场电价。

(2)第二阶段，日内市场(1h)。在日内交易中，虚拟电厂对自身当日出力的预测会更为精确，也可重新安排自身出力计划，并通过日内市场进行电量交易，实现偏差调整，且此时虚拟电厂已知日前市场的出清结果。随着日内市场中逐个交易时段的开启，虚拟电厂可根据市场发布的最新需求及对自身出力更为精确的预测，重新制定下一个报价时段的报价策略。

(3)第三阶段，实时市场(15min)。在实时市场中，虚拟电厂内部的风光出力仍可能存在偏差，此时，虚拟电厂需承担平衡可再生能源出力所产生的平衡费用。在实时市场的结算中，若虚拟电厂实际出力大于计划出力(正偏差)，过剩电量将以低于实时市场出清价的价格进行回收；若虚拟电厂出力小于计划出力(负偏差)，不足电量将以高于实时市场出清价的价格进行复购。由于虚拟电厂包含储能系统、需求响应等可控负荷，其在实时市场中的偏差也可通过可控负荷进行响应平衡。

因此，虚拟电厂参与电力市场交易时，在日前进行价格与电量的申报，在日内进行短期的出力调整，并在实时市场进行备用调整。

9.2.2　虚拟电厂多阶段交易优化模型

1. 日前市场交易优化模型

日前市场中，虚拟电厂通过预测自身出力，以参与市场运行的收益最大为目标，对虚拟电厂的出力调度进行优化。日前市场基于市场提前一天公布的负荷及对自身出力的预测信息，给出日前市场的报价及电量曲线。与日内或实时市场相比，此时出力偏差必然较大，即此阶段备用成本更高，因此，在日前市场阶段暂不考虑虚拟电厂参与交易的备用成本，其日前优化目标函数可表达为

$$\max F_{\mathrm{VPP}}^{\mathrm{DM}} = \max(R_{\mathrm{VPP}} - C_t^{\mathrm{VPP}}) \tag{9-1}$$

$$R_{\mathrm{VPP}} = p^{\mathrm{DA}} \cdot Q^{\mathrm{DA}} + p^{\mathrm{LC}} \cdot Q^{\mathrm{LC}} \tag{9-2}$$

$$C_t^{\mathrm{VPP}} = \sum_{t=1}^{T} (C_t^{\mathrm{WPP}} + C_t^{\mathrm{PV}} + C_t^{\mathrm{CGT}} + C_t^{\mathrm{ESS}}) \tag{9-3}$$

$$C_t^{\mathrm{CGT}} = a_i + b_i g_{\mathrm{CGT},t} + c_i g_{\mathrm{CGT},t}^2 \tag{9-4}$$

$$C_t^{\mathrm{ESS}} = \sum_{t=1}^{T} C_{t,\mathrm{o}}^{\mathrm{ESS}} + C_{\mathrm{s}} \tag{9-5}$$

$$C_{t,\text{o}}^{\text{ESS}} = Q_{\text{ESS},t}^{\text{dis}} p_{\text{ESS},t}^{\text{dis}} \eta_{\text{ESS}}^{\text{dis}} - Q_{\text{ESS},t}^{\text{ch}} p_{\text{ESS},t}^{\text{ch}} \eta_{\text{ESS}}^{\text{ch}} \tag{9-6}$$

$$C_{\text{s}} = \sum_{t=2}^{T} \left\{ u_{\text{chr}}(t) \left[1 - u_{\text{chr}}(t-1) \right] + u_{\text{disc}}(t) \left[1 - u_{\text{disc}}(t-1) \right] \right\} C_{\text{ESS}}^{\text{on}} \tag{9-7}$$

式中，$F_{\text{VPP}}^{\text{DM}}$ 为虚拟电厂参与市场运行的收益；p^{DA} 为日前市场的电力出清价格；Q^{DA} 为虚拟电厂在日前市场的成交电量；p^{LC} 与 Q^{LC} 为虚拟电厂所签订的中长期合约的价格及日分解电量；$C_{t,\text{o}}^{\text{ESS}}$ 为储能系统的运行成本；$Q_{\text{ESS},t}^{\text{dis}}$ 和 $Q_{\text{ESS},t}^{\text{ch}}$ 分别为 t 时刻储能系统放电与充电的功率；$p_{\text{ESS},t}^{\text{dis}}$ 与 $p_{\text{ESS},t}^{\text{ch}}$ 分别为 t 时刻储能系统放电与充电的价格；$\eta_{\text{ESS}}^{\text{dis}}$ 与 $\eta_{\text{ESS}}^{\text{ch}}$ 为储能系统的能量转换效率；C_{s} 为储能系统输出时储能的损耗成本；$u_{\text{ch}}(t)$ 和 $u_{\text{dis}}(t)$ 为储能系统的充放电状态；$C_{\text{ESS}}^{\text{on}}$ 为储能系统的启停成本。

日前市场运行过程中，虚拟电厂还需满足以下约束条件。

1）虚拟电厂内部约束

参与市场交易时，虚拟电厂应注意内部功率平衡，有

$$G_t^{\text{WPP}} + G_t^{\text{PV}} + G_t^{\text{CGT}} + G_t^{\text{ESS}} + P_t^{\text{RM}} = L_t^{\text{in}} + L_t^{\text{M}} \tag{9-8}$$

$$L_t^{\text{M}} = Q_t^{\text{LC}} + Q_t^{\text{DA}} \tag{9-9}$$

式中，G_t^{WPP}、G_t^{PV}、G_t^{CGT} 为 t 时刻虚拟电厂中风电、光伏及燃气机组的出力；G_t^{ESS} 为 t 时刻储能系统的出力情况，储能系统具有充放电行为，即若 $G_t^{\text{ESS}} < 0$，表示储能系统处于充电状态，若 $G_t^{\text{ESS}} > 0$，代表储能系统处于放电状态，$G_t^{\text{ESS}} = 0$ 表示储能系统处于未工作状态；P_t^{RM} 为虚拟电厂为了平衡功率而发生的外部电网购电行为；L_t^{in} 为 t 时刻虚拟电厂内部的负荷需求，包括自用电量及电量损耗等；L_t^{M} 为 t 时刻日前市场电量负荷情况。

2）CGT 机组出力约束

具体约束如下：

$$s_{i,t}^{\text{CGT}} - s_{i,t-1}^{\text{CGT}} \leqslant s_{i,t}^{\text{CGT,start}} \tag{9-10}$$

$$s_{i,t-1}^{\text{CGT}} - s_{i,t}^{\text{CGT}} \leqslant s_{i,t}^{\text{CGT,shut}} \tag{9-11}$$

$$G_i^{\text{CGT,min}} s_{i,t}^{\text{CGT}} \leqslant G_{i,t}^{\text{CGT}} \leqslant G_i^{\text{CGT,max}} s_{i,t}^{\text{CGT}} \tag{9-12}$$

$$-\gamma_i^{\text{down}} \leqslant G_{i,t}^{\text{CGT}} - G_{i,t-1}^{\text{CGT}} \leqslant \gamma_i^{\text{up}} \tag{9-13}$$

$$T_{\min,i}^{\text{start}} s_{i,t}^{\text{CGT,start}} \leqslant \sum_{t=1}^{t+T_{\min,i}^{\text{start}}-1} s_{i,t}^{\text{CGT}} \qquad (9\text{-}14)$$

$$T_{\min,i}^{\text{shut}} s_{i,t}^{\text{CGT,shut}} \leqslant \sum_{t=1}^{t+T_{\min,i}^{\text{shunt}}-1} \left(1 - s_{i,t}^{\text{CGT}}\right) \qquad (9\text{-}15)$$

式中，$s_{i,t}^{\text{CGT}}$ 为 CGT 机组 i 在时刻 t 的启停状态，是 0-1 整数变量，0 代表 CGT 机组未启动，1 表示 CGT 机组处于工作状态；$s_{i,t}^{\text{CGT,start}}$ 和 $s_{i,t}^{\text{CGT,shut}}$ 为 CGT 机组 i 在时刻 t 的启动与停止状态；γ_i^{down} 和 γ_i^{up} 为 CGT 机组向下与向上的爬坡功率；$T_{\min,i}^{\text{start}}$ 和 $T_{\min,i}^{\text{shut}}$ 为 CGT 机组 i 的最小启停时间；$G_i^{\text{CGT,min}}$、$G_i^{\text{CGT,max}}$ 分别为 CGT 机组 i 最小及最大出力。

3）储能系统约束

虚拟电厂中，储能系统（ESS）的运行需要考虑最大充放电功率约束和自身蓄电池容量约束，具体如下：

$$g_{\text{ESS},t}^{\min} \leqslant g_{\text{ESS},t} \leqslant g_{\text{ESS},t}^{\max} \qquad (9\text{-}16)$$

$$S_{\text{ESS},t}^{\min} \leqslant S_{\text{ESS},t} \leqslant S_{\text{ESS},t}^{\max} \qquad (9\text{-}17)$$

$$S_{\text{ESS},t+1} = S_{\text{ESS},t} + \left[g_{\text{ESS},t}^{\text{ch}} \left(1 - \eta_{\text{ESS},t}^{\text{ch}}\right) - g_{\text{ESS},t}^{\text{dis}} \big/ \left(1 - \eta_{\text{ESS},t}^{\text{dis}}\right) \right] \qquad (9\text{-}18)$$

式中，$g_{\text{ESS},t}^{\max}$ 和 $g_{\text{ESS},t}^{\min}$ 分别为 ESS 在 t 时刻的最大、最小充放电功率；$S_{\text{ESS},t}^{\max}$ 和 $S_{\text{ESS},t}^{\min}$ 分别为 ESS 在 t 时刻的最大和最小蓄电量；$S_{\text{ESS},t+1}$ 为 ESS 在 $t+1$ 时刻的蓄电量；$g_{\text{ESS},t}^{\text{ch}}$ 和 $g_{\text{ESS},t}^{\text{dis}}$ 分别为 ESS 在 t 时刻的充放电功率；$\eta_{\text{ESS},t}^{\text{ch}}$ 和 $\eta_{\text{ESS},t}^{\text{dis}}$ 分别为 ESS 在 t 时刻的充放电效率。

4）IDR 约束

采用可中断负荷可实现负荷的有效平移和削减。为了避免负荷的峰谷倒挂现象，最大化平缓不同负荷的需求曲线，具体约束如下：

$$\left| \Delta L_{\text{IDR},t} \right| \leqslant u_{\text{IDR},t} \Delta L_{\text{IDR},t}^{\max} \qquad (9\text{-}19)$$

$$u_{\text{IDR},t} \Delta L_{\text{IDR}}^{\text{low}} \leqslant \Delta L_{\text{IDR},t} - \Delta L_{\text{IDR},t-1} \leqslant u_{\text{IDR},t} \Delta L_{\text{IDR}}^{\text{up}} \qquad (9\text{-}20)$$

$$\sum_{t=1}^{T} \Delta L_{\text{IDR},t} \leqslant \Delta L_{\text{IDR}}^{\max} \qquad (9\text{-}21)$$

式中，$\Delta L_{\text{IDR},t}$ 为负荷在 t 时段的变动程度；$\Delta L_{\text{IDR},t}^{\max}$ 为负荷在 t 时段的最大变动程

度；$\Delta L_{\text{IDR}}^{\text{low}}$ 和 $\Delta L_{\text{IDR}}^{\text{up}}$ 分别为负荷变动的上下限；$u_{\text{IDR},t}$ 为需求响应的运行状态。

5) 虚拟电厂竞标约束

虚拟电厂参与市场交易时，考虑与主网之间的传输潮流约束，则有

$$-G_{\text{max}}^{\text{VPP}} \leqslant B_t^{\text{DA}} \leqslant G_{\text{max}}^{\text{VPP}} \tag{9-22}$$

$$-G_{\text{max}}^{\text{VPP}} \leqslant B_t^{\text{HA}} \leqslant G_{\text{max}}^{\text{VPP}} \tag{9-23}$$

$$-G_{\text{max}}^{\text{VPP}} \leqslant B_t^{\text{RT}} \leqslant G_{\text{max}}^{\text{VPP}} \tag{9-24}$$

式中，$G_{\text{max}}^{\text{VPP}}$ 为虚拟电厂在市场中的最大竞标电量；B_t^{DA}、B_t^{HA} 和 B_t^{RT} 分别为虚拟电厂在日前、时前及实时市场中的竞标电量。

6) 旋转备用约束

具体约束如下：

$$G_{\text{VPP},t}^{\text{max}} - G_{\text{VPP},t} + \min\left\{\left(G_{\text{ESS},t}^{\text{dis,max}} - g_{\text{ESS},t}^{\text{dis}}\right), \left(S_{\text{ESS},t} - S_{\text{ESS},t}^{\text{min}}\right)\right\}$$
$$\geqslant s_{\text{L}} \cdot L_t + s_{\text{WPP}} \cdot G_t^{\text{WPP}} + s_{\text{PV}} \cdot G_t^{\text{PV}} \tag{9-25}$$

$$G_{\text{VPP},t} - G_{\text{VPP},t}^{\text{min}} + \max\left\{\left(G_{\text{ESS},t}^{\text{ch,max}} - g_{\text{ESS},t}^{\text{ch}}\right), \left(S_{\text{ESS},t}^{\text{max}} - S_{\text{ESS},t}\right)\right\}$$
$$\geqslant s_{\text{WPP}} \cdot G_t^{\text{WPP}} + s_{\text{PV}} \cdot G_t^{\text{PV}} \tag{9-26}$$

式中，$G_{\text{VPP},t}$ 为虚拟电厂在 t 时刻的总输出；$G_{\text{VPP},t}^{\text{max}}$ 和 $G_{\text{VPP},t}^{\text{min}}$ 分别为虚拟电厂在 t 时刻输出的上下限；$G_{\text{ESS},t}^{\text{ch,max}}$ 和 $G_{\text{ESS},t}^{\text{dis,max}}$ 分别为 ESS 在 t 时刻的最大充、放电功率；s_{L}、s_{WPP}、s_{PV} 分别为负荷、风电机组与光伏机组的备用率。

2. 基于主从博弈的虚拟电厂时前市场交易优化模型

结合 9.1.3 节第 3 部分，下面将日内市场以小时定为交易周期进行分析。基于日前市场对各时段的出清价格及超短期风光预测数据，可制定时前交易计划。在时前市场中，虚拟电厂作为领导者，其目标函数为市场交易的收益最大，可表示为

$$\max F_{\text{VPP}}^{\text{HA}} = \max(R_{\text{VPP}}^{\text{HA}} - C_{\text{VPP}}^{\text{HA}}) \tag{9-27}$$

$$R_{\text{VPP}}^{\text{HA}} = p^{\text{HA}} \cdot Q^{\text{HA}} \tag{9-28}$$

$$C_{\text{VPP}}^{\text{HA}} = \sum_{h=1}^{H}(C_h^{\text{WPP}} + C_h^{\text{PV}} + C_h^{\text{CGT}} + C_h^{\text{ESS}} + C_h^{\text{DR}}) \tag{9-29}$$

$$C_h^{\mathrm{DR}} = \sum_{h=1}^{H} \sum_{s=1}^{S} (\varpi_s^{\mathrm{IDR}} \cdot L_{s,h}^{\mathrm{IDR}}) \tag{9-30}$$

式中，$R_{\mathrm{VPP}}^{\mathrm{HA}}$ 为虚拟电厂时前市场收益；p^{HA} 为虚拟电厂时前市场电价；Q^{HA} 为虚拟电厂时前市场交易电量；$C_{\mathrm{VPP}}^{\mathrm{HA}}$ 为虚拟电厂时前市场成本；H 为总小时数；C_h^{DR} 为虚拟电厂采用需求响应的成本，此时采用的需求响应主要为激励性的需求响应，主要通过可中断负荷实现；C_h^{WPP}、C_h^{PV}、C_h^{CGT}、C_h^{ESS} 分别为小时数 h 下的虚拟电厂对风电机组、光伏机组、燃气机组和储能机组采用需求响应的成本；ϖ_s^{IDR} 为采用 s 类型可中断负荷的补偿成本；$L_{s,h}^{\mathrm{IDR}}$ 为 s 类型可中断负荷的负荷量。

虚拟电厂在向市场申报出力曲线时需考虑储能系统的充放电特征，并根据负荷曲线的变动，向储能系统提供分时充电价格，且虚拟电厂在市场中是"价格接受者"，因此，为保证虚拟电厂内部分布式电力的利用效率，应有

$$p_{\mathrm{ch},h}^{\mathrm{ESS,HA}} \leqslant p^{\mathrm{HA}} \tag{9-31}$$

式中，$p_{\mathrm{ch},h}^{\mathrm{ESS,HA}}$ 为 ESS 在 t 时刻的充电价格。式 (9-31) 保证了在 ESS 充电时刻的电力优先来自于虚拟电厂中的发电单元。

对于储能系统来说，作为主从博弈中的跟随者，ESS 的博弈目标是在领导者出力计划下的自身策略最优，ESS 的决策变量是各时刻下的充电电价及充电电量，即 ESS 的目标函数可表示为

$$\min \sum_{h=1}^{H} (p_{\mathrm{ch},h}^{\mathrm{ESS,HA}} Q_{\mathrm{ch},h}^{\mathrm{ESS}} + C_{\mathrm{ch},h}^{\mathrm{ESS,o}}) \tag{9-32}$$

式中，$p_{\mathrm{ch},h}^{\mathrm{ESS,HA}}$ 为时刻 t 下储能的充电电价；$Q_{\mathrm{ch},h}^{\mathrm{ESS}}$ 为时刻 t 下储能的充电电量。ESS 的总成本包括充电成本（$p_{\mathrm{ch},h}^{\mathrm{ESS,HA}} Q_{\mathrm{ch},h}^{\mathrm{ESS}}$）及 ESS 的运行成本（$C_{\mathrm{ch},h}^{\mathrm{ESS,o}}$）。相关约束条件在式 (9-16)～式 (9-18) 中已进行相关描述，此处不再赘述。

3. 实时市场交易优化模型

在实时市场中，市场对虚拟电厂参与日前市场及时前市场的交易结果进行结算，以 15min 为周期开展新一轮交易，但此时，市场的主要目的更偏向于保证系统运行的稳定性。而虚拟电厂自身出力可能也存在相应的偏差，包括虚拟电厂出力不足时对市场的平衡服务进行购买、虚拟电厂出力富余时市场调用下调备用及虚拟电厂为市场提供出力补缺，且上述三种状态不可同时存在。此时，虚拟电厂的收益最大化目标可表示为

$$\max F_{\mathrm{VPP}}^{\mathrm{RT}} = \max(R_{\mathrm{VPP}}^{\mathrm{RT}} - C_m^{\mathrm{RT}}) \tag{9-33}$$

$$C_m^{\text{RT}} = \begin{cases} -p_t^{\text{RT,S}}\left(g_{\text{RT},m}^{\text{VPP}} - \overline{g}_{\text{RT},m}^{\text{VPP}}\right), & \overline{g}_{\text{RT},m}^{\text{VPP}} < g_{\text{RT},m}^{\text{VPP}} \\ p_t^{\text{RT,B}}\left(\overline{g}_{\text{RT},m}^{\text{VPP}} - g_{\text{RT},m}^{\text{VPP}}\right), & \overline{g}_{\text{RT},m}^{\text{VPP}} \geqslant g_{\text{RT},m}^{\text{VPP}} \end{cases} \tag{9-34}$$

$$0 \leqslant p_t^{\text{RT,S}} \leqslant p_t^{\text{RT}} \leqslant p_t^{\text{RT,B}} \tag{9-35}$$

式中，$R_{\text{VPP}}^{\text{RT}}$ 为虚拟电厂通过实施调节服务可获得的收益；$g_{\text{RT},m}^{\text{VPP}}$ 为实时市场中虚拟电厂的实际出力；$\overline{g}_{\text{RT},m}^{\text{VPP}}$ 为虚拟电厂的预测输出；$p_t^{\text{RT,S}}$ 为 t 时段实时市场中的售电价格；$p_t^{\text{RT,B}}$ 为 t 时段实时市场中的购电价格；p_t^{RT} 为实时市场 t 时段的出清电价；m 为实时市场中的时间尺度。

在实时市场的收益方面，主要考虑虚拟电厂为实时市场提供调节服务带来的收益，即有上调备用、下调备用和旋转备用服务。而且在实时市场中，被调用的容量由调度中心确定，属于实时物理交割，因此，选择期望调整量作为分析对象，电力实时市场中需要的备用调节比例可表示为

$$E(X_{\text{UR}}) = \frac{\displaystyle\sum_{m=1}^{M} R_m'^{\text{U}}}{\displaystyle\sum_{m=1}^{M} R_m^{\text{U}}} \tag{9-36}$$

$$E(X_{\text{DR}}) = \frac{\displaystyle\sum_{m=1}^{M} R_m'^{\text{D}}}{\displaystyle\sum_{m=1}^{M} R_m^{\text{D}}} \tag{9-37}$$

$$E(X_{\text{RR}}) = \frac{\displaystyle\sum_{m=1}^{M} R_m'^{\text{R}}}{\displaystyle\sum_{m=1}^{M} R_m^{\text{R}}} \tag{9-38}$$

式中，$E(X_{\text{UR}})$ 为电力实时市场中需要的上调备用调节比例；$E(X_{\text{DR}})$ 为电力实时市场中需要的下调备用调节比例；$E(X_{\text{RR}})$ 为电力实时市场中需要的旋转备用调节比例；M 为总周期数；$R_m'^{\text{U}}$、$R_m'^{\text{D}}$ 和 $R_m'^{\text{R}}$ 分别为实际发生的上调备用、下调备用及旋转备用量；R_m^{U}、R_m^{D} 和 R_m^{R} 分别为市场中的总上调备用、下调备用及旋转备用量。

实时市场中的调节服务要求快速、灵活，虚拟电厂中实施调节服务的主体为储能系统，因此，储能系统在实时市场中的期望充放电功率可表达为

$$E(P_m^{\text{ESS}}) = R_m^{\text{ESS,U}} \cdot E(X_{\text{UR}}) - R_m^{\text{ESS,D}} \cdot E(X_{\text{DR}}) - R_m^{\text{ESS,R}} \cdot E(X_{\text{RR}}) \tag{9-39}$$

式中，$R_m^{\text{ESS,U}}$、$R_m^{\text{ESS,D}}$ 与 $R_m^{\text{ESS,R}}$ 分别为储能系统的上调备用、下调备用及旋转备用竞标量。若 $E(P_m^{\text{ESS}})$ 大于 0，说明储能系统进行放电；若 $E(P_m^{\text{ESS}})$ 小于 0，说明储能系统进行充电。实时市场中，储能系统，即虚拟电厂通过实施调节服务可获得的收益可表达为

$$R_{\text{VPP}}^{\text{RT}} = r_{\text{ESS}}^{\text{RT}} = \sum_{m=1}^{M} \left[\lambda_{\text{ESS},m}^{\text{UR}} \cdot R_m^{\text{ESS,U}} \cdot E(X_{\text{UR}}) + \lambda_{\text{ESS},m}^{\text{UR}} \cdot R_m^{\text{ESS,R}} \cdot E(X_{\text{RR}}) \right] \quad (9\text{-}40)$$

式中，$r_{\text{ESS}}^{\text{RT}}$ 为储能系统在市场中所获得的收益；$\lambda_{\text{ESS},m}^{\text{UR}}$ 为虚拟电厂通过储能系统在实时市场出售备用服务的价格，与传统发电机组的上网电价有关，且市场交易中心可以对该价格进行调节。

对于下调备用服务，储能系统需在市场中进行储电操作，即输入电能，可理解为存在购电成本。而结合虚拟电厂自身的电源构成，可再生能源本身电价较高，且其出力的不确定性限制了其对实时市场的参与，因此，储能系统仅可选择从市场中购电，即储能系统在实时市场中的购电成本表示为

$$C_{\text{ESS}}^{\text{RT,chr}} = \sum_{m=1}^{M} \left[(\lambda_{\text{ESS},m}^{\text{DR}} + C_{\text{T\&D}}) \cdot R_m^{\text{ESS,D}} \cdot E(X_{\text{DR}}) \right] \quad (9\text{-}41)$$

式中，$\lambda_{\text{ESS},m}^{\text{DR}}$ 为储能系统在实时市场购买电能的价格；$C_{\text{T\&D}}$ 为电力系统的输配电成本，由于此时储能系统的电力来源于市场，即外部电网，因此需考虑电力的传输成本。

9.2.3　基于人工鱼群算法的模型求解方法

日前市场及时前市场均为单目标函数，通过线性处理转化为线性规划问题，而实时市场中，虚拟电厂在报价时的调整成本最小及储能系统提供的调整收益最大，且两个目标间存在成本交叉关系。人工鱼群算法在初始值和参数的选择上具有敏感性不强、鲁棒性明显的优点，可以最大限度地克服局部极值，实现最优解的全局搜索[66]。因此，本节引入人工鱼群算法，寻求目标函数的全局最优解。在此过程中，鱼群要避免与邻近个体过分拥挤。追尾行为则是指鱼群中的个体追逐附近的最活跃个体的行为，在算法中则是指向邻近最优解的前进过程。随机行为则是指鱼群的自由随机游动。

（1）觅食行为中，假设人工鱼的初始位置为 X_i，人工鱼个体感知的距离为 V 在其可游范围内随机选择一个位置 X_j，其中 X_j 与 X_i 间的距离 $D_{ij} < V$。若 X_j 处的食物浓度高于 X_i，则有

$$S_{ij}(i+1) = S_{ij}(i) + \frac{R(n)}{D_{ij}}[S_{ij}(j) - S_{ij}(i)] \quad (9\text{-}42)$$

式中，$S_{ij}(i)$、$S_{ij}(j)$、$S_{ij}(i+1)$ 分别为人工鱼 X_i、X_j 及 X_i 下一步状态在参数矩阵中的第 i 行、第 j 列元素；n 为人工鱼移动的最大步长；$R(n)$ 为 $[1, n]$ 内的随机数。反之，人工鱼将随机游动一步：

$$S_{ij}(i+1)=S_{ij}(i)+R(n) \tag{9-43}$$

(2) 在聚群行为中，初始状态为 X_i，鱼群数量为 f_1，则有集合：

$$J_{ik} = \left\{ X_j \middle| D_{ij} \leqslant V \right\} \tag{9-44}$$

若 $J_{ik} \neq \varnothing$，在 J_{ik} 内搜索中心位置 X_c，假设 X_c 处的食物浓度为 F_c，X_c 处的伙伴数量为 N_c。如果 X_c 处的食物浓度高且拥挤程度不高，则该人工鱼向 X_c 处游动。

$$X_{i+1} = X_i + \frac{(X_c - X_i)R_s}{D_{ic}} \tag{9-45}$$

式中，R_s 为人工鱼的随机步长。

若 $J_{ik} = \varnothing$，人工鱼实施觅食行为；若 $N_c = 0$，人工鱼同样执行觅食行为。

(3) 追尾行为中，人工鱼当前位置为 X_i，搜索域内可见的食物浓度最高的位置为 $X_{\max}$，在 $X_{\max}$ 处搜索到的相邻区域的伙伴数量为 $N_{\max}$。如果 $X_{\max}$ 处食物浓度高且不拥挤（$F_i < F_{\max}$，即 i 处的食物浓度为小于最大食物浓度），则人工鱼个体向 $X_{\max}$ 方向前进，可表达为

$$X_{i+1} = X_i + \frac{(X_{\max} - X_i)R_s}{D_{i,\max}} \tag{9-46}$$

式中，$D_{i,\max}$ 为人工鱼当前位置与食物浓度最高的位置之间的距离。反之，人工鱼执行觅食行为。

(4) 随机行为中，人工鱼为了寻找食物和鱼群，在水中随机游动：

$$X_{i+1} = X_i + R_s \tag{9-47}$$

在人工鱼的随机游动中，要记录每条人工鱼个体所在位置的食物浓度，并与上一位置进行比较，若优之，则取代上一位置。

结合人工鱼群算法，求解虚拟电厂的交易优化模型，具体流程如图 9-4 所示。

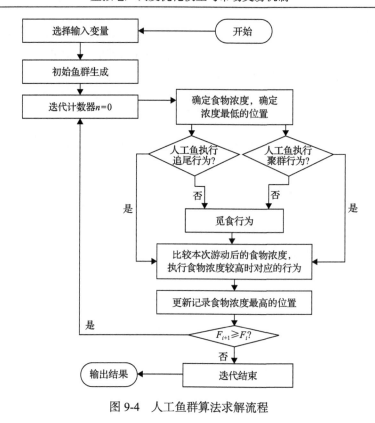

图 9-4 人工鱼群算法求解流程

9.3 算例分析

9.3.1 基础数据

为验证构建模型对虚拟电厂在参与现货多阶段市场时的交易优化作用，本章设立了包括多分布式能源及储能系统的虚拟电厂调控中心，对其在现货市场的交易行为进行模拟分析。根据 9.2 节中虚拟电厂参与"日前-时前-实时"市场的目标函数，对虚拟电厂在此三阶段市场的交易行为进行参数设置及进一步计算分析。作为分布式资源的聚合商，虚拟电厂中包括分布式风电及光伏机组、燃气轮机、储能机组、需求响应等。而在实时市场中，虚拟电厂基于内部可控负荷的灵活调控特性，可提供实时平衡服务。虚拟电厂内部各分布式资源的参数设置如表 9-1 所示，包括 15MW 的分布式风电机组、5MW 的分布式光伏机组、1 台 10MW 的燃气轮机及 10MW 的储能装置，储能系统的充放电效率为 0.95。为模拟虚拟电厂的出力情况，设置风电机组参数 $v_{in} = 7\text{m/s}$，$v_{rated} = 21\text{m/s}$，$v_{out} = 37\text{m/s}$，$\varphi = 2.5$，$\vartheta = 2\bar{v}/\sqrt{\pi}$。光伏机组参数 $\alpha = 0.41$，$\beta = 9.42$[66,67]。

表 9-1　分布式资源参数设置情况

机组类型	最大出力/MW	最小出力/MW	爬坡速率/(MW/h)	机组参数		
				a	b	c
燃气轮机	10	2	3	0	0.425	0.0095
分布式风电机组	15	0	10	0	0	0
分布式光伏	5	0	4	0	0	0

由于北欧市场设置日前、日内与实时市场，因此本节算例部分的数据来源基于 2020 年 4 月北欧市场的出清结果，对电价及负荷做相关预测后的市场交易情况如图 9-5 所示。

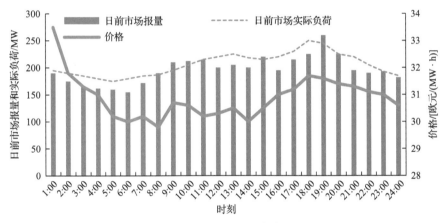

图 9-5　市场当日出清结果

由于可再生能源发电边际成本极低，在市场竞价交易中常报零价以获得更大的竞争优势，出清时按市场统一价格进行出清结算。虚拟电厂中，可中断负荷的实施成本为 57.44 欧元/(MW·h)，市场中的上下备用调整成本分别为 32.075 欧元/(MW·h) 及 85.772 欧元/(MW·h)。计算中，人工鱼群的鱼群数量设为 $n=50$，鱼群的视野范围设为 3，最大迭代次数为 50，人工鱼的移动步长设为 0.732，拥挤度设为 0.33。整体预测模型采用 MATLAB 工具箱建立，将市场基础数据、各机组参数、可再生能源出力等数据输入进行求解。

9.3.2　情景设置

结合多时间尺度现货市场的结算规则，虚拟电厂的交易在日前市场与日内市场规则下并无明显区别，但在实时市场中，虚拟电厂中的储能系统等可控负荷可参与平衡调用，为虚拟电厂带来额外收益或成本消耗，因此，特对虚拟电厂中的储能系统对实时市场的参与程度进行情景设计。

（1）情景 1：虚拟电厂中储能系统不参与实时平衡调度。在此情景中，虚拟电厂中的储能系统仅对虚拟电厂内部聚合的分布式机组提供备用服务，参与日前与日内市场的发电计划安排，不提供实时市场中的平衡备用，即不接受市场的强制调度命令，不提供备用电量的购售服务。

（2）情景 2：虚拟电厂中储能系统仅参与实时平衡调度。在此情景中，虚拟电厂中的储能系统仅提供实时市场中的平衡备用，不参与其他时间尺度的市场交易，不考虑日内市场的主从博弈行为，在市场交易及调度中心（MTDC）的命令下，在超短期交易中进行电量的灵活购售行为，为虚拟电厂带来相关的经济效益。

（3）情景 3：虚拟电厂中储能系统提供系统备用并提供实时市场中的实时平衡备用，在日前、日内计划中接受虚拟电厂的计划安排，并在日内市场中参与与虚拟电厂的主从博弈行为，受 ISO 调度，提供超短期的电力平衡交易。

9.3.3 结果分析

1）日前市场

结合虚拟电厂在日前市场的交易申报目标及自身运行特性，虚拟电厂在日前市场申报时的出力分配如图 9-6 所示。

由图 9-6 可见，虚拟电厂在日前市场的申报与实际出清结果存在一定的偏差，其日前申报曲线与实际负荷运行间存在一定的偏差，且大多为正偏差，因此，需在更短的交易周期内进行进一步的增发调整。从各类出力单元的运行情况来看，风光等可再生能源的占比较高，且 CGT 机组等也提供了较为稳定的出力。由于 IDR 作用在需求侧，吸收了富余电力，负荷的增加虽在图中表现为负，但可看作电源侧的正出力。对比三种情景，情景 1 和情景 3 的区别仅在实时市场，在日前与日内市场中，结果相同；情景 2 中的储能系统的参与使得虚拟电厂无须进行购电操

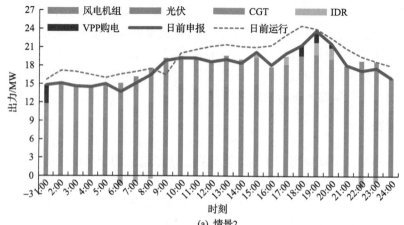

(a) 情景2

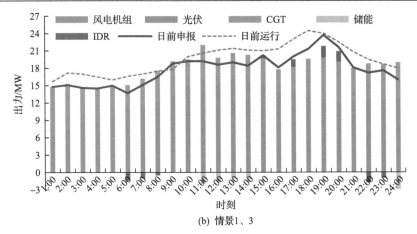

(b) 情景1、3

图 9-6　虚拟电厂日前市场申报与运行情况(扫码见彩图)

作，但购电成本大多发生在负荷高峰时段，此时电价较高，购电费用高于储能系统的放电运行费用。此时，情景 2 和情景 1、3 下虚拟电厂参与日前市场的总成本为 11065.64 欧元和 10110.08 欧元，则对应的利润分别为 2171.602 欧元和 3118.165 欧元。若市场中未设置日内市场及实时市场，实际运行与申报电量的偏差造成的调整成本为 1361.924 欧元。

2)时前市场

时前市场针对日前市场产生的偏差，在实际出力前 1h 组织出力调整交易，基于自身机组及可控负荷的灵活调控特性，对出力进行上调或下调，结合时前出力及市场负荷预测，以收益最大化为目标进行自身出力调整。若无储能装置，则在日内调整中，虚拟电厂无须考虑主从博弈行为，仅调动 CGT 机组出力即可，时前市场仅对情景 1 和情景 3 展开分析，日前申报产生的偏差如图 9-7 所示。

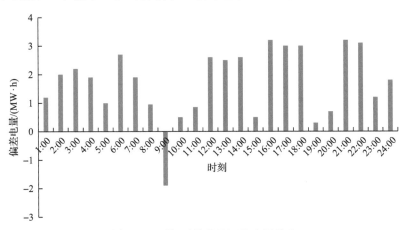

图 9-7　日前-时前偏差调整电量分布

　　针对偏差电量，虚拟电厂结合经济性目标进行出力调整，如图 9-8 所示。基于主从博弈理论，虚拟电厂为 ESS 提供的峰谷分时充电价格及通过博弈形成的 ESS 的充放电策略如图 9-9 所示。

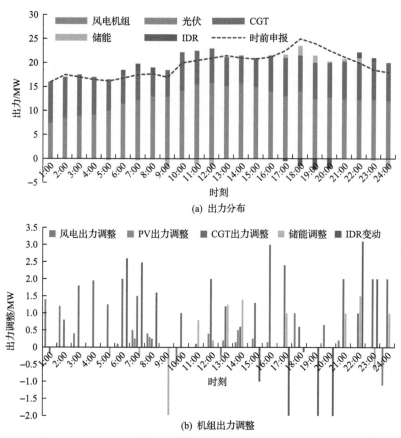

(a) 出力分布

(b) 机组出力调整

图 9-8　时前市场下虚拟电厂的出力分布及机组出力调整情况(情景 1、3)(扫码见彩图)

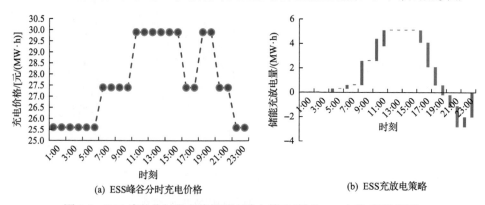

(a) ESS峰谷分时充电价格

(b) ESS充放电策略

图 9-9　ESS 峰谷分时充电价格及充放电策略(情景 1、3)(扫码见彩图)

如图 9-8 所示,时前市场交易申报中,虚拟电厂调整的偏差主要由 CGT 机组承担,且 ESS 的充放电行为变动也较为明显。结合图 9-8,IDR 的变动主要体现在电量的调整上,时段上变化不大。此时,虚拟电厂的运行收益为 2170.446 元,ESS 的运行成本为 438.6 元。基于主从博弈,与日前计划相比,由于 ESS 的充电价格低于市场交易价格,ESS 并未发生交易购电进行充电的行为,也提高了虚拟电厂中分布式资源的利用率。

3)实时市场

实时市场以 15min 为调整单位,进行滚动交易,并以 1h 为结算周期。实时交易中,虚拟电厂的波动大多由风光出力引起,结合市场数据,虚拟电厂在实时市场中的偏差分布如图 9-10 和图 9-11 所示。由于情景 1 中 ESS 不参与实时市场的平衡交易,因此,仅讨论情景 2 和情景 3 下虚拟电厂的交易结果。

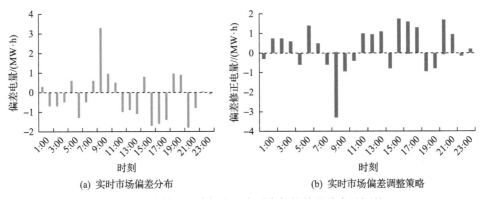

(a) 实时市场偏差分布　　　　　　　　　　(b) 实时市场偏差调整策略

图 9-10　情景 2 下虚拟电厂实时市场的偏差分布及调整

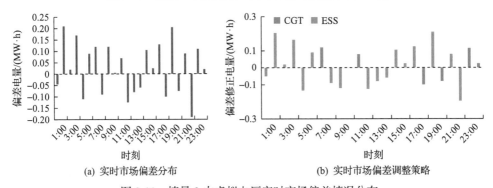

(a) 实时市场偏差分布　　　　　　　　　　(b) 实时市场偏差调整策略

图 9-11　情景 3 中虚拟电厂实时市场偏差情况分布

情景 2 中,未考虑虚拟电厂在日内的博弈调整,未达到日内的最优调整,因而在实时市场中,存在较大的偏差修正电量。情景 2 中偏差电量在–1.8067～3.3347MW·h,由于调整时段较短,而分布式风电、光伏的调整周期较长,无法实现此类电源的出力调整,CGT 机组具有一定可控性,因此在实时市场中,CGT

机组可作为 ESS 的补充，实现了少量的电量补充。此情景下，ESS 承担了主要的调节任务，这是由于目标函数的经济性要求，优先调用了经济性较好的 ESS。图 9-11 为情景 3 中实时市场偏差情况分布。

由图 9-11 知，虚拟电厂各时间节点的偏差电量集中在–0.2～0.25MW·h，由于调整时段较紧张，此时可调用的出力单位主要为燃气机组、ESS 及需求响应等可控负荷。结合情景 3 中 ESS 在时前市场的调整策略，考虑 ESS 不能同时进行充放电，形成实时市场下的偏差调整结果，如图 9-11 (b) 所示。

第 10 章　虚拟电厂参与调峰辅助服务市场交易优化模型

风光机组出力所表现的波动性和随机性,致使我国"弃风弃光"现象依然存在。虚拟电厂的出现在一定程度上能够缓解风光波动性对电网造成的压力,从而减少弃风弃光。而且随着《中共中央、国务院关于进一步深化电力体制改革的若干意见》(中发〔2015〕9 号)的不断推进,电力市场改革加速进行,广东、浙江等现货市场改革试点已进入模拟试运行阶段,现货市场的运行需要调峰辅助服务市场的协调配合。当前我国现货市场处于建设初期,调峰辅助服务依然是保障电网稳定运行、促进清洁能源消纳的有效手段。当前电力市场改革进程下,虽有 8 个试点进入现货市场的试运行阶段,但我国大部分地区仍存在调峰市场,以实现清洁能源更高并网比例下电力系统运行的安全与稳定。因此,本章结合调峰补偿机制及市场交易中负荷不确定性的设置,对虚拟电厂参与调峰辅助服务市场交易展开研究,为虚拟电厂参与市场交易提供一定的借鉴。

10.1　虚拟电厂参与调峰辅助服务市场路径

10.1.1　调峰辅助服务市场概述

调峰辅助服务是促进清洁能源发电消纳的有效途径之一。根据《东北电力辅助服务市场运营规则》[68],调峰辅助服务分为基本义务调峰辅助服务和有偿调峰辅助服务。有偿调峰辅助服务包含深度调峰、可中断负荷调峰、电储能调峰、火电停机备用调峰、火电应急启停调峰、跨省调峰等交易品种。本章主要涉及的是深度调峰交易,深度调峰交易是指火电厂开机机组通过调减出力,使火电机组平均负荷率小于或等于有偿调峰补偿基准时提供的辅助服务的交易。平均负荷率是指火电厂单位统计周期内开机机组的平均负荷与最高负荷的比率。平均负荷率小于或等于有偿调峰补偿基准时获得辅助服务补偿费用;平均负荷率大于有偿调峰补偿基准时分摊调峰的补偿费用。平均负荷率计算公式如下:

$$R_{load} = \frac{g(t)}{C(t)} \times 100\% \tag{10-1}$$

式中, R_{load} 为平均负荷率; $g(t)$ 为机组在 t 时段的发电出力; $C(t)$ 为机组容量。

10.1.2　虚拟电厂参与调峰辅助服务市场

混合型虚拟电厂可通过可控负荷，如储能、能量转换设备等实现自身的灵活出力调整，实现快速响应，因此，具有参与调峰辅助服务市场的能力。本章结合P2G设备、储能系统接入的虚拟电厂，讨论其参与调峰辅助服务市场的路径。虚拟电厂由风电机组、光伏机组、储能装置、P2G、储气罐和燃气机组组成，如图10-1所示。风光电源在满足电负荷后，剩余电量输入P2G设备或储存在ESD中。P2G设备可将电量转换为CH_4，CH_4用于发电，多余的CH_4可储存在储气罐中。

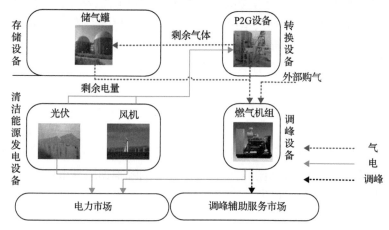

图 10-1　参与调峰辅助服务市场的虚拟电厂构成

其中，虚拟电厂中燃气机组参与调峰，相应地可获得调峰收益。燃气机组调峰补偿以保证电网安全运行为前提，采用"阶梯式"补偿机制，调峰机组提交日前调峰报价并从低到高排序确定次日各机组提供调峰补偿服务的顺序，以当前出清价为结算价格，即当日单位统计周期内实际发生调峰补偿的最高报价。以非供热期纯凝火电机组为例，调峰补偿价格模型如下：

$$P_a(t) = \begin{cases} P_1, & 40\% < R_{\text{load}} \leqslant 50\% \\ P_2, & R_{\text{load}} \leqslant 40\% \end{cases} \tag{10-2}$$

式中，$P_a(t)$为机组在t时刻的辅助服务价格；P_1、P_2分别为不同平均负荷率下的出清电价。

10.1.3　虚拟电厂物理模型

1. 机组出力模型

1) 风电机组

风电机组出力受风速的影响。由于自然风具有很强的随机性，风电机组的输出功率随风速波动。本书选择韦布尔分布来模拟自然风速，概率密度函数如下：

$$f(v) = \frac{\phi}{\vartheta}\left(\frac{v}{\vartheta}\right)^{\phi-1} e^{-(v/\vartheta)^{\phi}} \tag{10-3}$$

式中，v 为自然风速；ϕ 和 ϑ 为分布函数的形状参数和尺度参数。当风速处于机组可承受范围之内时，机组功率随风速的增大而增大，但若超出可承受范围，即风速过低或风速过大，风电机组为避免机体损坏，均不开机。风电出力和风速之间的函数关系如下。

$$g_{j,\mathrm{w}}(t) = \begin{cases} 0, & v_{\mathrm{t}} < v_{\mathrm{in}}, v_{\mathrm{t}} > v_{\mathrm{out}} \\ \dfrac{g_{\mathrm{r}}}{v_{\mathrm{rated}} - v_{\mathrm{in}}}(v_{\mathrm{t}} - v_{\mathrm{in}}), & v_{\mathrm{in}} \leqslant v_{\mathrm{t}} < v_{\mathrm{rated}} \\ g_{\mathrm{r}}, & v_{\mathrm{rated}} \leqslant v \leqslant v_{\mathrm{out}} \end{cases} \tag{10-4}$$

式中，$g_{j,\mathrm{w}}(t)$ 为风电机组 j 在 t 时刻的可用出力；g_{r} 为风电机组的额定输出功率；v_{in}、v_{out} 分别为切入风速和切出风速；v_{rated} 为额定风速；v_{t} 为 t 时刻的实际风速。

2）光伏机组

光伏系统的出力曲线一般满足贝塔分布：

$$f(\theta) = \begin{cases} \dfrac{\Gamma(\alpha)\Gamma(\beta)}{\Gamma(\alpha) + \Gamma(\beta)}\theta^{\alpha-1}(1-\theta)^{\beta-1}, & 0 \leqslant \theta \leqslant 1, \alpha \geqslant 0, \beta \geqslant 0 \\ 0, & \text{其他} \end{cases} \tag{10-5}$$

式中，α、β 分别为贝塔分布的形状参数；θ 为辐射强度。通过式（10-6）与式（10-7）引入辐射强度的平均值和标准偏差值，来计算贝塔分布的参数。

$$\beta = (1-\mu)\left(\frac{\mu(1+\mu)}{\sigma^2} - 1\right) \tag{10-6}$$

$$\alpha = \frac{\mu\beta}{1-\mu} \tag{10-7}$$

式中，μ、σ 为日光辐射的平均值和正态分布值，太阳辐照状态的概率可以通过式（10-8）计算。

$$P(\theta) = \int_{\theta_{\mathrm{c}}}^{\theta_{\mathrm{d}}} f(\theta)\mathrm{d}\theta \tag{10-8}$$

式中，θ_c、θ_d 为 θ 的上下限。将太阳辐射能量转换成电能，通过式 (10-9) 得出光伏的出力。

$$g_{m,PV}(t) = \eta_{PV} S_{PV} \theta_t \tag{10-9}$$

式中，$g_{m,PV}(t)$ 为光伏机组 m 在 t 时刻的可用出力；η_{PV} 为光伏做功效率；S_{PV} 为光伏组件的总面积；θ_t 为 t 时刻的太阳光辐射强度。

3）燃气机组

燃气机组发电效率受机组出力影响较大，随着机组出力的下降而减少。本书采用三阶效率模型，能够较好地分析出力波动对系统产生的影响。燃气机组出力模型为

$$g_{i,CGT}(t) = F_{CGT}(t) \cdot \eta_{CGT}(t) \cdot HHV \tag{10-10}$$

式中，$F_{CGT}(t)$ 为燃气机组 i 在 t 时段的天然气耗量；$g_{i,CGT}(t)$ 为燃气机组 i 在 t 时段提供的电能量；$\eta_{CGT}(t)$ 为燃气机组 i 在 t 时段的发电效率；HHV 为天然气热值，取 $36MJ/m^3$。燃气机组的 CO_2 排放量计算如下：

$$e_{i,CGT}(t) = F_{CGT}(t) \cdot e_{CGT} \tag{10-11}$$

式中，$e_{i,CGT}(t)$ 为燃气机组 i 在 t 时刻的 CO_2 排放量；e_{CGT} 为燃气机组 i 的 CO_2 单位排放量。

4）P2G 设备及储气系统

P2G 设备是实现电-气系统中能量双向耦合的关键条件之一。P2G 技术能够将电能转化为化学能后进行储存。目前 P2G 技术产生的气体主要有 H_2 和 CH_4，但由于 CH_4 较 H_2 而言更易储存运输，因此本书所涉及的 P2G 技术默认以 CH_4 为主要产物。P2G 主要包含两个化学反应过程。

电转 CH_4 的综合能量转换效率是 45%～60%。另外，由式 (10-13) 可以看出，若反应物 CO_2 主要来源于火电机组排放的 CO_2，则可提升 CO_2 利用率，大大降低系统中的碳排放。在电价低谷期将未消纳的风光电转化成 CH_4 存于储气罐中，当用电高峰期来临时，将存储的 CH_4 用于燃气机组发电，以博取较高的经济收益并进一步提升风光发电消纳水平。电转 CH_4 及储气状态模型具体如下：

$$Q_{P2G}(t) = E_{P2G}(t) \varphi_{P2G} / HHV \tag{10-12}$$

$$S_g(t) = S_g(T_0) + \sum_{t=1}^{T} [Q_{P2G}(t) - Q_o(t)] \tag{10-13}$$

式中，$Q_{P2G}(t)$ 为 t 时刻 P2G 产生的 CH_4 量；$E_{P2G}(t)$ 为 t 时刻所消耗的电量；φ_{P2G} 为 P2G 的转换效率；$S_g(t)$ 为 t 时刻储气罐中的气体量；$S_g(T_0)$ 为储气罐初始储气量；$Q_o(t)$ 为 t 时刻储气罐向燃气机组输入的气量。单位电量 CO_2 减排模型如下[69]：

$$CR = \frac{M_{CO_2}\varphi_{P2G}\rho}{M_{CH_4}HHV} \tag{10-14}$$

式中，CR 为 CO_2 减排量；M_{CO_2} 和 M_{CH_4} 分别为 CO_2、CH_4 的相对分子质量；ρ 为 CH_4 在标准状态下的密度。

2. 机组效益模型

1）风光机组

风光机组净收益模型如下：

$$r_{wpv} = \sum_{t=1}^{24} g_{j,w}(t) \times (p_{park} - C_w) + \sum_{t=1}^{24} g_{m,PV}(t) \times (p_{park} - C_{PV}) \tag{10-15}$$

式中，r_{wpv} 为风光机组净收益；p_{park} 为电价；C_w 为风电度电成本；C_{PV} 为光伏发电度电成本。

2）燃气机组

燃气机组收益包括调峰补偿和发电收益，因此其净收益模型可表示为

$$r_{CGT} = -C_{CGT} + \sum_{t=1}^{24} \left[g_{i,CGT}(t) \times p_{VPP} + g'_{i,CGT}(t) \times P_a(t) \right] \tag{10-16}$$

$$C_{CGT} = C_{CGT} + C_{CGT}^m + \delta_{CGT} \sum_{t=1}^{24} F_{CGT}(t) \tag{10-17}$$

式中，r_{CGT} 为燃气机组净收益；p_{VPP} 为虚拟电厂给参与调峰的燃气机组的单位补偿；$g'_{i,CGT}(t)$ 为 t 时刻风机挤占燃机的发电量；$P_a(t)$ 为 t 时刻的辅助服务价格；C_g 为燃气总成本；C_{CGT} 为燃气机组固定成本；C_{CGT}^m 为运维成本；δ_{CGT} 为燃气价格。

10.2　虚拟电厂辅助服务市场交易优化模型

10.2.1　不考虑负荷不确定性的交易优化模型

1. 目标函数

从经济和环境的角度，构建以系统净收益最大化、弃风弃光率最小化为目标的优化调度。

(1) 当系统净收益达到最大化时，虚拟电厂达到最优经济效益，即

$$f_1 = -\max E_1 = -\max(r_{\text{wpv}} + r_{\text{CGT}}) \tag{10-18}$$

(2) 在关注虚拟电厂净利润的同时，清洁能源消纳也是本章重点关注的问题，因此，弃风弃光率最小化目标如下：

$$f_2 = \min I = \min\left(\frac{U_c}{U_t} \times 100\%\right) \tag{10-19}$$

式中，I 为弃风弃光率；U_c 为实际弃风弃光量；U_t 为总风光发电量。

2. 约束条件

目标函数下，必须满足以下约束条件。

1) 系统功率平衡约束

具体约束如下：

$$\sum_{i=1}^{N_G} g_{i,\text{CGT}} + \sum_{j=1}^{N_W} g_{j,\text{w}} + \sum_{m=1}^{N_{\text{PV}}} g_{m,\text{PV}} = D \tag{10-20}$$

式中，$g_{i,\text{CGT}}$ 为燃气机组 i 的有功出力；$g_{j,\text{w}}$ 为风电机组 j 的有功出力；$g_{m,\text{PV}}$ 为光伏机组 m 的有功出力；D 为电力系统负荷需求值；N_G、N_W、N_{PV} 分别为燃气机组、风电机组、光伏机组的数量。

2) 燃气机组运行条件约束

(1) 燃气机组出力约束：

$$g_{i,\text{CGT}}^{\min} \leqslant g_{i,\text{CGT}} \leqslant g_{i,\text{CGT}}^{\max} \tag{10-21}$$

式中，$g_{i,\text{CGT}}^{\max}$ 为燃气机组 i 的最大可调度的出力；$g_{i,\text{CGT}}^{\min}$ 为燃气机组 i 的最小可调度的出力。

(2) 燃气机组爬坡约束：

$$\Delta g_{i,\text{CGT}}^{-} \leqslant g_{i,\text{CGT}}(t) - g_{i,\text{CGT}}(t-1) \leqslant \Delta g_{i,\text{CGT}}^{+} \tag{10-22}$$

式中，$\Delta g_{i,\text{CGT}}^{+}$、$\Delta g_{i,\text{CGT}}^{-}$ 为燃气机组 i 的功率升降约束。

(3) 燃气机组启停约束：

$$\left[T_i^{\text{on}}(t-1) - \text{MT}_i^{\text{on}}\right]\left[u_i(t-1) - u_i(t)\right] \geqslant 0 \tag{10-23}$$

$$\left[T_i^{\text{off}}(t-1) - \text{MT}_i^{\text{off}}\right]\left[u_i(t) - u_i(t-1)\right] \geqslant 0 \tag{10-24}$$

式中，$T_i^{\mathrm{on}}(t-1)$ 为燃气机组 i 在 $t-1$ 时刻的运行时间；$\mathrm{MT}_i^{\mathrm{on}}$ 为机组 i 的最短运行时间；$T_i^{\mathrm{off}}(t-1)$ 为燃气机组 i 在 $t-1$ 时刻的停运时间；$\mathrm{MT}_i^{\mathrm{off}}$ 为燃气机组 i 的最短停机时间；$u_i(t)$ 和 $u_i(t-1)$ 为燃气机组 i 的爬坡状态。

3）风电出力约束

具体约束条件如下：

$$g_{j,\mathrm{w}}^{\min} \leqslant g_{j,\mathrm{w}} \leqslant g_{j,\mathrm{w}}^{\max} \tag{10-25}$$

式中，$g_{j,\mathrm{w}}^{\max}$ 为风电机组 j 的最大可调度的出力；$g_{j,\mathrm{w}}^{\min}$ 为机组 j 的最小可调度的出力。

4）光伏出力约束

具体约束条件如下：

$$g_{m,\mathrm{PV}}^{\min} \leqslant g_{m,\mathrm{PV}} \leqslant g_{m,\mathrm{PV}}^{\max} \tag{10-26}$$

式中，$g_{m,\mathrm{PV}}^{\max}$ 为光伏机组 m 的最大可调度出力；$g_{m,\mathrm{PV}}^{\min}$ 为光伏机组 m 的最小可调度出力。

5）系统备用容量约束

具体约束条件如下：

$$\sum_{g=1}^{G}\left[g^{\max}(t)(1-\theta)\right](1-l) \geqslant D(t) + R(t) \tag{10-27}$$

式中，G 为机组总数；$D(t)$ 为系统在 t 时刻的负荷需求；$R(t)$ 为系统在 t 时刻的备用需求；l 为系统的线损率；θ 为机组自用电率；$g^{\max}(t)$ 为机组在 t 时刻的最大出力。

10.2.2　计及负荷不确定性基于 IGDT 的交易优化模型

1. 理论基础

信息间隙决策理论（information gap decision theory, IGDT）方法不依赖不确定性变量的概率分布函数或隶属度函数，主要关注的是不确定性变量的信息偏差。信息偏差指的是已获取信息和未知信息间的差距，即不确定性变量的预测值和实际值间的偏差。IGDT 通过构造鲁棒性函数和机会性函数，为风险抗拒者和风险追求者提供不同的决策方向。考虑不确定性的 IGDT 模型包含 3 个要素：确定性模型（已给出）、不确定性模型和性能要求。设定优化目标 F 为最小化函数，则不确定性模型的一般表达式如下：

$$\begin{cases} \min F(Y,d) \\ \text{s.t. } H(Y,d) = 0 \\ G(Y,d) \leqslant 0 \end{cases} \tag{10-28}$$

式中，Y 为不确定参数；d 为决策变量；$F(Y,d)$ 为目标函数；$H(Y,d)$ 和 $G(Y,d)$ 分别为等数约束和不等式约束。其中，不确定参数 Y 围绕预测值 $\overline{Y}$ 的波动可表述为

$$\begin{cases} Y \in U(\alpha, \overline{Y}) \\ U(\alpha, \overline{Y}) = \left\{ Y : \left| \dfrac{Y - \overline{Y}}{\overline{Y}} \right| \leqslant \alpha \right\} \end{cases} \tag{10-29}$$

式中，α 为不确定参数的变动幅度，$\alpha \geqslant 0$；$U(\alpha, \overline{Y})$ 表示不确定参数 Y 偏离预测值的范围不超过 $\alpha|\overline{Y}|$；$\overline{Y}$ 为预测值。

系统决策者对不确定风险持两种态度，一种是抗拒风险且害怕承担损失，为风险抗拒者；另一种是将风险视为机会从而争取更多利益，为风险追寻者。两种决策者对应不同的 IGDT 模型，具体如式(10-30)和式(10-31)所示：

$$\begin{cases} \max \alpha \\ \text{s.t. } \max_{Y} F(Y,d) \leqslant (1+\beta_a)F_0 \\ \forall Y \in U(\alpha, \overline{Y}) \\ H(Y,d) = 0 \\ G(Y,d) \leqslant 0 \end{cases} \tag{10-30}$$

$$\begin{cases} \min \alpha \\ \text{s.t. } \min_{Y} F(Y,d) \leqslant (1-\beta_s)F_0 \\ \forall Y \in U(\alpha, \overline{Y}) \\ H(Y,d) = 0 \\ G(Y,d) \leqslant 0 \end{cases} \tag{10-31}$$

式中，F_0 为确定模型的优化目标值；β_a 和 β_s 为风险抗拒者和风险追寻者的不确定参数与预测值的偏差程度。鲁棒决策值对于在决策者可接受范围内的任意扰动都能保证预期值不超出 $(1+\beta_a)F_0$；而对于机会决策值，至少存在一个 Y 在可接受范围内使预期值不超过 $(1-\beta_s)F_0$。

2. IGDT 不确定性优化模型

考虑负荷的不确定性，构建 IGDT 不确定性优化模型。在 IGDT 的第一阶段，

将不确定参数的预测值代入优化模型进行求解，即

$$y_{b1} = \min_d f_1(d, s, \overline{Y_1}) \tag{10-32}$$

$$y_{b2} = \min_d f_2(d, s, \overline{Y_1}) \tag{10-33}$$

$$H(d, s, \overline{Y_1}) = 0 \tag{10-34}$$

$$G(d, s, \overline{Y_1}) \leqslant 0 \tag{10-35}$$

式中，y_{b1}、y_{b2} 为确定性模型得出的优化值；s 为优化值。获得确定性优化目标值后，设定不确定参数变化范围，具体如下：

$$U(\alpha_1, \overline{Y_1}) = \left\{ Y_1 : \left| \frac{Y_1 - \overline{Y}}{\overline{Y_1}} \right| \leqslant \alpha_1 \right\} \tag{10-36}$$

式中，下标 1 表示负荷。考虑不确定参数的优化模型简化形式如下：

$$z_1 = \min_d f_1(d, s, Y_1) \tag{10-37}$$

$$z_2 = \min_d f_2(d, s, Y_1) \tag{10-38}$$

$$H(d, s, Y_1) = 0 \tag{10-39}$$

$$G(d, s, Y_1) \leqslant 0 \tag{10-40}$$

根据决策策略，构建基于风险抵御的悲观决策模型或基于机会追寻的乐观决策模型。以风险抵御为例，当负荷实际需求小于预测值的最大可接受偏差时，将导致目标函数值最劣化。因此，设定实际负荷需求为预测出力偏差的最小值，即

$$Y_1 = \overline{Y}_{1,t}(1 - \alpha_{1,t}), \quad t \in T \tag{10-41}$$

式中，$\overline{Y}_{1,t}$ 为不确定参数 t 的预测值；$\alpha_{1,t}$ 为不确定参数 t 的变动幅度。

设定实际出力扰动造成最终优化目标函数值的偏差度为 $\beta_i(i=1,2)$，则各目标的最大悲观值分别为 $(1-\beta_1)y_{b1}$、$(1+\beta_2)y_{b2}$。原优化模型将被改写，即

$$\begin{cases} \max \alpha_1 \\ \text{s.t. } 式(10\text{-}39) \sim 式(10\text{-}42) \\ z_1 \leqslant (1-\beta_1)y_{b1} \\ z_2 \leqslant (1+\beta_2)y_{b2} \\ Y_{1,t} = \overline{Y}_{w,t}(1 - \alpha_{1,t}) \\ 0 \leqslant \beta_i \leqslant 1 \end{cases} \tag{10-42}$$

　　对于机会追寻策略而言，决策者寻求不确定性能够使目标函数值最优化，即不确定性能使系统净收益进一步增加，弃风弃光进一步降低，但同时决策者需要面临更大的风险，体现了 IGDT 的机会性。当负荷需求量超出预测值的最大偏差时，决策者能获得最大机会效益。因此，设定实际负荷需求为预测出力偏差的最大值，即

$$Y_1 = \overline{Y}_{1,t}(1 + \alpha_{1,t}),\ t \in T \tag{10-43}$$

　　那么，各目标的最大乐观值分别为 $(1+\beta_1)y_{b1}$ 和 $(1-\beta_2)y_{b2}$。原优化模型将被改写为

$$\begin{cases} \min \alpha_l \\ \text{s.t. } 式(10\text{-}39) \sim 式(10\text{-}42) \\ z_1 \leqslant (1+\beta_1)y_{b1} \\ z_2 \leqslant (1-\beta_2)y_{b2} \\ Y_{1,t} = \overline{Y}_{w,t}(1+\alpha_{1,t}) \\ 0 \leqslant \beta_i \leqslant 1 \end{cases} \tag{10-44}$$

　　基于上述模型，图 10-2 给出了 IGDT 调度模型的优化流程。首先根据负荷预测值计算确定性优化模型的最优结果，即基础目标值。然后给定决策者可接受的偏差范围，结合基础目标值确定鲁棒目标值和机会目标值，决策者根据决策意向选择接受风险抵御策略或机会追寻策略，从而得出对应的不确定度和机组调度计划。

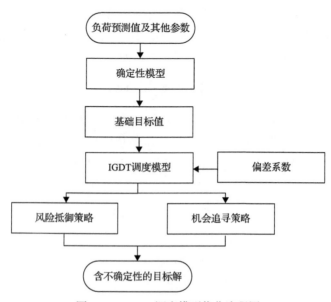

图 10-2　IGDT 调度模型优化流程图

10.2.3 优化结果评价指标

得出确定性优化模型和不确定性优化模型的优化结果后，需要通过一些评价指标来判定优化结果的优越性。本章选择系统净收益 a_1、清洁能源消纳率 a_2、CO_2 排放量 a_3、燃气调峰意愿 a_4 四个指标对最终的优化结果进行评价。系统净收益如式(10-44)所示，其他指标具体计算如下。

(1)清洁能源消纳率:

$$a_2 = 1 - \left(\frac{U_c}{U_t} \times 100\% \right) \tag{10-45}$$

(2)CO_2 排放量:

$$a_3 = \partial^{CO_2} \sum_{t=1}^{24} g_{i,g}(t) \tag{10-46}$$

式中，∂^{CO_2} 为机组碳排放系数。

(3)燃气调峰意愿:

$$a_4 = \max E_3 = r_{CGT} - C^{opp} \tag{10-47}$$

式中，C^{opp} 为燃气调峰机会成本。燃气调峰意愿值 E_3 为正值表示燃气机组愿意主动参与调峰，且数值越大参与的积极性越高，反之，则燃气机组被动参与调峰，且数值越大参与积极性越差。

10.3　模型求解算法

10.3.1 风光不确定性处理算法

1. 场景生成

风光不确定性可通过多场景生成技术进行转化求解，本节构建拉丁超立方抽样方法对累积概率曲线分层抽样后，进行样本数据求取，以此保证样本整体空间全覆盖。

拉丁超立方抽样方法具体步骤如下[70]。

第一步：首先需要确定随机变量的个数、初始采样的数目，以及收敛状态的阈值。

第二步：依次生成随机数、采样值概率以及变量空间的矩阵。

第三步：判断采样值是否满足相关性的验证，若满足进行第四步，若不满足返回第二步。

第四步：合并经过处理后的新生成采样值矩阵和原有采样值矩阵。

第五步：判断是否满足收敛条件，若满足进行第六步，若不满足返回第三步。

第六步：停止扩展采样，并对采样后的数据进行统计分析。

第七步：整理数据，结束。

2. 场景削减

假设共抽样产生 M 个场景，目标样本场景数为 M'，随机变量为 $X = [x_1, x_2, \cdots, x_n]$，第 i 个样本定义为 $X_i = \left[x_1^i, x_2^i, \cdots, x_n^i\right]$。假设每个场景的初始概率为

$$P_i = \frac{1}{M} \tag{10-48}$$

(1)利用场景距离测算对相似场景进行削减，综合考虑场景平均距离，即

$$S_{ij} = \sqrt{\sum_{w=1}^{n}\left[\left(X_{iw} - X_{jw}\right)^2 + \left(X_{iw} - \bar{X}_i\right)^2 + \left(X_{jw} - \bar{X}_j\right)^2\right]} \tag{10-49}$$

式中，S_{ij} 为不同场景距离样本目标场景的平均距离；$\bar{X}_i$、$\bar{X}_j$ 为场景的平均距离；X_{iw} 和 X_{jw} 分别为各场景下的样本值。

(2)从场景集中剔除距离最近的样本：

$$S_{ij} = p_j s_{ij} \tag{10-50}$$

式中，p_j 为场景 j 出现的概率；s_{ij} 为场景 i 和场景 j 间的距离。

(3)更新样本出现的概率：

$$p_i' = p_i + p_j \tag{10-51}$$

(4)重复步骤(1)~步骤(3)，直到场景数量削减至 M'。

10.3.2　基于 MOPSO 算法的多目标优化模型求解算法

1. 目标优化模型求解算法

多目标粒子群优化(multi-objective particle swarm optimization，MOPSO)算法具有收敛速度快、能够探索较为完整的帕累托前沿等一系列优点，因此，在对本章所建立的多目标优化模型进行求解时，为避免出现陷入局部最优以及目标冲突等问题，采用多目标粒子群优化算法进行模型求解，运算过程如下。

第一，输入系统参数和目标函数，随机产生初始粒子群。

第二，计算各粒子的适应度，判断各粒子是否在约束范围以内，若在约束范围内，则初始化第 i 个粒子在第 n 次迭代中的位置和速度；若不在约束范围内，将约束条件作为罚函数，随机产生新粒子，进而初始化位置和速度。其中，位置和速度模型如下：

$$\boldsymbol{X}_i^n = [x_{i,1}^n, x_{i,2}^n, \cdots, x_{i,k}^n] \tag{10-52}$$

$$\boldsymbol{v}_i^n = [v_{i,1}^n, v_{i,2}^n, \cdots, v_{i,k}^n] \tag{10-53}$$

式中，$\boldsymbol{X}_i^n$ 为第 i 个粒子在第 n 次迭代中的位置；$\boldsymbol{v}_i^n$ 为第 i 个粒子在第 n 次迭代中的速度；$x_{i,k}^n$ 为第 i 个粒子在第 n 次迭代中的随机产生的第 k 个新粒子的位置。

第三，通过评价目标函数的适应度值，确定各粒子的个体最优位置和种群最优位置：

$$\boldsymbol{P}_i^n = [p_{i,1}^n, p_{i,2}^n, \cdots, p_{i,k}^n] \tag{10-54}$$

$$\boldsymbol{G}_i^n = [g_{i,1}^n, g_{i,2}^n, \cdots, g_{i,k}^n] \tag{10-55}$$

式中，$\boldsymbol{P}_i^n$ 为第 i 个粒子在第 n 次迭代的个体最优位置；$\boldsymbol{G}_i^n$ 为第 i 个粒子在第 n 次迭代的种群最优位置。

第四，进一步更新下一次迭代时粒子的速度、位置、个体最优位置和种群最优位置，即

$$\begin{cases} v_{i,d}^{n+1} = w \cdot v_{i,d}^n + c_1 r_1 \cdot (p_{i,d}^n - x_{i,d}^n) + c_2 r_2 \cdot (g_{i,d}^n - x_{i,d}^n)] \\ x_{i,d}^{n+1} = x_{i,d}^n + v_{i,d}^{n+1}, \end{cases} \tag{10-56}$$

式中，$v_{i,d}^{n+1}$ 为第 $n+1$ 次迭代粒子 i 飞行速度矢量的第 $d(d=1,2,\cdots,n)$ 维分量；$x_{i,d}^{n+1}$ 为第 $n+1$ 次迭代粒子 i 位置矢量的第 d 维分量；$p_{i,d}^n$ 为第 n 次迭代粒子 i 个体最优位置矢量的第 d 维分量；$g_{i,d}^n$ 为第 n 次迭代种群经历最好位置矢量的第 d 维分量；r_1 和 r_2 为 $[0,1]$ 区间上服从均匀分布的随机数，可增加搜索随机性；c_1 和 c_2 为学习因子，取值范围为 $[0,2]$；w 用来平衡粒子间的全局寻优和局部寻优能力，为惯性权重，其模型如下：

$$w = w_{\max} - \frac{w_{\max} - w_{\min}}{N} \cdot n \tag{10-57}$$

式中，N 为最大迭代次数；n 为当前迭代次数；$w_{\min}$、$w_{\max}$ 分别为最小寻优惯性权重和最大寻优惯性权重。

2. 帕累托最优解的筛选模型

本章中定义一个外部档案来存取每次迭代产生的帕累托最优解。但由于随着迭代次数的增加，帕累托最优解的个数增加，外部档案规模不断扩大，为提高算法的运行速度，并保证外部档案的多样性，不陷入局部最优，采用基于拥挤距离的稀释度排序法对外部档案进行再次筛选，选择拥挤距离大的粒子留在外部档案中，使帕累托最优解的数量保持在合适的范围内，定义为 N_F，具体模型如下：

$$I_i = \sum_{j=1}^{J} \frac{\left| f_{j,i+1} - f_{j,i-1} \right|}{f_j^{\max} - f_j^{\min}} \tag{10-58}$$

式中，I_i 为第 i 个粒子的拥挤距离；J 为优化目标个数；$f_j^{\min}$、$f_j^{\max}$ 分别为解集中第 j 个优化目标函数的最小值和最大值；$f_{j,i+1}$、$f_{j,i-1}$ 分别为解集中第 $i+1$、$i-1$ 个优化目标的函数值。

3. 基于模糊集合理论的帕累托最优前沿选优模型

多目标粒子群优化算法得到的是一组帕累托最优解，不能通过简单地比较大小来确定其优劣状态，可基于模糊集合理论对帕累托最优前沿进行选优抉择，其能实现在不知决策者偏好和实际情况下合理选择最佳点，模型如下：

$$U_j = \begin{cases} 1, & f_j < f_j^{\min} \\ \dfrac{f_j^{\max} - f_j}{f_j^{\max} - f_j^{\min}}, & f_j^{\min} \leqslant f_j \leqslant f_j^{\max} \\ 0, & f_j > f_j^{\max} \end{cases} \tag{10-59}$$

式中，f_j 和 U_j 分别为第 j 个优化目标的函数值和隶属度值，且有

$$U = \sum_{j=1}^{J} U_j^{\max} \tag{10-60}$$

式中，U 为每个目标函数的综合隶属度，选择最大值为折中解；$U_j^{\max}$ 为第 j 个优化目标隶属度的最大值。

10.4 算 例 分 析

10.4.1 情景设置

为验证所构建模型的有效性和可行性，本节设置 6 种情景，如表 10-1 所示。

表 10-1　情景设置

情景	风电机组	光伏机组	燃气机组	储气罐	P2G	调峰补偿	负荷不确定性
1	√	√	√	×	×	×	×
2	√	√	√	×	×	√	×
3	√	√	√	√	√	×	×
4	√	√	√	√	√	√	×
5	√	√	√	√	√	√	√(风险抵御)
6	√	√	√	√	√	√	√(机会追寻)

注："√"表示该机组存在；"×"表示该机组不存在。

情景 1：虚拟电厂配置风电机组、光伏机组和 4 台燃气机组，无 P2G 和储气罐；参与深度调峰的燃气机组无调峰补偿。

情景 2：虚拟电厂配置风电机组、光伏机组和 4 台燃气机组，无 P2G 和储气罐；参与深度调峰的机组能够获得调峰补偿。

情景 3：园区内除风电机组、光伏机组和 4 台燃气机组外，还配置了 P2G 和储气罐；参与深度调峰的燃气机组无调峰补偿。

情景 4：园区内除风电机组、光伏机组和 4 台燃气机组外，还配置了 P2G 和储气罐；参与深度调峰的燃气机组能够获得调峰补偿。

情景 5：在情景 4 的基础上，引入负荷不确定性，设置预期可接受偏差系数为 5%，得到风险抵御策略结果。

情景 6：在情景 4 的基础上，引入负荷不确定性，设置预期可接受偏差系数为 5%，得到机会追寻策略结果。

10.4.2　基础数据

以国内某地区一虚拟电厂为例，该虚拟电厂包含了风光机组、千台燃气发电机、P2G 和储气罐，具体设备参数见表 10-2～表 10-4。

表 10-2　风光机组具体参数

设备	容量/MW	度电成本/[元/(MW·h)]
风电机组	200	350
光伏机组	25	600

表 10-3　P2G 及储气罐具体参数

设备	容量	流量限制/km³	转换效率/%	初始储气	碳减排量/[t/(MW·h)]
P2G	25MW	—	60	—	0.118
储气罐	25km³	0～25	—	0	—

表 10-4　燃气机组具体参数

设备	容量/MW	发电效率/%	单位运维成本/[元/(MW·h)]	二氧化碳排放系数/[t/(MW·h)]
燃气机组 G1～G4	200	80	340	0.4

利用 10.3.1 节场景生成和缩减方法处理风光不确定性。利用拉丁超立方抽样方法生成 500 个风光出力初始场景，并通过场景消减法削减至 10 个风光场景作为基础保留场景，各场景的概率如表 10-5 所示。

表 10-5　风光场景概率分布

	场景编号									
	一	二	三	四	五	六	七	八	九	十
风电概率	0.131	0.123	0.135	0.129	0.138	0.092	0.053	0.081	0.077	0.146
光伏概率	0.137	0.099	0.048	0.079	0.068	0.115	0.124	0.125	0.088	0.158

选择发生概率最大的场景作为日内预测风光出力[70,71]，顺次选择下一个概率最大的场景作为日前预测风光出力，得到风光出力曲线及负荷预测曲线如图 10-3 中所示。

本文主要采用了模糊 K-means 算法对负荷峰谷平时段进行划分，最终划分结果如下：7:00～16:00、18:00～23:00 为峰时段，23:00～5:00 为谷时段，5:00～7:00、16:00～18:00 为平时段。各时段电价如表 10-6 所示。除电价外，天然气价格为 3.45 元/m³[72,73]。

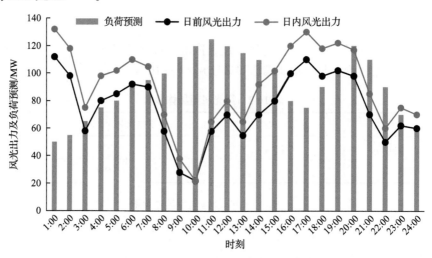

图 10-3　风光出力曲线及负荷预测曲线

表 10-6　电价数据

时段	价格 /[元/(kW·h)]
峰时段	1.368
谷时段	0.751
平时段	0.869

根据上面给出的负荷需求和风光出力情况，结合机组调峰报价区间限制，生成了各时段所有燃气机组的日前调峰报价情况，具体如表 10-7 所示。

表 10-7　机组日前调峰报价　　　　［单位：元/(kW·h)]

时段	机组			
	1	2	3	4
1:00	—	—	—	—
2:00	—	—	—	—
3:00	0.975	0.954	0.963	0.996
4:00	—	—	—	—
5:00	—	—	—	—
6:00	—	—	—	—
7:00	0.980	1.000	0.977	0.952
8:00	0.831	0.893	0.845	0.804
9:00	0.486	0.488	0.466	0.457
10:00	0.341	0.389	0.315	0.392
11:00	0.450	0.448	0.490	0.466
12:00	0.729	0.742	0.741	0.714
13:00	0.477	0.492	0.459	0.477
14:00	0.890	0.892	0.854	0.894
15:00	0.995	0.968	0.978	0.997
16:00	—	—	—	—
17:00	—	—	—	—
18:00	—	—	—	—
19:00	—	—	—	—
20:00	0.883	0.880	0.852	0.890
21:00	0.711	0.699	0.731	0.685
22:00	0.856	0.884	0.844	0.895
23:00	0.998	1.000	0.992	0.984
24:00	0.986	0.968	0.977	0.983

基于上述报价得出最终的出清价格如图 10-4 所示。

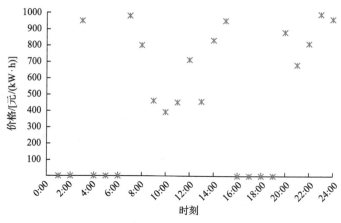

图 10-4　各时段调峰补偿出清价格

10.4.3　确定性优化模型结果分析

1) 情景 1 优化交易结果

情景 1 为基础场景, 不考虑变动因素 (即调峰补偿机制和 P2G) 的影响。表 10-8 为各机组在市场中的运营情况。

表 10-8　情景 1 下各机组在市场中的运营情况

风光机组弃风弃光量/(MW·h)	燃气机组				系统总成本/万元	系统总收入/万元
	发电成本/万元	发电收入/万元	机会成本/万元	二氧化碳排放量/t		
201.75	43.290	75.577	9.471	224.52	43.369	253.956

在基础场景中, 燃气机组通过"自身供电+调峰"的方式, 配合清洁能源机组发电消纳, 以此满足负荷量。但由于清洁能源发电的不确定偏差, 清洁能源发电量无法完全消纳, 最终产生 201.75MW·h 的弃风弃光量, 该情景下的清洁能源消纳率为 89.13%。燃气机组作为调峰机组, 在风光出现偏差时, 需要减少出力让出发电空间, 从机会成本角度来看, 燃气机组因让出发电空间导致利润损失 9.471 万元; 燃气机组因发电排放了 224.52t 二氧化碳。最终, 虚拟电厂获得的净收益为 210.587 万元。

2) 情景 2 优化交易结果

在情景 2 中引入了调峰补偿机制。表 10-9 展示了各机组在市场中的运营情况。

情景 2 下燃气调峰补偿使燃气机组经济效益中增加了调峰补偿收入 14.358 万元。对比调峰补偿收入以及机会成本, 其差值为正, 即虽然燃气机组因少发电造成了 9.471 万元损失, 但通过调峰补偿机制, 获得补偿 14.358 万元, 最终燃气机组从此中获利, 从而激发燃气机组积极参与调峰。但由于风光利用情况以及燃气机组出力没有变化，因此清洁能源消纳率、二氧化碳排放量与基础情景相比没有变化。

表 10-9　情景 2 下各机组在市场中的运营情况

风光机组弃风弃光量/(MW·h)	燃气机组				系统总成本/万元	系统总收入/万元
	发电成本/万元	发电收入/万元	机会成本/万元	二氧化碳排放量/t		
201.75	43.290	89.935	9.471	224.52	43.399	268.314

3）情景 3 优化交易结果

在情景 3 中，考虑了 P2G 设备的转化作用，进一步消纳风光发电。表 10-10 展示了各机组在市场中的运营情况。

表 10-10　情景 3 下各机组在市场中的运营情况

风光机组弃风弃光量/(MW·h)	燃气机组				系统总成本/万元	系统总收入/万元
	发电成本/万元	发电收入/万元	机会成本/万元	二氧化碳排放量/t		
77.5	39.004	75.577	9.471	209.86	39.082	253.956

情景 3 中，P2G 消纳了部分弃风弃光电量，将其转化成 CH_4 用于燃气发电，使弃风弃光量明显降低，减少量为 124.25MW·h，清洁能源消纳率提升了 6.69%，最终为 95.82%。燃气机组可以将 P2G 转换的 CH_4 用于发电，大大降低了从外购入天然气的成本，因此其发电成本最终为 39.004 万元，减少了 4.286 万元。另外，从 P2G 转化公式中可以看出，P2G 在转化过程中能够消耗部分二氧化碳，而这部分二氧化碳可通过燃气机组发电排放的二氧化碳补给，因此将燃气发电排放的二氧化碳用于 P2G 转换，能够促进二氧化碳的回收和进一步利用，最终二氧化碳排放量为 209.86t，减排 14.66t。但燃气发电出让空间带来的机会成本为 9.471 万元，要大于燃气发电成本的减少值，即发电成本的减少不能完全弥补燃气机组出让发电空间所带来的损失，因此无法完全调动燃气机组调峰的积极性。

4）情景 4 优化交易结果

情景 4 中考虑 P2G 设备和调峰补偿机制。表 10-11 展示了各机组在市场中的运营情况。

表 10-11　情景 4 下各机组在市场中的运营情况

风光机组弃风弃光量/(MW·h)	燃气机组				系统总成本/万元	系统总收入/万元
	发电成本/万元	发电收入/万元	机会成本/万元	二氧化碳排放量/t		
77.5	39.004	89.935	9.471	209.86	39.032	268.314

　　情景4中，在加入P2G转化效应降低燃气轮机发电成本的情景3的基础上，通过引入调峰补偿提升燃气机组发电收入，使燃气机组净收益增加18.644万元，约为机会成本的1.97倍，极大程度地调动了燃气机组调峰的参与积极性。最终系统总成本降低，系统总收入大大提高。

　　5)结果对比分析优化交易结果

　　(1)清洁能源消纳率对比。不同情景下的风光消纳情况如图10-5所示。由图可知，对于情景3、情景4，在存在弃风弃光时段中风光消纳情况较情景1、情景2明显增加，原因在于P2G将弃风弃光量转换成CH_4通过燃气机组得到再次利用，各情景清洁能源消纳率分别为89.13%、89.13%、95.82%、95.82%，含有P2G情景的清洁能源消纳率明显提高。

　　(2)调峰意愿对比。不同情景下的燃气调峰意愿值如表10-12所示。由表可知，在引入调峰补偿机制的情景2、情景4中，其燃气调峰意愿大大超过基础情景的燃气调峰意愿值，说明调峰补偿机制的引入，能够有效激发燃气机组参与调峰的意愿，让出发电空间给予风光机组，促进风光消纳，有利于多能互补协调优化，促进清洁能源发展。

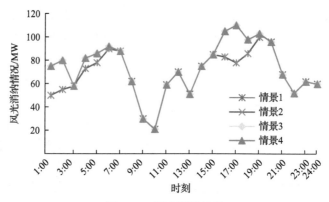

图 10-5　风光消纳情况

表 10-12　燃气调峰意愿

	情景 1	情景 2	情景 3	情景 4
燃气调峰意愿值/万元	22.816	37.174	27.103	41.460

　　(3)二氧化碳排放量对比。不同情景下的二氧化碳排放量如表10-13所示。由表可知，在含有P2G设备的情景3、情景4中，二氧化碳排放量显著降低，原因在于P2G设备将多余的风光发电量通过P2G技术转化成CH_4的过程中消耗了燃气机组发电产生的二氧化碳，形成二氧化碳的回收循环。

表 10-13　二氧化碳排放量

	情景 1	情景 2	情景 3	情景 4
二氧化碳排放量/t	224.52	224.52	209.86	209.86

(4) 系统净收益对比。不同情景下的系统净收益如图 10-6 所示。由图可知，基础情景下，系统净收益为 210.587 万元；在引入调峰补偿机制的情景 2 中，系统净收益为 224.915 万元；在仅含有 P2G 的情景 3 中，系统净收益为 214.874 万元；兼顾 P2G 和调峰补偿机制的情景 4 中，系统净收益为 229.282 万元。由于调峰补偿机制给燃气机组带来了额外收益，因此情景 2 和情景 4 的系统净收益相对较高；由于情景 4 中 P2G 的优化作用降低了燃气机组的燃料成本，加之绿证收益的提升，因此情景 4 的系统净收益高于情景 2。

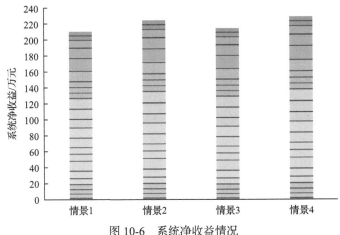

图 10-6　系统净收益情况

10.4.4　不确定性优化模型结果分析

1) 情景 5 优化交易结果

情景 5 以情景 4 为基础，引入了负荷不确定性，针对风险畏惧者提出风险抵御策略。表 10-14 展示了各机组在市场中的运营情况。

表 10-14　情景 5 下各机组在市场中的运营情况

风光机组弃风弃光量/(MW·h)	燃气机组				系统总成本/万元	系统总收入/万元
	发电成本/万元	发电收入/万元	机会成本/万元	二氧化碳排放量/t		
82.75	32.146	80.445	12.103	194.32	32.170	255.616

情景 5 中，在考虑决策者畏惧负荷不确定性带来的风险时，弃风弃光量较情

景 4 增加 5.25MW·h，由于负荷实际值小于预测值，燃气发电的机会成本进一步增加了 2.632 万元，导致燃气主动调峰的意愿下降了 5.264 万元，最终系统利润降低了 5.836 万元。但由于负荷减少，发电产生的二氧化碳排放量也降低了 15.54t。可以看出，负荷减小对风险畏惧者造成了恶劣影响，风险抵御策略的劣化趋势也体现了决策系统的鲁棒性。

2) 情景 6 优化交易结果

情景 6 以情景 4 为基础，引入了负荷不确定性，针对机会追寻者提出机会追寻策略。表 10-15 展示了各机组在市场中的运营情况。

表 10-15 情景 6 下各机组在市场中的运营情况

风光机组弃风弃光量/(MW·h)	燃气机组				系统总成本/万元	系统总收入/万元
	发电成本/万元	发电收入/万元	机会成本/万元	二氧化碳排放量/t		
71.20	47.233	101.323	6.312	260.76	47.266	283.552

情景 6 中，在考虑决策者追求负荷不确定性带来的收益时，弃风弃光量较情景 4 减少 6.3MW·h，由于负荷实际值大于预测值，提升了燃气机组的发电空间，燃气发电的机会成本减小了 3.159 万元，燃气主动调峰的意愿也因此上升了 5.792 万元，最终系统利润增加了 7.004 万元。但由于负荷增加，发电产生的二氧化碳排放量也增加了 50.9t。可以看出，负荷增加为决策者进一步带来了收益，机会追寻策略的优化趋势也体现了决策系统的机会性。

第 11 章　虚拟电厂集群参与竞价交易博弈优化模型

11.1　多虚拟电厂竞价博弈体系框架

11.1.1　多主体竞价博弈体系

本书考虑将 WPP、PV、CGT 和 ESS 聚合为虚拟电厂，考虑灵活性负荷与虚拟电厂间的互动关系，并考虑 VPP 与上级公共电网 (UPG) 相互连接。其中，为了充分激励灵活性负荷参与 VPP 发电调度，设定价格型需求响应 (PBDR) 和激励型需求响应 (IBDR)。当 WPP 和 PV 的预测功率与实际功率发生偏差时，IBDR 可以被调用提供紧急备用出力。设定 VPP 内各单元设备隶属于同一主体，不同 VPP 根据自身负荷需求进行能量调度，并核算单位供能边际成本和可外送能量，分析多 VPP 参与电能竞价博弈问题。图 11-1 为多 VPP 竞价博弈框架体系。

根据图 11-1，考虑存在多个独立 VPP，各 VPP 在满足自身能量需求后，将剩余电量通过竞价博弈的方式，向竞价交易中心申报竞标价格和可外送电量，竞价交易中心汇总不同 VPP 的竞标信息后，结算不同 VPP 获批的竞价能量份额和市场出清价格，并将中标价格和中标能量信息返回至各虚拟电厂，从而在内部能量供需平衡的前提下，将多余能量售出至公共电网，实现运营收益最大化的目标。从不同 VPP 的竞价博弈关系来看，多 VPP 竞价博弈属于多个 VPP 运营主体间的博弈问题。

11.1.2　多尺度竞价博弈体系

VPP 中 WPP 和 PV 的发电出力受外部自然条件影响，具有较强的随机性。在能量调度时，需根据 WPP 和 PV 的日前预测结果 (24h) 安排调度计划，并根据日内 (4h) 预测结果，通过修正 ESS、CGT 和 GB 等的出力计划，应对 WPP 和 PV 出力偏差，并根据实时 (1h) 出力结果，通过调用 IBDR 或向其他 VPP、上级电网购买电能，满足实时电能供需平衡。图 11-2 为多 VPP 多阶段竞价博弈体系。

根据图 11-2，多 VPP 电能管理存在三个阶段，即日前调度阶段 (24h)、日内竞价阶段 (4h) 和实时调度阶段 (1h)，通过分阶段开展不同 VPP 参与电能博弈优化，确立最优运行策略，具体如下。

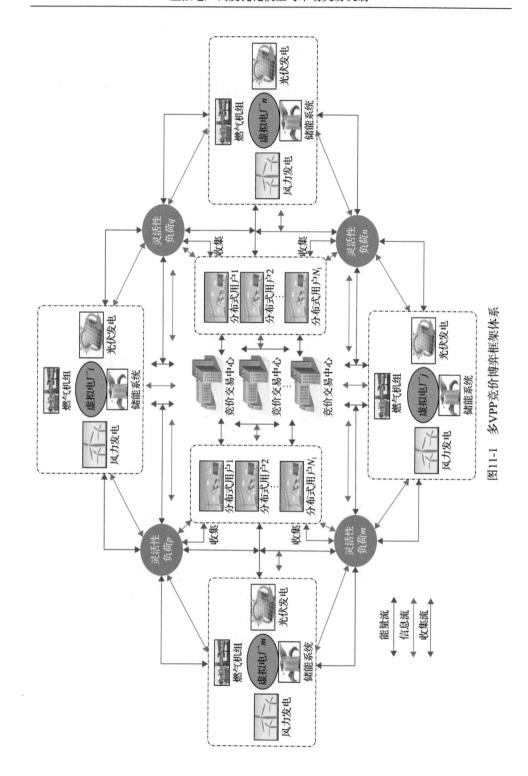

图 11-1 多 VPP 竞价博弈框架体系

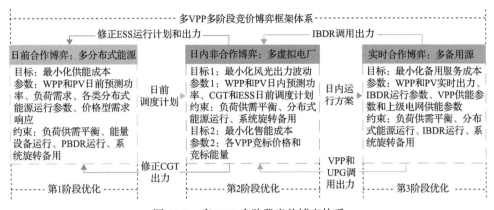

图 11-2　多 VPP 多阶段竞价博弈体系

（1）日前调度阶段（24h），根据 WPP 和 PV 日前预测功率，考虑 CGT、ESS 和灵活性负荷间的相互合作，确立电能供给成本最低的调度计划。该阶段属于 VPP 内多电源主体合作博弈问题。

（2）日内竞价阶段（4h），根据 WPP 和 PV 日内预测功率，修正 ESS、CGT 出力应对 WPP 和 PV 出力偏差。进而，核算 VPP 单位供能边际成本和可外送电能，将自身竞标价格和竞标电能向竞价交易中心申报，获得电能竞价交易份额及市场出清价格。该阶段属于多 VPP 非合作博弈问题。

（3）实时调度阶段（1h），根据 WPP 和 PV 的实时出力，基于日内电能调度计划和竞价交易方案，当 WPP 和 PV 实际出力与计划出力存在偏差时，通过调用 IBDR 紧急出力或向其他 VPP、UPG 购买电能，维持电能供需平衡。该阶段属于多备用源的合作博弈问题。

11.2　虚拟电厂集群能量协同管理模式

11.2.1　日前合作调度

在日前阶段，根据 WPP 和 PV 日前预测功率，以 VPP 运行成本最小为目标，安排不同类型机组的发电调度计划。VPP 运行成本主要包括风光弃能成本、CGT 运行成本、储能损耗成本和 PBDR 的实施成本，具体目标函数如下：

$$\min F_{\text{cost}} = \sum_{t=1}^{T} \left(C_{\text{WPP},t} + C_{\text{PV},t} + C_{\text{CGT},t} + C_{\text{ESS},t} + C_{\text{PB},t} \right) \tag{11-1}$$

式中，t 为时间；$T = 24$；$C_{\text{WPP},t}$ 和 $C_{\text{PV},t}$ 分别为 WPP 和 PV 在 t 时刻的弃风成本和弃光成本；$C_{\text{CGT},t}$ 为 CGT 在 t 时刻的运行成本，包括启停成本和燃料成本；

$C_{\mathrm{ESS},t}$ 为 ESS 在 t 时刻的运行成本，包括能量损耗成本、蓄电池损耗成本和机会收益成本；$C_{\mathrm{PB},t}$ 为 PBDR 在 t 时刻的实施成本。

WPP 和 PV 在时刻 t 的弃能成本为

$$C_{\mathrm{RE},t} = \left(g_{\mathrm{RE},t}^{\mathrm{pre}} - g_{\mathrm{RE},t} \right)\left(c_{\mathrm{RE},t} - p_{\mathrm{RE},t} \right) \tag{11-2}$$

式中，下标 RE 表示可再生能源，包括 WPP 和 PV；$g_{\mathrm{RE},t}^{\mathrm{pre}}$ 为 RE 在 t 时刻的发电预测出力；$g_{\mathrm{RE},t}$ 为 RE 在 t 时刻的出力；$c_{\mathrm{RE},t}$ 为 RE 在时刻 t 的弃能成本，主要由机组建设成本及残值、维护费用、人力成本和政府补贴等因素决定[74]；$p_{\mathrm{RE},t}$ 为 RE 在 t 时刻的发电上网价格。

$$C_{\mathrm{CGT},t} = \left[a_{\mathrm{CGT}} + b_{\mathrm{CGT}} g_{\mathrm{CGT},t} + c_{\mathrm{CGT}} \left(g_{\mathrm{CGT},t} \right)^2 \right]$$
$$+ \left[u_{\mathrm{CGT},t} \left(1 - u_{\mathrm{CGT},t-1} \right) \right] \times \begin{cases} N_{\mathrm{CGT}}^{\mathrm{hot}}, T_{\mathrm{CGT}}^{\mathrm{min}} < T_{\mathrm{CGT},t}^{\mathrm{off}} \leqslant T_{\mathrm{CGT}}^{\mathrm{min}} + T_{\mathrm{CGT}}^{\mathrm{cold}} \\ N_{\mathrm{CGT}}^{\mathrm{cold}}, T_{\mathrm{CGT},t}^{\mathrm{off}} > T_{\mathrm{CGT}}^{\mathrm{min}} + T_{\mathrm{CGT}}^{\mathrm{cold}} \end{cases} \tag{11-3}$$

式中，等号右边第一项为 CGT 发电燃料成本；第二项为 CGT 启停成本；$N_{\mathrm{CGT}}^{\mathrm{hot}}$ 和 $N_{\mathrm{CGT}}^{\mathrm{cold}}$ 分别为 CGT 热启动成本和冷启动成本；$u_{\mathrm{CGT},t}$ 为 CGT 在 t 时刻的运行状态；$T_{\mathrm{CGT}}^{\mathrm{min}}$ 为 CGT 最小停机时间；$T_{\mathrm{CGT},t}^{\mathrm{off}}$ 为 CGT 在时刻 t 的停机时间；$T_{\mathrm{CGT}}^{\mathrm{cold}}$ 为 CGT 的冷启动时间。

$$C_{\mathrm{ESS},t} = \frac{\rho_{\mathrm{ESS}} C_{\mathrm{ESS}}^{\mathrm{investmen}}}{N_t} + \begin{cases} -c_{\mathrm{ESS}}^{\mathrm{ch}} \eta_{\mathrm{ESS},t}^{\mathrm{ch}} g_{\mathrm{ESS},t} + \left(p_{\mathrm{grid},t} + p_t \right) g_{\mathrm{ESS},t}, & g_{\mathrm{ESS},t} < 0 \\ c_{\mathrm{ESS}}^{\mathrm{dis}} \eta_{\mathrm{ESS},t}^{\mathrm{dis}} g_{\mathrm{ESS},t} - \left(p_t - p_{\mathrm{grid},t} \right) g_{\mathrm{ESS},t}, & g_{\mathrm{ESS},t} \geqslant 0 \end{cases}$$
$$\tag{11-4}$$

式中，$g_{\mathrm{ESS},t}$ 为 ESS 在 t 时刻的充放电功率，当 $g_{\mathrm{ESS},t} < 0$ 时，表示 ESS 在充电，反之，表示 ESS 在放电；ρ_{ESS} 为调节系数，由于蓄电池在每个调度时段内的出力只有充电或放电半个过程，因此在计算循环损耗成本时引入调节系数；$C_{\mathrm{ESS}}^{\mathrm{investmen}}$ 为电池的初始投资成本；N_t 为蓄电池的使用寿命，与放电深度有关[75]；$p_{\mathrm{grid},t}$ 为时刻 t VPP 向公共电网的购售电价格；p_t 为 ESS 在 t 时刻的充放电价格；$\eta_{\mathrm{ESS},t}^{\mathrm{ch}}$ 和 $\eta_{\mathrm{ESS},t}^{\mathrm{dis}}$ 分别为 t 时刻 ESS 的充放电损耗率；$c_{\mathrm{ESS}}^{\mathrm{ch}}$ 和 $c_{\mathrm{ESS}}^{\mathrm{dis}}$ 分别为 ESS 的充电和放电损耗成本。

$$C_{\mathrm{PB},t} = P_t^0 L_t^0 - P_t L_t = P_t^0 L_t^0 - \left(P_t^0 + \Delta P_t \right)\left(L_t^0 + \Delta L_{\mathrm{PB},t} \right) \tag{11-5}$$

式中，P_t^0 和 P_t 分别为 t 时刻 PBDR 前后的电量价格；L_t^0 和 L_t 分别为 t 时刻 PBDR

前后的负荷需求；ΔP_t 和 $\Delta L_{\mathrm{PB},t}$ 分别为 PBDR 前后的价格变化量和负荷变化量。

根据微观经济学原理，PBDR 可由电力需求-价格弹性进行描述，具体见式(4-25)。进一步，参照文献[76]，计算 PBDR 产生的负荷波动，具体计算见式(4-26)。

根据式(11-2)~式(11-5)能够计算 VPP 的运行总成本，进一步，需要考虑不同 VPP 运行的约束条件。其中，考虑到 WPP 和 PV 输出功率的不确定性，在进行日前发电调度计划时，需考虑 WPP 和 PV 预测功率偏差所带来的风险。鲁棒随机优化理论采用不确定参数区间描述不确定性，对随机变量概率分布信息要求少，能够为不同风险敏感程度的决策者提供决策工具[77]。设定 M_t 代表 VPP 在 t 时刻的净负荷需求，具体计算方式如下：

$$M_t = \left[g_{\mathrm{CGT},t}(1 - \eta_{\mathrm{CGT}}) + g_{\mathrm{ESS},t}(1 - \eta_{\mathrm{ESS},t}) + g_{\mathrm{UG},t} \right] - (L_t - u_{\mathrm{PB},t}\Delta L_{\mathrm{PB},t}) \quad (11\text{-}6)$$

式中，$g_{\mathrm{CGT},t}$ 为在 t 时刻的 CGT 发电出力；η_{CGT} 和 $\eta_{\mathrm{ESS},t}$ 分别为 CGT 和 ESS 的出力损耗率；$g_{\mathrm{UG},t}$ 为 VPP 在 t 时刻向 UG 购买的电量；L_t 为在 t 时刻 VPP 的负荷需求；$u_{\mathrm{PB},t}$ 为在 t 时刻 PBDR 的实施状态，是 0-1 变量，1 表示 PBDR 被实施，0 表示 PBDR 未被实施。

由于 WPP 和 PV 的输出功率具有较强的随机性，设定 WPP 和 PV 的预测误差分别为 $e_{\mathrm{WPP},t}$ 和 $e_{\mathrm{PV},t}$，则风电输出功率 $g_{\mathrm{WPP},t}$ 和 $g_{\mathrm{PV},t}$ 可用区间进行描述，即 $\left[(1 - e_{\mathrm{WPP},t}) \cdot g_{\mathrm{WPP},t}, (1 + e_{\mathrm{WPP},t}) \cdot g_{\mathrm{WPP},t} \right]$ 和 $\left[(1 - e_{\mathrm{PV},t}) \cdot g_{\mathrm{PV},t}, (1 + e_{\mathrm{PV},t}) \cdot g_{\mathrm{PV},t} \right]$。为便于分析，用 $e_{\mathrm{RE},t}$ 替代 $e_{\mathrm{WPP},t}$ 和 $e_{\mathrm{PV},t}$，用 $g_{\mathrm{RE},t}$ 替代 $g_{\mathrm{WPP},t}$ 和 $g_{\mathrm{PV},t}$。相应地，$g_{\mathrm{RE},t}$ 将分布于 $\left[(1 - e_{\mathrm{RE},t}) \cdot g_{\mathrm{RE},t}, (1 + e_{\mathrm{RE},t}) \cdot g_{\mathrm{RE},t} \right]$。因此，VPP 运行的负荷需求约束见式(4-40)。

根据式(4-40)可知，当不确定性影响较强时，负荷供需不平衡也将加强，为了保证 WPP 和 PV 实际出力达到预测出力边界时仍旧满足负荷供需平衡约束，引入非负辅助变量 $\theta_{\mathrm{RE},t}$ 和鲁棒系数 Γ_{RE} 修正上述约束条件，具体约束条件如下：

$$\begin{cases} -(g_{\mathrm{RE},t} + e_{\mathrm{RE},t}g_{\mathrm{RE},t}) \leqslant -g_{\mathrm{RE},t} + \Gamma_{\mathrm{RE}}e_{\mathrm{RE},t}|g_{\mathrm{RE},t}| \leqslant -g_{\mathrm{RE},t} + e_{\mathrm{RE},t}\theta_{\mathrm{RE},t} \leqslant M_t \\ \theta_{\mathrm{RE},t} \geqslant |g_{\mathrm{RE},t}(1 - \varphi_{\mathrm{RE}}) \pm e_{\mathrm{RE},t} \cdot g_{\mathrm{RE},t}| \\ \theta_{\mathrm{RE},t} \geqslant 0 \\ \Gamma_{\mathrm{RE}} \in [0,1] \end{cases} \quad (11\text{-}7)$$

根据式(11-7)，Γ_{RE} 的引入能够为决策者根据自身风险态度制定考虑不确定性的 VPP 调度方案提供灵活性的风险决策工具。进一步，需要综合考虑 CGT 运行约束、ESS 运行约束、PBDR 运行约束和旋转备用约束。

1. CGT 运行约束

约束条件如下：

$$u_{\mathrm{CGT},t} g_{\mathrm{CGT}}^{\min} \leqslant g_{\mathrm{CGT},t} \leqslant u_{\mathrm{CGT},t} g_{\mathrm{CGT}}^{\max} \tag{11-8}$$

$$u_{\mathrm{CGT},t} \Delta g_{\mathrm{CGT}}^{-} \leqslant g_{\mathrm{CGT},t} - g_{\mathrm{CGT},t-1} \leqslant u_{\mathrm{CGT},t} \Delta g_{\mathrm{CGT}}^{+} \tag{11-9}$$

$$(T_{\mathrm{CGT},t-1}^{\mathrm{on}} - M_{\mathrm{CGT}}^{\mathrm{on}})(u_{\mathrm{CGT},t-1} - u_{\mathrm{CGT},t}) \geqslant 0 \tag{11-10}$$

$$(T_{\mathrm{CGT},t-1}^{\mathrm{off}} - M_{\mathrm{CGT}}^{\mathrm{off}})(u_{\mathrm{CGT},t} - u_{\mathrm{CGT},t-1}) \geqslant 0 \tag{11-11}$$

式中，$u_{\mathrm{CGT},t}$ 为 CGT 在时刻 t 的运行状态；$g_{\mathrm{CGT}}^{\min}$ 和 $g_{\mathrm{CGT}}^{\max}$ 分别为 CGT 最小和最大输出功率；$\Delta g_{\mathrm{CGT}}^{-}$ 和 $\Delta g_{\mathrm{CGT}}^{+}$ 分别为 CGT 的下坡功率和上坡功率；$T_{\mathrm{CGT},t-1}^{\mathrm{on}}$ 和 $T_{\mathrm{CGT},t-1}^{\mathrm{off}}$ 分别为 CGT 在时刻 $t-1$ 的持续运行时间和持续停机时间；$M_{\mathrm{CGT}}^{\mathrm{on}}$ 和 $M_{\mathrm{CGT}}^{\mathrm{off}}$ 分别为 CGT 的最小启动时间和最小停机时间。

2. ESS 运行约束

约束条件如下：

$$S_{\mathrm{ESS},t} = \begin{cases} S_{\mathrm{ESS},t-1} - g_{\mathrm{ESS},t}\left(1 - \eta_{\mathrm{ESS},t}^{\mathrm{ch}}\right), & g_{\mathrm{ESS},t} < 0 \\ S_{\mathrm{ESS},t-1} - g_{\mathrm{ESS},t}\left(1 - \eta_{\mathrm{ESS},t}^{\mathrm{dis}}\right), & g_{\mathrm{ESS},t} \geqslant 0 \end{cases} \tag{11-12}$$

$$g_{\mathrm{ESS},t}^{\min} \leqslant g_{\mathrm{ESS},t} \leqslant g_{\mathrm{ESS},t}^{\max} \tag{11-13}$$

$$S_{\mathrm{ESS},t}^{\min} \leqslant S_{\mathrm{ESS},t} \leqslant S_{\mathrm{ESS},t}^{\max} \tag{11-14}$$

式中，$S_{\mathrm{ESS},t}$ 为 ESS 在时刻 t 的储能；$g_{\mathrm{ESS},t}^{\min}$ 和 $g_{\mathrm{ESS},t}^{\max}$ 分别为 ESS 的最小和最大充放电功率；$S_{\mathrm{ESS},t}^{\min}$ 和 $S_{\mathrm{ESS},t}^{\max}$ 分别为 ESS 的最小和最大蓄能量。为了充分利用 ESS 的充放电性能，设定 ESS 调度周期初和调度周期末蓄能量均为零，即 $S_{\mathrm{ESS},0} = S_{\mathrm{ESS},T} = 0$。

3. PBDR 运行约束

约束条件如下：

$$\sum_{t=1}^{T} \left| \Delta L_{\mathrm{PB},t} \right| \leqslant \phi L_t^0, \ \left| \Delta L_{\mathrm{PB},t} \right| \leqslant \Delta L_{\mathrm{PB},t}^{\max} \tag{11-15}$$

式中，$\Delta L_{\mathrm{PB},t}^{\max}$ 为 PBDR 可提供的最大负荷波动量；ϕ 为最大负荷可削减比重。通过限制 PBDR 提供的最大负荷波动量和负荷削减比重，能够避免用户过度响应导致的"峰谷倒挂"现象。同样，PBDR 提供的发电出力还需满足式(11-13)和式(11-14)的启停时间约束。

4. 旋转备用约束

约束条件如下：

$$g_{\text{VPP},t}^{\max} - g_{\text{VPP},t} + \Delta L_{\text{PB},t}^{\text{up}} \geqslant r_1 \cdot L_t + r_2 \cdot g_{\text{WPP},t} + r_3 \cdot g_{\text{PV},t} \tag{11-16}$$

$$g_{\text{VPP},t} - g_{\text{VPP},t}^{\min} + \Delta L_{\text{IB},t}^{\text{down}} \geqslant r_4 \cdot g_{\text{WPP},t} + r_5 \cdot g_{\text{PV},t} \tag{11-17}$$

式中，$g_{\text{VPP},t}^{\max}$ 和 $g_{\text{VPP},t}^{\min}$ 为 t 时刻 VPP 的最大和最小可用出力；$g_{\text{VPP},t}$ 为在 t 时刻的 VPP 发电出力；r_1、r_2 和 r_3 分别为负荷、WPP 和 PV 的上旋转备用系数；r_4 和 r_5 分别为 WPP 和 PV 的下旋转备用系数。

11.2.2　日内非合作竞价

在日前调度计划的基础上，多 VPP 根据 WPP 和 PV 日内预测功率，通过调用 ESS、PBDR 或调整 CGT 发电出力，应对 WPP 和 PV 日前预测功率偏差。在完成 WPP 和 PV 偏差修正后，测算各个时段 VPP 的单位发电成本和剩余发电能力，进而构建多 VPP 发电竞价博弈模型。首先，以风光出力波动最小为目标，修正日前调度计划，具体目标函数如下：

$$\min F_{\text{ESS}} = \sum_{t'=1}^{4} \left\{ \left[F_{\text{ESS},t'} - \left(\sum_{t'=1}^{T} F_{\text{ESS},t'} \middle/ T \right) \right]^2 \middle/ T \right\}^{1/2} \tag{11-18}$$

$$F_{\text{ESS},t'} = -\left(g_{\text{ESS},t'} + \Delta L_{\text{PB},t'} + g_{\text{PV},t'} + g_{\text{WPP},t'} \right) + \left(g_{\text{ESS},t'}' + \Delta L_{\text{PB},t'}' + g_{\text{PV},t'}' + g_{\text{WPP},t'}' \right) \tag{11-19}$$

式中，$\Delta L_{\text{PB},t'}$ 为 PBDR 在 t' 时刻的日前调度阶段的计划出力；$g_{\text{PV},t'}$ 和 $g_{\text{WPP},t'}$ 为 t' 时刻的 PV 和 WPP 日前调度出力；$g_{\text{PV},t'}'$ 和 $g_{\text{WPP},t'}'$ 为 PV 和 WPP 在 t' 时刻的实际可用出力；$\Delta L_{\text{PB},t'}'$ 为 PBDR 在 t' 时刻的修正出力；$g_{\text{ESS},t'}'$ 为 ESS 在 t' 时刻的修正出力。同时，修改后的 ESS 运行出力不应影响在 t' 时刻之后的出力计划，设定 $t''=t'+1$，则 ESS 容量约束如下：

$$S_{\text{ESS},t''} = \begin{cases} S_{\text{ESS},t''-1} - g_{\text{ESS},t''} \left(1 - \eta_{\text{ESS},t''}^{\text{ch}} \right), & g_{\text{ESS},t''} < 0 \\ S_{\text{ESS},t''-1} - g_{\text{ESS},t''} \left(1 - \eta_{\text{ESS},t''}^{\text{dis}} \right), & g_{\text{ESS},t''} \geqslant 0 \end{cases} \tag{11-20}$$

同样，修正后的 ESS 运行出力还需满足式(11-13)和式(11-14)的约束条件。各 VPP 的运行约束还需满足式(11-7)~式(11-11)、式(11-15)~式(11-17)的约束条件。在完成日前调度计划修正后，可确定不同 VPP 的日内调度计划，即 $g_{\text{PV},t'}^*$、

$g_{\mathrm{WPP},t'}^{*}$、$g_{\mathrm{CGT},t'}^{*}$、$g_{\mathrm{ESS},t'}^{*}$ 和 $\Delta L_{\mathrm{PB},t'}^{*}$。此时，可计算各 VPP 的剩余供电能力，具体计算如下：

$$g_t = \underbrace{\left(g_{\mathrm{WPP},t}' - g_{\mathrm{WPP},t}^{*}\right) + \left(g_{\mathrm{PV},t}' - g_{\mathrm{PV},t}^{*}\right)}_{\mathrm{RE}} + \underbrace{g_{\mathrm{CGT}}^{\max} - g_{\mathrm{CGT},t}^{*}}_{\mathrm{CGT}}$$

$$+ \underbrace{\begin{cases} \min\left\{S_{\mathrm{ESS},t}, \left(g_{\mathrm{ESS},t}^{\max} - g_{\mathrm{ESS},t}^{*}\right)\right\}, & g_{\mathrm{ESS},t}^{*} \geqslant 0 \\ \max\left\{S_{\mathrm{ESS},t}, 0\right\}, & g_{\mathrm{ESS},t}^{*} < 0 \end{cases}}_{\mathrm{SE}} \qquad (11\text{-}21)$$

式中，g_t 为在时刻 t VPP 可参与电力市场的竞价出力。进一步，根据式 (11-1) 和式 (11-17) 可以确定在满足 VPP 内部负荷供需平衡前提下的单位供能成本，设定 $C_{\mathrm{VPP},t}$ 为 VPP 在时刻 t 的单位供能成本。不同 VPP 参与电力市场竞价的目的是获取超额收益，若竞价预期收益率为 $\beta_{\mathrm{VPP},t}$，则 VPP 参与电力市场竞价交易的报价计算如下：

$$B_{\mathrm{VPP},t} = \left(1 + \beta_{\mathrm{VPP},t}\right) C_{\mathrm{VPP},t} \qquad (11\text{-}22)$$

由式 (11-21) 和式 (11-22) 能够确定 VPP 的日内竞标价格和竞标电量，实际上，当系统中存在多个 VPP 参与电力竞价时，将形成多种竞价方案，系统会按照价格由低到高的顺序进行能量交易，直至满足能量平衡，这是一个无限重复博弈的过程，每个时段都将会有一次独立的投标过程。各个时段的投标过程都需上报竞标电量和竞标电价。在竞价过程中，若各 VPP 的运营商都足够理智，能够提供合理的价格，则各个体都将在动态平衡中获取理想收益。本书引入函数 $\arg\max g\,(\cdot)$，代表定义域内的一组解集，每一组解都可以使得函数 $\arg\max g\,(\cdot)$ 取得最大值，则多个 VPP 共同参与能量市场竞价时的最优策略如下：

$$\begin{cases} B_1^{*} \in \arg\max\left[\left(B_1 - C_1\right) \cdot E_1\left(B_1, B_2^{*}, \cdots, B_m^{*}\right)\right] \\ B_2^{*} \in \arg\max\left[\left(B_2 - C_2\right) \cdot E_2\left(B_1^{*}, B_2, \cdots, B_m^{*}\right)\right] \\ \qquad\qquad\qquad \vdots \\ B_m^{*} \in \arg\max\left[\left(B_m - C_m\right) \cdot E_m\left(B_1^{*}, B_2^{*}, \cdots, B_m\right)\right] \end{cases} \qquad (11\text{-}23)$$

式中，m 为 VPP 的参数值；C_m 为 VPP_m 的竞价成本；B_m 为 VPP_m 的竞价策略；B_m^{*} 为 VPP_m 的最优竞价策略；$E_m\left(B_1^{*}, B_2^{*}, \cdots, B_m\right)$ 为 VPP_m 最优竞价策略中的能量供给方案。

在完成竞价交易后，需要确立合理的结算机制。一般来说，竞价交易的结算机制包括报价支付(PAB)结算机制[75]和边际出清价(MCP)结算机制[75]，PAB 结算机制容易出现部分主体以很高的价格和很少的电量博弈取得超额收益的现象，导致系统整体的供能成本较高，影响市场竞价交易环境。MCP 结算机制按照统一的出清价格进行结算，不同 VPP 需压低自身竞价价格，获得更多的交易电量，多次迭代得到反映系统真实供能成本的市场出清价格。本书选择 MCP 结算机制，并引入平均供能成本最低作为系统整体的优化目标，具体目标函数如下：

$$\min F_{\text{Bidding}} = \sum_{t=1}^{4} \sum_{m=1}^{M} \left\{ \left[\left(\boldsymbol{B}_m^* - \boldsymbol{C}_m \right) \cdot \boldsymbol{E}_m \left(\boldsymbol{B}_1^*, \boldsymbol{B}_2^*, \cdots, \boldsymbol{B}_m \right) \right]_t \middle/ \sum_{m=1}^{M} \boldsymbol{E}_m \left(\boldsymbol{B}_1^*, \boldsymbol{B}_2^*, \cdots, \boldsymbol{B}_m^* \right)_t \right\}$$

$$(11\text{-}24)$$

$$\sum_{m=1}^{M} g_{m,t} = L_{\text{UPG},t} \tag{11-25}$$

式中，$L_{\text{UPG},t}$ 为 UPG 在时刻 t 的需求能量；M 为 VPP 参与能量竞价交易的数量；$g_{m,t}$ 为 t 时刻 VPP_m 向上级电网购买的电量。根据式(11-18)～式(11-25)建立虚拟电厂集群日内竞价博弈模型，该竞价博弈模型能够考虑自身设备运行冗余，分析不同 VPP 间的影响和博弈行为，确立 VPP 最优竞价博弈策略。

11.2.3　实时合作调整

尽管在日内竞价模式中已针对 WPP 和 PV 日前预测偏差进行了修正，并根据 WPP 和 PV 日内预测模型进行了多 VPP 竞价博弈优化，然而，由于 WPP 和 PV 输出功率的强不确定性，在实时调度阶段，WPP 和 PV 的日内预测功率仍可能存在偏差，导致日内竞价博弈策略难以达到最优。其中，当实际可交易电量高于竞价电量时，日内竞价方案仍可执行；反之，则需要调用紧急备用资源，以应对负荷供需失衡问题。备用资源主要包括 IBDR、VPP 和上级电网三个渠道。因此，本节选择电力备用成本最低为目标，并构建多 VPP 实时修正模型，具体目标函数如下：

$$\min R_{m,t} = C_{m,t}^{\text{IBDR}} + p_{m,t}^{\text{UPG}} g_{m,t}^{\text{UPG}} + \sum_{\substack{n=1, n \in m \\ n \neq m}}^{M} B_{m,t}^{n,*} g_{m,t}^{n}, \ \forall m \in M \tag{11-26}$$

式中，$R_{m,t}$ 为 t 时刻 VPP_m 的备用成本；$g_{m,t}^{\text{UPG}}$ 为 t 时刻 VPP_m 向上级电网购买的能量；$p_{m,t}^{\text{UPG}}$ 为在 t 时刻 VPP_m 向上级电网购买电量的价格；$B_{m,t}^{n,*}$ 为 VPP_n 在日内博弈模型中的投标价格；$g_{m,t}^{n}$ 为 t 时刻 VPP_n 向 VPP_m 提供的备用能量；$C_{m,t}^{\text{IBDR}}$ 为 t 时刻 VPP_m 调用 IBDR 的备用成本，具体计算如下：

$$C_{m,t}^{\mathrm{IBDR}} = g_{\mathrm{IBDR},t}^{\mathrm{up}} p_{\mathrm{IBDR},t}^{\mathrm{up}} + g_{\mathrm{IBDR},t}^{\mathrm{down}} p_{\mathrm{IBDR},t}^{\mathrm{down}} \tag{11-27}$$

式中，$g_{\mathrm{IBDR},t}^{\mathrm{up}}$ 和 $g_{\mathrm{IBDR},t}^{\mathrm{down}}$ 为 t 时刻 IBDR 提供的上下备用容量；$p_{\mathrm{IBDR},t}^{\mathrm{up}}$ 和 $p_{\mathrm{IBDR},t}^{\mathrm{down}}$ 为 t 时刻 IBDR 提供上下备用容量的价格。进一步，需根据不同时段 VPP 向外供给的能量和上级能网能量价格，确立 VPP_m 最优的购能组合，具体约束条件如下：

$$\sum_{m=1}^{M} g_{m,t} + g_{\mathrm{IBDR},t}^{\mathrm{up}} + \sum_{n=1,n\in m,n\neq m}^{M} g_{m,t}^{n} + g_{m,t}^{\mathrm{UPG}} = L_{\mathrm{UPG},t} + g_{\mathrm{IBDR},t}^{\mathrm{down}} \tag{11-28}$$

$$g_{\mathrm{IBDR},t}^{\min} \leqslant \left\{ g_{\mathrm{IBDR},t}^{\mathrm{up}}, g_{\mathrm{IBDR},t}^{\mathrm{down}} \right\} \leqslant g_{\mathrm{IBDR},t}^{\max} \tag{11-29}$$

$$g_{\mathrm{IBDR},t}^{\mathrm{up}} \cdot g_{\mathrm{IBDR},t}^{\mathrm{down}} = 0 \tag{11-30}$$

式中，$g_{\mathrm{IBDR},t}^{\min}$ 和 $g_{\mathrm{IBDR},t}^{\max}$ 为 t 时刻 IBDR 提供的最小和最大出力。若 VPP_n 向 VPP_m 输出能量，则 VPP_n 总的输出能量需满足约束条件式(11-21)。同样，对于 IBDR 来说，其发电出力还需满足式(11-13)～式(11-15)中的上下爬坡约束和启停时间约束。

11.3　虚拟电厂集群竞价博弈流程

本节将遍历求解精度高的混沌搜索算法和全局寻优能力较强的蚁群优化算法进行融合，并对蚁群优化算法的寻优速度及求解效率进行改进，建立改进混沌蚁群优化(ICACO)算法，用于求解所提的多 VPP 三阶段能量协同管理模型，确立多 VPP 的最优运行策略。

11.3.1　ICACO 算法

VPP 优化运行存在去中心化特征，多 VPP 的优化决策属于分布式决策优化问题。蚁群优化算法通过个体间的沟通协作可实现整体寻优，具有较强的自主决策能力和优异的分布式决策能力。蚁群优化算法是对自然界蚂蚁搜寻食物过程的一种仿生，蚂蚁通过不断地交流合作，找出巢穴和食物间的最优路径；蚂蚁在寻找路径的过程中，会在当前路径上释放一定的信息素，路径越长，释放的信息素就越低；当碰到障碍物时，蚂蚁会以一定的概率随机地选择一条道路，概率的大小是由该道路上的信息浓度决定的；信息素具有挥发性，随着时间的推移，信息素在最优路径上的浓度会越来越高，而其他路径的浓度会随着时间的推移降低，最终整个蚂蚁群体找到最优路径。关于蚁群优化算法的详细介绍可参见文献[78]。

尽管蚁群优化算法在全局寻优方面具有突出的表现，但求解过程中，蚁群优化算法的变异概率始终保持不变，当种群多样性较小时，依然以较低的概率变异，则易陷入局部最优，且在寻优过程中容易产生重复解。然而，混沌自身就是一种非线性现象，具有随机性、遍历性和对初始条件敏感性的特点，混沌搜索算法能够在有限范围内按照自身规律不重复地遍历所有状态，有效避免陷入局部最小，比随机搜索更具有优越性，易于跳出局部最优解。因此，本节选用混沌搜索算法改进传统蚁群优化算法，并对变异概率和求解效率进行修正，具体如下。

1. 粒子维度熵

为了衡量种群多样性，一些算法引入了信息熵的概念，一个系统的信息熵可由式(11-31)表示：

$$H(U) = -\sum_{i=1}^{n} p_i \ln p_i \tag{11-31}$$

式中，U 为所有可能输出的集合；p_i 为第 i 类输出的概率函数。系统越混乱，信息熵越高且越接近 1，所以，信息熵可以作为系统有序化程度的一个度量。假设蚁群在一个 n 维空间中搜索，种群包括 m 个粒子，文献[75]引入了种群熵以改进算法，这些算法是以 m 个粒子适应度的丰富度来衡量种群信息的多样性，这种处理方式有一定缺陷：当种群中各粒子在 n 维空间中的坐标差异较大(各粒子的相对距离较远)，但由于适应度函数的计算方法等，这些粒子的适应度差异却较小时，种群熵会偏高，在此时选择变异不仅会使种群偏离原有的正确寻优轨迹、延长计算时间，还有可能会在变异后缩短各粒子的相对距离，降低种群多样性。本节根据粒子各维度的坐标差异性，引入如下方法确定粒子在维度 d 上的维度熵：

$$p\left(x_{i,d}\right) = \left(x_{i,d} - x_{i,d}^{\min}\right) \bigg/ \sum_{j=1}^{m} \left(x_{j,d} - x_{j,d}^{\min}\right) \tag{11-32}$$

式中，$x_{i,d}$ 为第 i 个粒子在维度 d 上的位置坐标；$p\left(x_{i,d}\right)$ 为对应位置坐标的概率函数；$x_{i,d}^{\min}$ 为 $x_{i,d}$ 的最小值。种群包含 n 个粒子维度熵，归一化后的粒子维度熵可由式(11-36)表示：

$$E\left(x_{i,d}\right) = \frac{-\sum_{i=1}^{m} p\left(x_{i,d}\right) \ln\left[p\left(x_{i,d}\right)\right]}{\ln m} \tag{11-33}$$

设置维度熵上限为 $E^{\max}$，在迭代过程中若维度 d 的维度熵 $E(x_d) > E^{\max}$，则对该部分的部分粒子坐标进行混沌变异。图 11-3 为贪心变异策略示意图。

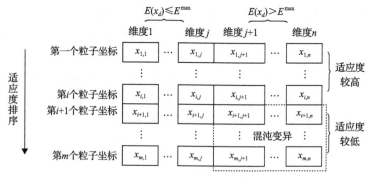

图 11-3　贪心变异策略示意图

2. 自适应调整信息素挥发因子

蚁群优化算法中挥发因子 ρ 的大小直接影响到其全局搜索能力及其收敛速度，当要处理的问题规模比较大的时候，这种影响更为突出，基于此，这里引入了自适应调整信息素挥发因子，旨在通过自适应改变挥发因子 ρ 来提高算法的全局搜索能力。设 ρ 的初始值 $\rho(t_0)=1$，当蚁群优化算法求得的最优值在 N 次循环后没有明显改进时，ρ 按照式 (11-34) 进行调整：

$$\rho(t)=\begin{cases}0.95\rho(t-1), & 0.95\rho(t-1)\geqslant\rho_{\min}\\ \rho_{\min}, & \text{其他}\end{cases} \tag{11-34}$$

式中，$\rho_{\min}$ 为 ρ 的最小值，一般设置 $\rho_{\min}=0.1$，可以防止 ρ 过小而降低了收敛速度，一般设 $\rho_{\min}=0.1$。

3. 转移概率的改进

在 VPP 竞价博弈中，如果参数 α、β 选取不当的话会直接影响模型求解的速度和求解的效果，为了提高蚁群优化算法的计算效率，可将参数 α、β 定义为

$$\alpha=1+e^{-0.1N_{\max}} \tag{11-35}$$

$$\beta=\frac{2.5}{e^{1-\alpha}+1} \tag{11-36}$$

式中，$N_{\max}$ 为最大迭代次数，当 $N_{\max}$ 变化时，α、β 也会发生变化，可以通过控制 $N_{\max}$ 来控制两个参数，增加了参数间的联动性。

4. 基于粒子维度熵和贪心策略的 ICACO 算法

为了缩短迭代的收敛路径，可采用图 11-3 所示贪心变异策略对部分适应度较差的个体坐标进行如式 (11-33) 所示的混沌变异。当种群较小时，应设置较高的变

异个体比例，提高种群多样性；当种群较大时，可适当降低变异个体比例。本节种群大小为 50，变异个体比例选取为 80%。

第 $k+1$ 次迭代后 x_{id} 的取值为

$$x_{i,d}^{(k+1)} = x_{i,d}^{\min} + z^{(k+1)} \left(x_{i,d}^{\max} - x_{i,d}^{\min} \right) \tag{11-37}$$

式中，k 为迭代次数；$x_{i,d}^{\max}$ 为 $x_{i,d}$ 的最大值；$z^{(k+1)}$ 为第 $k+1$ 次迭代的 logistic 混沌映射取值，其表达式如下：

$$z^{(k+1)} = \mu z^{(k)} \left[1 - z^{(k)} \right] \tag{11-38}$$

它是典型的混沌系统，当 $\mu = 4$ 且 $0 \leqslant z^{(0)} \leqslant 1(z^{(0)} \neq 0.5)$ 时，z 的取值永远不会重复。

11.3.2　ICACO 算法求解流程

本节所提多 VPP 多级竞价博弈模型主要包括三个时间节点，即日前调度 (24h)、日内调度 (4h) 和实时调度 (1h)，具体竞价博弈过程如下 (图 11-4)。

（1）日前调度是根据 WPP、PV 和负荷的日前预测结果，利用式 (11-1)~式 (11-17) 计算 VPP 的日前调度计划，得出不同 VPP 可参与竞价博弈的能量和价格。

（2）日内调度是根据 WPP、PV 和负荷的日内预测结果，利用式 (11-18)~式 (11-20) 修正日前调度计划，进一步，利用式 (11-21) 及式 (11-22) 计算 VPP 实际可参与竞价交易的能量和价格，并利用式 (11-13)~式 (11-25) 确立多 VPP 的最优竞价策略。为动态模拟多 VPP 的竞价博弈过程，本节选择蚁群优化算法作为模拟工具，确立该阶段多 VPP 的最优竞价方案。实际上，蚁群优化算法所涉及的选择、交叉、变异的过程与 VPP 的调度-竞价规则也相互匹配，具体分析如下。

①选择，最优的竞价策略是在平均供能成本最低目标下产生的，即在竞价的过程中，越是能接近系统平均供能成本的竞价策略，越容易中标。

②交叉，VPP 之间的竞标价格相互影响，管理者会根据其他 VPP 的报价策略改变自身的报价。

③变异，就如同实际中一样，VPP 的竞价不可能一直不变，多个 VPP 会根据自身情况和掌握的信息，突然降低或提升投标价格，但投标价格也会在一定范围之内。

（3）实时调度是根据 WPP、PV 和负荷的实际值，对日内调度计划进行修正后，确立实际可参与竞价交易的电量，当发生能量短缺时，以能量备用服务成本最低为目标，调用用户侧 IBDR 资源、向其他 VPP 或者 UPG 购能，维持能量供需平衡。

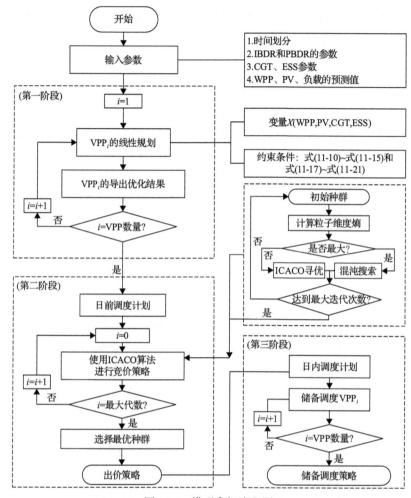

图 11-4　模型求解流程图

实际上，采用蚁群优化算法对多 VPP 竞价博弈过程的模拟，是在遵循 VPP 管理者实际情况和电力市场的前提下的模拟方案。在竞价过程结束后，在种群中选择自身利润最大化的竞价方案。该方案能够实现 VPP 整体外送能量成本最低的目标，也能最大化规避 WPP 和 PV 随机性带来的能量短缺风险，实现终端用户能量消费成本最低和自身利润最大化的目标。

11.4　算例分析

11.4.1　基础数据

为验证所提三阶段 VPP 能量协同管理模型及算法的有效性和适用性，本节以中国广西三里多虚拟电厂示范工程作为实例系统，参照文献[77]设定该地区的增量配电网结构，包括变电站 1 和变电站 2，均为增量配电网。其中，变电站 1 包括 A 出线和 B 出线，分别连接 VPP_1 和 VPP_2。变电站 2 包括 C 出线，连接 VPP_3。设定两个变电站间可进行能量交互，不同 VPP 间可通过变电站相互连接，实现能量互通。其中，VPP_1 包括 $6 \times 0.4MW$ WPP、$3 \times 0.15MW$ PV、$1 \times 2.5MW$ CGT 和 $1 \times 1.0MW$ CGT，并匹配 $2 \times 0.5MW \cdot h$ ESS。VPP_2 包括 $5 \times 0.2MW$ WPP、$2 \times 0.2MW$ PV 和 $1 \times 2MW$ CGT，并匹配 $1 \times 0.5MW \cdot h$ ESS。VPP_3 包括 $4 \times 0.4MW$ WPP、$6 \times 0.15MW$ PV、$2 \times 2.5MW$ CGT 和 $1 \times 2MW$ CGT，并匹配 $2 \times 0.5MW \cdot h$ ESS。其中，CGT 选用额定容量为 2.5MW 的 TAURUS60 燃气轮机、额定容量为 2MW 的 CENTAUR50 燃气轮机和额定容量为 1MW 的 CENTAUR40 燃气轮机，并将其成本曲线分两段进行线性化，具体参数如表 11-1 所示。各 VPP 上级电网的电能实时价格如文献[78]所示。ESS 的充电功率为 0.12MW，放电功率为 0.12MW，充放电损耗约为 4%，初始蓄能量为 0。设定市场需求等于各 VPP 可外送电量总量的 75%。图 11-5 为虚拟电厂集群项目测试系统结构图。

表 11-1　CGT 运行参数

燃气轮机	g_{CGT}^{min} /MW	g_{CGT}^{max} /MW	$\Delta g_{CGT}^{\pm}$ /MW	$D_{CGT,t}$ /元	$M_{CGT}^{on/off}$ /h	1 段斜率 /(元/MW)	2 段斜率 /(元/MW)
TAURUS60	2.5	5.67	3	204.8	2	239	273.2
CENTAUR50	2	4.6	2.5	136.3	1.5	150.25	307.3
CENTAUR40	1	3.515	1.8	122.9	1	136.6	341.5

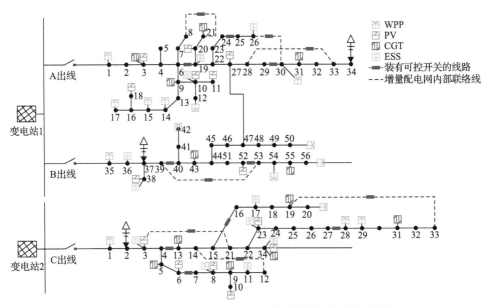

图 11-5　虚拟电厂集群项目测试系统结构图(扫码见彩图)

　　然后，为对不同 VPP 的优化运行进行模拟，参照文献[79]将风机参数设为 $v_{in}=3\,m/s$ ， $v_{rated}=14\,m/s$ ， $v_{out}=25\,m/s$ ，形状参数和尺度参数 $\varphi=2$ ， $\vartheta=2\bar{v}/\sqrt{\pi}$ ，光辐射强度参数 α 和 β 分别为 0.39 和 8.54。进一步，参照文献[75]所提场景生成和削减策略，得到 10 组典型模拟情景，选取峰谷差最大的场景作为日前预测数据，选取波动最大的场景作为日内预测数据，选取发生概率最大的场景作为实时数据，从而确立各 VPP 的输入数据。参照文献[77]，选取该区域负荷需求的典型负荷日作为输入数据。同时，为分析 WPP 和 PV 的不确定性对 VPP 调度和竞价优化的影响，设定 WPP 和 PV 的预测差分别为 0.05 和 0.04，并设置初始鲁棒系数为 0.5。图 11-6 为典型负荷日 WPP、PV 的负荷需求和可用输出。

　　进一步，为分析需求响应对 VPP 优化运行和竞价博弈策略的影响，参照文献[80]，划分负荷峰、平、谷时段(12:00~21:00、0:00~3:00 和 21:00~24:00、3:00~12:00)，并选取电力需求弹性矩阵。设定 PBDR 前，终端用户用电电价为 0.59 元/(kW·h)，PBDR 后平时段价格维持不变，峰时段用电价格上调 30%，谷时段用电价格下调 50%。同时，为避免用户过度响应导致负荷曲线"峰谷倒挂"现

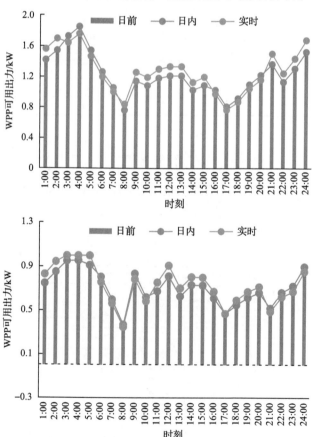

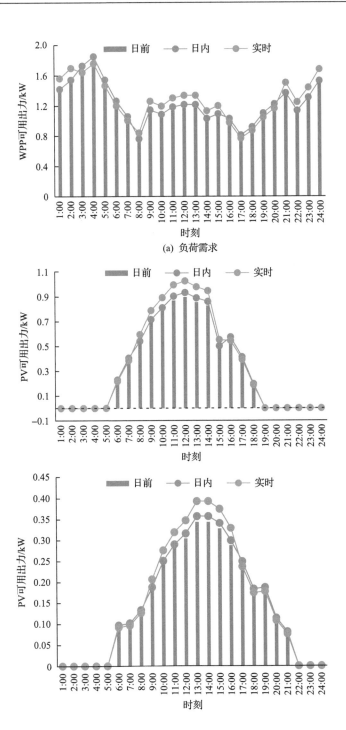

(a) 负荷需求

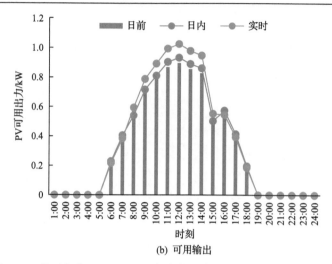

图 11-6　典型负荷日 WPP、PV 的负荷需求和可用输出(扫码见彩图)

象，设定 PBDR 产生的负荷波动不能超过 ±0.05MW。同时，参照文献[81]，设定实时修正阶段 IBDR 能够提供的可用出力波动不能超过 ±0.1MW。当 IBDR 无法满足备用诉求时，VPP 可向其他 VPP 或上级电网进行购电。

最后，为求解所提三级能量协同管理模型，设置算法最大迭代次数为 $N_{max} = 200$；各主体依据竞价策略区间随机生成的蚂蚁个体数量为 $n = 35$，由式(11-38)和式(11-39)得到参数 $\alpha = 1.0001$，$\beta = 1.2501$；设定最小挥发因子 $\rho_{min} = 0.1$，并将变异个体比例选取为 70%[81]。通过上述相关数据，能够确立 VPP 日前调度计划、日内竞价博弈策略以及实时备用调度方案，实现日前合作调度-日内非合作竞价-实时合作调整三阶段联动优化目标，实现 VPP 的最优运行。

11.4.2　算例结果

1. 日前调度优化结果

本节根据 WPP 和 PV 的日前预测功率，以供电成本最小化为目标，确立多 VPP 日前调度计划。在日前调度阶段，为了降低 VPP 的供电成本，会优先调用 WPP 和 PV 满足电能需求，剩余负荷由 CGT 提供。同时，为了应对 WPP 和 PV 的不确定性，系统会调用 IBDR 和 ESS 为 VPP 发电调度提供备用服务。图 11-7 是多 VPP 在日前调度阶段的功率输出。

根据图 11-7，为实现 VPP 发电成本最低的目标，WPP 和 PV 会优先被调用以满足负荷需求，CGT 则通过自身的快速启停特性，匹配 WPP 和 PV 发电出力。对比不同 VPP，VPP₁ 具有较多的 WPP，在谷时段负荷主要由 WPP 满足，而 VPP₃ 具有更多的 PV，在峰时段 PV 出力较多，VPP₂ 中 WPP 和 PV 相对较少，故负荷主要由 CGT 满足。进而，为了应对 WPP 和 PV 出力的不确定性，ESS 在谷时段被调用充电蓄能，在峰时段进行释能放电。表 11-2 为多 VPP 在日前调度阶段的调度结果。

根据表 11-2，尽管 WPP 和 PV 的发电成本较低，但由于其出力的波动性，存在弃风和弃光，以 VPP_1 为例，总的弃风和弃光分别为 4.349MW·h 和 0.651MW·h。

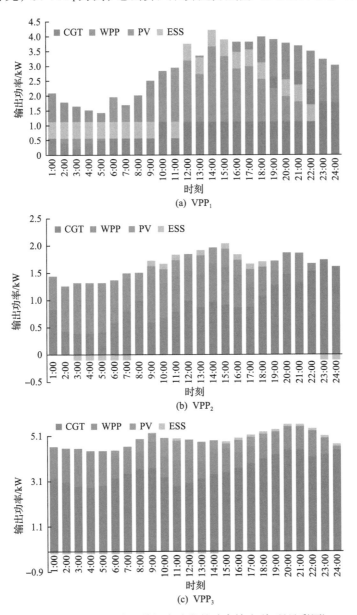

图 11-7　多 VPP 在日前调度阶段的功率输出(扫码见彩图)

表 11-2　多 VPP 在日前调度阶段的调度结果

VPP	CGT/(MW·h)	WPP/(MW·h)		PV/(MW·h)		ESS/(MW·h)		供电成本	
		出力	弃能	出力	弃能	充电	放电	总成本/元	单位成本/[元/(kW·h)]
VPP$_1$	40.369	27.439	4.349	3.698	0.651	−1.0	1.0	11187.5	144.895
VPP$_2$	22.488	13.538	3.488	2.965	0.523	−0.8	0.8	6147.9	162.385
VPP$_3$	86.339	24.915	7.852	6.674	1.178	−1.1	1.1	20426.7	179.730

同样，由于 VPP$_3$ 在峰时段具有更多的 PV 发电出力，ESS 被调用得更多，以应对 PV 发电出力的波动性。从供电成本来看，VPP$_1$ 由于 WPP 和 PV 出力较多，故单位供电成本最低，VPP$_3$ 尽管有较多的 PV 出力，但在峰时段负荷供需关系紧张，备用服务成本较高，故单位供电成本较高。总体来说，为追求单位供电成本最小，VPP 会优先调用 WPP 和 PV，但其不确定性会给系统带来很大的影响，如何合理分配 WPP 和 PV 可用出力，满足自身电力需求和参与上级电网竞价交易，是制定最优 VPP 日前发电调度计划的关键。

2. 日内竞价优化结果

本节基于多 VPP 日前调度计划，根据 WPP 和 PV 日内预测结果，通过修正 ESS 调度计划和 CGT 出力，来应对 WPP 和 PV 日前预测功率偏差。其中，CGT 运行状态由日前调度计划决定，该阶段只修改 CGT 的发电出力。图 11-8 为日内调度阶段多 VPP 修正功率输出。

根据图 11-8，由于 WPP 和 PV 日前预测功率发生偏差，故为了维持电力供需平衡，ESS 被更多地调用，特别是 VPP$_1$ 和 VPP$_3$，峰时段负荷供需关系紧张，当预测结果发生偏差时，将优先调用 ESS 平衡偏差，并通过修正 CGT 出力，维持电力实时供需平衡。当完成上述发电出力修正后，可根据多 VPP 日内调度计划，计算不同 VPP 可参与上级电网竞价交易的电量和发电成本。图 11-9 表示在日内阶段不同 VPP 的单位供电成本和可竞价电量。

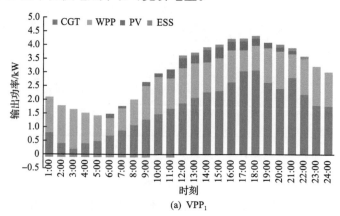

(a) VPP$_1$

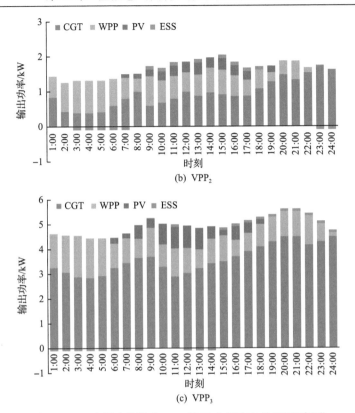

(b) VPP$_2$

(c) VPP$_3$

图 11-8　日内调度阶段多 VPP 修正功率输出(扫码见彩图)

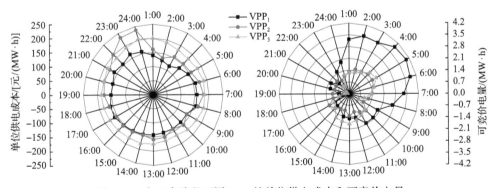

图 11-9　在日内阶段不同 VPP 的单位供电成本和可竞价电量

根据图 11-9，分析不同 VPP 的单位供电成本和可竞价电量。VPP$_1$ 具有较多的 WPP 出力，在谷时段可参与竞价交易的电量较多，而 VPP$_3$ 具有较多的 PV 出力，在峰时段可参与竞价交易的电量较多。从单位供电成本来看，VPP$_1$ 因其 WPP 和 PV 可用出力较多，故单位供电成本最低，而 VPP$_2$ 和 VPP$_3$ 则在不同阶段，因其出力结构的差异性，单位供电成本具有一定的波动性。例如，在 22:00~24:00，

VPP$_2$的单位供电成本高于VPP$_3$，而在其余时段VPP$_3$的单位供电成本高于VPP$_2$。进一步，以最低供电成本最低为目标，选择不同VPP参与竞价交易。图11-10为在日内竞价阶段不同VPP的出清价格和电量份额。

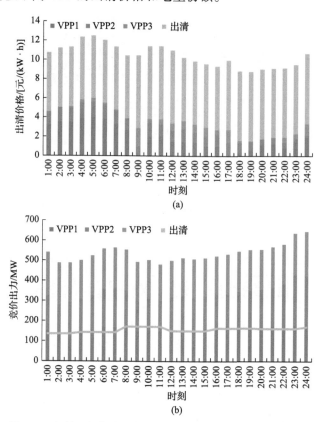

图11-10　在日内竞价阶段不同VPP的出清价格和电量份额

根据图11-10，分析不同VPP在竞价交易过程中的出清价格和电量份额。在谷时段，VPP$_1$由于具有更多的WPP发电出力，且单位供电成本较低，故获取了较多的竞价交易份额，在峰时段，VPP$_3$由于具有较多的PV发电出力，故获取的交易份额较多，此外，在23:00～24:00因其单位供电成本低于VPP$_2$，故获取的交易份额也较多。VPP$_2$因其单位供电成本相对较低，在VPP$_1$获取份额后，也能够获得较多的竞价交易份额。表11-3为日内模型中多VPP竞价电量和竞价收益。

根据表11-3，分析不同VPP的竞价交易结果。VPP$_1$获取的竞价交易份额最多，故竞价收益要远高于VPP$_2$和VPP$_3$。VPP$_2$竞价收益要低于VPP$_1$，但其来自WPP和PV的收益较低。VPP$_3$因其PV可用出力较高，故来自PV的竞价交易收益分别高于VPP$_1$和VPP$_2$ 110.486元和131.059元。总体来说，在多个VPP竞价交易过程中，WPP和PV发电成本很低，故能够提升VPP的竞价博弈优势，获取较多

表 11-3　日内模型中多 VPP 竞价电量和竞价收益

VPP	竞价电量/(MW·h)				竞价收益/元			
	WPP	PV	CGT	合计	WPP	PV	CGT	合计
VPP$_1$	5.867	0.758	39.553	46.178	873.847	123.033	5953.129	6950.009
VPP$_2$	1.952	0.639	21.873	24.464	311.847	102.460	3315.133	3729.440
VPP$_3$	3.462	1.435	4.259	9.156	552.307	233.519	657.697	1443.523

的交易份额,特别是当 WPP、PV、CGT 联合参与竞价交易时,在 MCP 结算机制下,更多的竞价交易份额能够带来更多的竞价收益。这既有利于提升 VPP 自身的运营收益,又有利于促进 WPP 和 PV 的更大规模利用,实现电源结构的优化升级。

3. 实时修正优化结果

在日前调度计划和日内竞价博弈结果的基础上,本节考虑 WPP 和 PV 的实时功率与日内预测功率的偏差,通过从 IBDR、其他 VPP 和 UPG 调用紧急供能,维持电力实时供需平衡。在进行紧急电能调度时,通过综合考虑不同渠道各时刻的电能供给成本,确立紧急电能调用成本最低的实时调度修正出力方案。图 11-11 为不同 VPP 在实时调度阶段的修正出力结果。

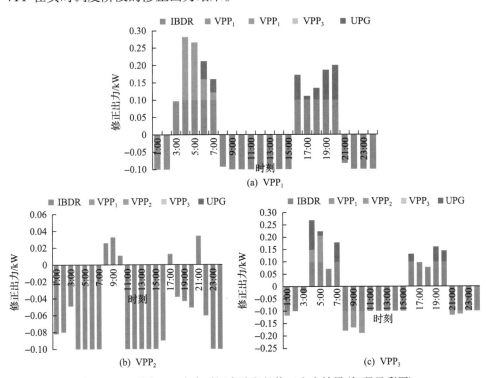

图 11-11　不同 VPP 在实时调度阶段的修正出力结果(扫码见彩图)

根据图 11-11，为应对 WPP 和 PV 实时出力偏差，VPP 会优先调用 IBDR 提供灵活性电能，进而根据其他 VPP 和 UPG 供电成本的高低关系，有序调用紧急供电主体。由于 IBDR 可提供下旋转备用出力，故在 WPP 和 PV 实时出力低于预期值时，IBDR 会被调用提供负发电出力，当 IBDR 和其他 VPP 无法满足紧急供电需求，或紧急供电成本较高时，VPP 会向 UPG 购买能量。总体来说，VPP 会根据不同时刻 IBDR、其他 VPP 和 UPG 的紧急供电成本，确立实时修正调度策略。表 11-4 为实时阶段多 VPP 操作的预留调度。

表 11-4   实时阶段多 VPP 操作的预留调度

VPP	发电出力/(MW·h)				备用出力/(MW·h)					收益/元			
	WPP	PV	CGT	ESS	IBDR	VPP$_1$	VPP$_2$	VPP$_3$	UPG	调度	竞价	备用	合计
VPP$_1$	32.60	4.21	39.55	±1.08	(−1.38,0.10)	—	0.43	0.00	0.39	24581.90	6950.01	−1650.78	29881.13
VPP$_2$	15.77	3.55	21.87	±0.84	(−1.56,0.08)	0.00	—	0.00	0.00	13502.10	3729.44	−1268.13	15963.41
VPP$_3$	27.72	7.97	1.44	±1.32	(−1.42,0.85)	−0.10	(−0.19,0.16)	—	0.35	34617.10	3729.44	−1697.82	36648.72

根据表 11-4，由于 WPP 和 PV 实时出力发生偏差，故 IBDR、其他 VPP 和 UPG 均被调用。从不同 VPP 的紧急供电构成来看，VPP$_1$ 向 VPP$_2$ 购电 0.43MW·h，向 UPG 购电 0.39MW·h，而 VPP$_3$ 则向 VPP$_1$ 购电 −0.1MW·h，向 VPP$_2$ 购电 −0.19MW·h 和 0.16MW·h，各 VPP 均向 IBDR 购买紧急供电服务，以实现实时电力供需平衡。总体来说，本书所提三阶段调度-竞价博弈模型，能够衔接日前(24h)-日内(4h)-实时(1h)三个调度阶段，根据不同阶段 WPP 和 PV 的预测功率，实现在满足自身电力可靠供给的同时，将剩余电力通过竞价交易的方式输送至 UPG，从而获取超额经济收益，且 IBDR、VPP 和 UPG 能够被调用提供紧急供电服务，实现 VPP 实时电力供需平衡的目标。

11.4.3   结果分析

1. 算法有效性分析

为验证 ICACO 算法的性能，本节分别采用蚁群优化(ACO)算法、改进蚁群优化(IACO)算法、遗传算法(GA)和粒子群优化(PSO)算法对所提多级竞价博弈模型进行优化求解，并分别计算 VPP 日前调度成本、日内竞价收益以及实时备用成本。表 11-5 为不同算法的求解结果对比分析。

根据表 11-5，ICACO 算法、IACO 算法和 ACO 算法的平均收敛次数小于 GA 算法和 PSO 算法，说明 ACO 算法的全局收敛能力优于 GA 和 PSO。此外，ICACO 算法的 F_{cost}、$F_{bidding}$ 和 R_{VPP} 及收敛次数优于 GA 算法和 PSO 算法，表明混沌搜索能提升 ACO 算法的快速寻优能力。ICACO 算法的平均收敛次数要少于 ACO

表 11-5　不同算法的求解结果对比分析

对比项	ICACO	IACO	ACO	GA	PSO
平均收敛次数/次	64	82	108	127	94
F_{cost} /元	37762	39214	38247	38125	40524
$F_{bidding}$ /元	14408	14205	13852	14345	13942
R_{VPP} /元	4617	4852	4925	4785	4985

注：F_{cost} 为虚拟电厂运行成本；$F_{bidding}$ 为虚拟电厂竞价成本；R_{VPP} 为虚拟电厂的竞价收益。

算法，且 ICACO 算法的 F_{cost}、$F_{bidding}$ 也要优于 ACO 算法，说明对挥发因子 ρ 和控制参数 α、β 的改进提高了 ACO 算法的全局搜索能力和收敛性能，提高了运算效率，可以得到更优的结果。因此，本书所提出的基于 ICACO 算法能够用于确立多 VPP 的最优竞价与运行策略。

2. PBDR 影响分析

PBDR 能够通过在时间上实施差异化价格引导终端用户调整用能行为，实现用能负荷曲线的"削峰填谷"，释放 VPP 运行的调峰压力，从而使得 VPP 能够将更多的 WPP 和 PV 参与到能量市场竞价交易中，从而获取更多的调度-竞价收益。图 11-12 为 PBDR 前后的负荷需求。

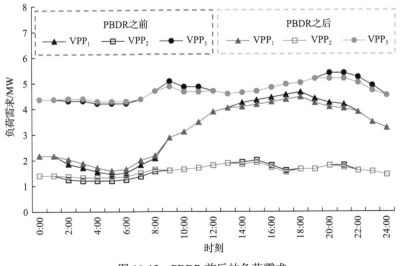

图 11-12　PBDR 前后的负荷需求

根据图 11-12，PBDR 后峰时段电负荷需求均有所降低，以 VPP$_1$ 为例峰谷比由 3.215 降低至 2.805。更加平缓的电力需求曲线将提升 WPP 和 PV 的并网空间，也有利于提升 VPP 参与电力市场的竞价交易份额,从而提高 VPP 的运营收益。表 11-6 为 PBDR 前后多 VPP 运行结果。

表 11-6　PBDR 前后多 VPP 运行结果

VPP	PBDR 前			PBDR 后			WPP/(MW·h)	PV/(MW·h)	CGT/(MW·h)	ESS/(MW·h)	IBDR/(MW·h)		收益/元
	峰/MW	谷/MW	峰谷比	峰/MW	谷/MW	峰谷比					上	下	
VPP$_1$	4.658	1.449	3.215	4.471	1.594	2.805	29.964	4.255	44.920	±1.08	−1.2	0.5	31002.52
VPP$_2$	2.000	1.200	1.667	1.920	1.320	1.455	15.335	3.509	20.534	±0.84	−1.3	0.3	16724.810
VPP$_3$	5.400	4.212	1.282	5.184	4.296	1.207	28.109	7.889	80.778	±1.32	−1.1	0.6	39916.678

根据表 11-6,对比分析 PBDR 前后各 VPP 的运营收益。对比表 11-4,PBDR 后,WPP 和 PV 的发电并网电量均明显增加,以 VPP$_1$ 为例,分别增加 2.525MW·h 和 0.557MW·h,且在实时备用调度阶段,IBDR 被调用提供上下旋转备用,即−1.2MW·h 和 0.5MW·h。从总的收益来看,VPP$_1$、VPP$_2$ 和 VPP$_3$ 的运营收益分别增加 1121.392 元、761.4 元和 3267.958 元,这是由于 PBDR 通过平缓负荷需求曲线,提升了 VPP 应对 WPP 和 PV 不确定性的能力,提升了 WPP 和 PV 的并网空间,故 VPP 能够将更多的电能和热能参与能量竞价交易,从而获取更多的竞价收益。

3. 鲁棒系数影响分析

由于 WPP 和 PV 具有较强的不确定性,在制定日前调度计划时,若不考虑 WPP 和 PV 预测结果偏差,在实际电能供给时,可能会发生偏差风险。故为描述这种不确定性,本书引入了鲁棒随机优化理论,通过设置反映风险态度的鲁棒系数(鲁棒系数越大,决策者对 WPP 和 PV 不确定性风险的承受能力越低),优化分配 WPP 和 PV 在满足自身电力需求和参与上级电网竞价博弈的出力,确立 VPP 最优调度-竞价策略。图 11-13 为多 VPP 在不同鲁棒性系数下的三阶段优化结果。

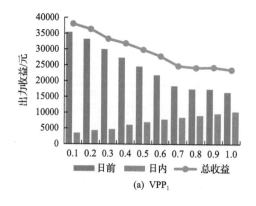

(a) VPP$_1$

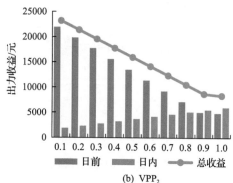

(b) VPP$_2$

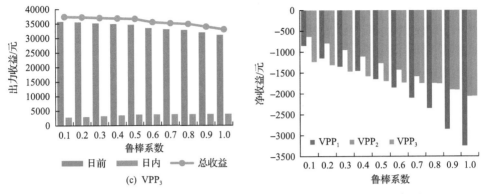

图 11-13　多 VPP 在不同鲁棒性系数下的三阶段优化结果(扫码见彩图)

根据图 11-13，为降低不确定性对 VPP 运行的影响，决策者在制定日前发电调度计划时，会减少调用 WPP 和 PV，日前预期收益也会逐步下降，更多 WPP 和 PV 将通过竞价交易输送至上级电网，日内竞价收益将逐步上涨。然而，为应对 WPP 和 PV 日内预测功率偏差，更多备用服务将在实时调度阶段被调用，故总收益呈现下降趋势。具体来说，VPP_1 和 VPP_2 由于 WPP 装机比重较大，故鲁棒系数的增加会明显降低总收益，而 VPP_3 由于 PV 装机较多，但总占比不高，故鲁棒系数增加时，总收益降幅要低于 VPP_1 和 VPP_2。同样，随着鲁棒系数的增加，VPP_1 调用备用服务的增幅也相对较高，这表明鲁棒随机优化理论能够描述决策者风险态度，风险规避型决策者愿意将更多 WPP 和 PV 通过降价交易售出，以降低风险水平，反之，风险偏好型决策者则愿意消纳自身 WPP 和 PV，以获取更高的经济收益。

4. 市场规模影响分析

对于 VPP 参与上级电力市场竞价交易来说，市场规模的大小决定了不同 VPP 可获取的竞价交易份额，也直接影响各 VPP 参与电能市场竞价交易的收益。因此，本节对不同市场规模下的竞价交易方案进行敏感性分析，本节选择各 VPP 可参与竞价交易能量总量的 75%作为市场规模，进一步，分析 50%、55%、65%、75%、85%、95%、100%市场规模下的竞价交易结果。图 11-14 为不同市场规模下的多 VPP 的投标能力。

根据图 11-14，随着市场规模的增加，VPP_1 竞价能力增加速度逐渐放缓，VPP_3 竞价能力增加速度逐渐加快，VPP_2 竞价能力增加速度基本不变。这是由于 VPP_1 竞价价格较低，VPP_3 竞价价格较高，在市场规模较小时，VPP_1 会优先获取交易，而在市场规模较大时，VPP_1 已基本将全部电量售出，剩余份额则由 VPP_2 和 VPP_3 获取。由于 VPP_2 的竞价价格要低于 VPP_3，故当 VPP_2 全部售出电量后，VPP_3 才获取剩余份额。进一步，从不同 VPP 中 WPP 和 PV 竞价上网电量来看，随着市场规模的上涨，WPP 和 PV 因其单位供电成本较低，获取竞价交易的份额会迅速增加，特别是 VPP_3，当 WPP 和 PV 可参与竞价交易电量完成交易后，将无法再参与电力市场竞价交易。总体来说，为了提升 VPP 的竞价收益，未来，UPG 可逐步放开更大比例的市场用于开展多 VPP 竞价交易，从而实现更多的 WPP 和 PV 发电并网的目标。

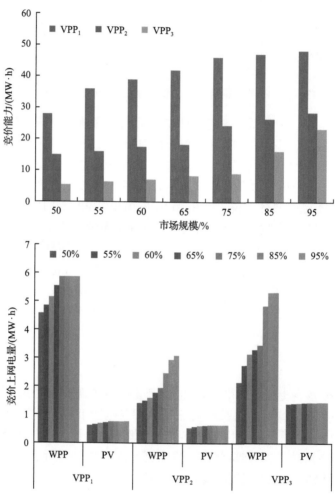

图 11-14　不同市场规模下多 VPP 的投标能力 (扫码见彩图)

参 考 文 献

[1] 陈春武, 李娜, 钟朋园, 等. 虚拟电厂发展的国际经验及启示[J]. 电网技术, 2013, 37(8): 2258-2263.

[2] 张高. 含多种分布式能源的虚拟电厂的竞价策略与协调调度研究[D]. 上海: 上海交通大学, 2019.

[3] 魏向向, 杨德昌, 叶斌. 能源互联网中虚拟电厂的运行模式及启示[J]. 电力建设, 2016, 37(4): 1-9.

[4] 卫志农, 余爽, 孙国强, 等. 虚拟电厂欧洲研究项目述评[J]. 电力系统自动化, 2013, 37(21): 196-202.

[5] 张巍, 李怀宝, 董晓伟, 等. 虚拟电厂的灵活性辅助服务投标策略研究[J]. 电力科学与工程, 2021, 37(3): 47-56.

[6] Pandžić H, Kuzle I, Capuder T. Virtual power plant mid-term dispatch optimization[J]. Applied Energy, 2013, 101(1): 134-141.

[7] Tascikaraoglu A, Erdinc O, Uzunoglu M, et al. An adaptive load dispatching and forecasting strategy for a virtual power plant including renewable energy conversion units[J]. Applied Energy, 2014, 119: 445-453.

[8] Mirko M S. Bi-level multi-objective fuzzy design optimization of energy supply systems aided by problem-specific heuristics[J]. Energy, 2017, 137: 1231-1251.

[9] Tan Z F, Wang G, Ju L W, et al. Application of CVaR risk aversion approach in the dynamical scheduling optimization model for virtual power plant connected with wind-photovoltaic-energy storage system with uncertainties and demand response[J]. Energy, 2017, 124: 198-213.

[10] Ju L W, Tan Z F, Li H H, et al. Multi-objective operation optimization and evaluation model for CCHP and renewable energy based hybrid energy system driven by distributed energy resources in China[J]. Energy, 2016, 111: 322-340.

[11] Ju L W, Tan Z F, Yuan J Y, et al. A bi-level stochastic scheduling optimization model for a virtual power plant connected to a wind-photovoltaic-energy storage system considering the uncertainty and demand response[J]. Applied Energy, 2016, 171: 184-199.

[12] Li B, Liang S Y, Zhu J, et al. Dynamic economic dispatch modelling of Microgrid with non-food biomass power generation[J]. Automation of Electric Power System, 2016, 40(11): 39-46.

[13] 刘梦璇, 王成山, 郭力, 等. 基于多目标的独立微电网优化设计方法[J]. 电力系统自动化, 2012, 36(17): 34-39.

[14] 范松丽, 艾芊, 贺兴. 基于机会约束规划的虚拟电厂调度风险分析[J]. 中国电机工程学报, 2015, 35(16): 4025-4034.

[15] Mohammad A F G, João S, Nuno H, et al. A multi-objective model for scheduling of short-term incentive-based demand response programs offered by electricity retailers[J]. Applied Energy, 2015, 151: 102-118.

[16] Ji L, Zhang X P, Huang G H, et al. Development of an inexact risk-aversion optimization model for regional carbon constrained electricity system planning under uncertainty[J]. Energy Conversion and Management, 2015, 94: 353-364.

[17] Wang D, Parkinson S, Miao W, et al. Hierarchical market integration of responsive loads as spinning reserve[J]. Applied Energy, 2013(104): 229-238.

[18] Yu S, Wei Z H, Sun G Q, et al. A bidding model for a virtual power plant considering uncertainties[J]. Automation of Electric Power System, 2014, 38(22): 44-49.

[19] Azadeh K, Alireza M, Arash M D, et al. Multi-objective design under uncertainties of hybrid renewable energy system using NSGA-Ⅱ and chance constrained programming[J]. International Journal of Electrical Power & Energy Systems, 2016, 74: 187-194.

[20] Mostafa V D, Homa R K, Amjad A M, et al. Risk-averse probabilistic framework for scheduling of virtual power plants considering demand response and uncertainties[J]. International Journal of Electrical Power and Energy Systems, 2020, 121: 106126.

[21] Tan Z F, Li H H, Ju L W, et al. An optimization model for large-scale wind power grid connection considering demand response and energy storage systems[J]. Energies, 2014, 7(11): 7282-7304.

[22] Tang W J, Yang H T. Optimal operation and bidding strategy of a virtual power plant integrated with energy storage systems and elasticity demand response[J]. IEEE Access, 2019, 7: 2169-3536.

[23] Tan Z F, Ju L W, Li H H, et al. A two-stage scheduling optimization model and solution algorithm for wind power and energy storage system considering uncertainty and demand response[J]. International Journal of Electrical Power and Energy Systems, 2014, 63: 1057-1069.

[24] Liu M X, Wang C S, Guo L, et al. An optimal design method of multi-objective based island micro grid[J]. Automation Electrical Power System, 2012, 36(17): 34-39.

[25] Zakariazadeh A, Homaee O, Jadid S, et al. A new approach for real time voltage control using demand response in an automated distribution system[J]. Applied Energy, 2014, 117: 157-166.

[26] Abhnil A P, Robert A T, Merlinde K. Assessment of direct normal irradiance and cloud connections using satellite data over Australia[J]. Applied Energy, 2015, 143: 301-311.

[27] Kong X Y, Xiao J, Liu D H, et al. Robust stochastic optimal dispatching method of multi-energy virtual power plant considering multiple uncertainties[J]. Applied Energy, 2020, 279: 115707.

[28] Zhang W, Wu X M, Zhang X, et al. Optimal scheduling research for day ahead market transaction of virtual power plant considering uncertainty and CVaR[J]. Journal of Physics: Conference Series, 2022, 2354(1): 012011.

[29] Bailera M, Espatolero S, Lisbona P, et al. Power to gas-electrochemical industry hybrid systems: A case study[J]. Applied Energy, 2017, 202: 435-446.

[30] Rastegar M, Fotuhi-Firuzabad M. Load management in a residential energy hub with renewable distributed energy resources[J]. Energy & Buildings, 2015(107): 234-242.

[31] Guandalini G, Campanari S, Romano M C. Power-to-gas plants and gas turbines for improved wind energy dispatch ability: Energy and economic assessment[J]. Applied Energy, 2015, 147: 117-130.

[32] Sebastian M, Alexandre S, Ken M. Risk-averse portfolio selection of renewable electricity generator investments in Brazil: An optimized multi-market commercialization strategy[J]. Energy, 2016, 115: 1331-1343.

[33] Nakashydze L, Gabrinets V, Mitikov Y, et al. Determination of features of formation of energy supply systems with the use of renewable energy sources in the transition period[J]. Eastern-European Journal of Enterprise Technologies, 2021, 5(8): 23-29.

[34] He Y, Liao N, Zhou Y. Analysis on provincial industrial energy efficiency and its influencing factors in China based on DEA-RS-FANN[J]. Energy, 2018, 42: 79-89.

[35] Frederico A D F, Alexandre B. Simulating hybrid energy systems based on complementary renewable resources[J]. MethodsX, 2019, 6: 2492-2498.

[36] Dong S, Wang C F, Liang J, et al. Multi-objective optimal day-ahead dispatch of integrated energy system considering power-to-gas operation cost[J]. Automation of Electric Power System, 2018, 42(11): 8-16.

[37] Ju L W, Li H H, Zhao J W, et al. Multi-objective stochastic scheduling optimization model for connecting a virtual power plant to wind-photovoltaic-electric vehicles considering uncertainties and demand response[J]. Energy Conversion and Management, 2016, 128: 160-177.

[38] 王若谷, 陈果, 王秀丽, 等. 计及风电与电动汽车随机性的两阶段机组组合研究[J]. 电力建设, 2021, 42(8):

63-70.

[39] 黄彪, 朱自伟, 钟少云, 等. 基于一致性算法的主动配电网源-荷-储分布式协调优化调度[J]. 智慧电力, 2019, 47(8): 91-98.

[40] Zhou R J, Deng Z A, Xu J, et al. Optimized operation using carbon recycling for benefit of virtual power plant with carbon capture and gas thermal power[J]. Electric Power, 2020, 53(9): 166-171.

[41] Svante M, Annica M N, Joakim W, et al. A residential community-level virtual power plant to balance variable renewable power generation in Sweden[J]. Energy Conversion and Management, 2021, 228: 113597.

[42] 相晨曦. 能源"不可能三角"中的权衡抉择[J]. 价格理论与实践, 2018(4): 46-50.

[43] 黄顿, 杨鑫, 高林, 等. 考虑风电和储能接入电网的多目标协同博弈区间经济调度[J]. 控制理论与应用, 2021, 38(7): 1061-1070.

[44] Ju L W, Zhao R, Tan Q L, et al. A multi-objective robust scheduling model and solution algorithm for a novel virtual power plant connected with power-to-gas and gas storage tank considering uncertainty and demand response[J]. Applied Energy, 2019, 250: 1336-1355.

[45] Wang H, Riaz S, Mancarella P. Integrated techno-economic modeling, flexibility analysis, and business case assessment of an urban virtual power plant with multi-market co-optimization[J]. Applied Energy, 2020, 259: 114142.

[46] Feng K H, Yan H, Dai W Z, et al. Optimal operation of rural energy system with biomass biogas power generation considering energy utilization efficiency[J]. Electric Power, 2021, 55(7): 1-10.

[47] Zhang Z Y, Zhou R J, Huang J J, et al. Source-load linear cointegration optimization model of waste incineration powerplant participating in peak load regulation[J]. Electric Power Automation Equipment, 2021, 41(3): 115-121.

[48] Qiu G F, He C, Luo Z, et al. Economic dispatch of Stackelberg game in distribution network considering new energy consumption and uncertainty of demand response[J]. Electric Power Automation Equipment, 2021, 41(6): 66-74.

[49] Jun D, Lin P N, Hui J H. A bi-level optimal scheduling model for virtual power plants and conventional power plants considering environmental constraints and uncertainty[J]. International Journal of Applied Decision Sciences, 2020, 13(3): 313-343.

[50] Ju L W, Wu J, Lin H Y, et al. Robust purchase and sale transactions optimization strategy for electricity retailers with energy storage system considering two-stage demand response[J]. Applied Energy, 2020, 271: 115155.

[51] 国家能源局. 国家能源局关于兰考县农村能源革命试点建设总体方案(2017—2021)的复函[EB/OL]. (2018-07-23) [2021-07-01]. http://zfxxgk. nea. gov. cn/auto87/201809/t20180917_3244. htm.

[52] 张涛, 王成, 王凌云, 等. 考虑虚拟电厂参与的售电公司双层优化调度模型[J]. 电网技术, 2019, 43(3): 952-961.

[53] Alahyari A, Ehsan M, Pozo D, et al. Hybrid uncertainty-based offering strategy for virtual power plants[J]. IET Renewable Power Generation, 2020, 14(13).

[54] 每日经济新闻. 全国碳交易开盘价为 48 元/吨[EB/OL]. (2021-07-16)[2021-07-24]. https://baijiahao.baidu. com/s?id=1705405085621171324&wfr=spider&for=pc.

[55] 国家能源局. 国家发展改革委 国家能源局关于建立健全可再生能源电力消纳保障机制的通知[EB/OL]. (2019-05-10)[2023-04-21]. http://www.gov.cn/zhengce/zhengceku/2019-09/25/content_5432993.htm.

[56] 李伟, 杨强华, 张宏图, 等. 基于合作博弈的区域电力市场中消纳弃风激励机制研究[J]. 可再生能源, 2014, 32(4): 475-480.

[57] 林华, 杨明辉, 盖超, 等. 现货市场环境下的可再生能源消纳责任权重市场机制设计[J]. 中国电力, 2021, 54(6): 22-28.

[58] 李梓仟, 王彩霞, 叶小宁. 全国碳市场建设与配额制、绿证交易制度的衔接[J]. 中国电力企业管理, 2020, 28: 27-28.

[59] Kildegaard A. Green certificate markets, the risk of over-investment, and the role of long-term contracts[J]. Energy Policy, 2008, 36(9): 3413-3421.

[60] 黄裙仪. 可再生能源绿色证书政策的理论研究[J]. 浙江工商职业技术学院学报, 2011, 10(1): 37-39.

[61] Zhang Y, Lu H H, Fernando T. Cooperative dispatch of gas and wind power generation considering carbon emission limitation in Australia[J]. IEEE Transactions on Industrial Informatics, 2015, 11(6): 1313-1323.

[62] Duan J D, Liu F, Yang Y, et al. Two-stage flexible economic dispatch for power system considering wind power uncertainty and demand response[J]. Energy Sources, Part A: Recovery, Utilization, and Environmental Effects, 2022, 44(1).

[63] 李凌昊, 邱晓燕, 张浩禹, 等. 电力市场下的虚拟电厂风险厌恶模型与利益分配方法[J]. 电力建设, 2021, 42(1): 67-75.

[64] Fudenberg D, Tirole J. Game Theory[M]. Cambridge: MIT Press, 1992.

[65] Rasmusen E. Games and Information: An Introduction to Game Theory[M]. Oxford: Wiley-Black well Publishers, 2006.

[66] 程韧俐, 梁顺, 傅强, 等. 基于虚拟储能的微网风光储容量优化配置方法研究[J]. 可再生能源, 2021, 39(3): 372-379.

[67] 陈瑞捷, 鲁宗相, 乔颖. 基于多场景模糊集和改进二阶锥方法的配电网优化调度[J]. 电网技术, 2021, 45(12): 4621-4629.

[68] 国家能源局东北监管局. 东北电力辅助服务市场运营规则[R]. 沈阳: 国家能源局东北监管局, 2016.

[69] Rosato A, Panella M, Andreotti A, et al. Two-stage dynamic management in energy communities using a decision system based on elastic net regularization[J]. Applied Energy, 2021, 291(6): 116852.

[70] 于晗, 钟志勇, 黄杰波, 等. 采用拉丁超立方采样的电力系统概率潮流计算方法[J]. 电力系统自动化, 2009, 33(21): 32-35, 81.

[71] 王晓丹. 含分布式电源的多能互补园区供能中心优化规划及综合评估[D]. 北京: 华北电力大学, 2019.

[72] 谭清坤. 园区多能互补调度优化及效益评价模型研究[D]. 北京: 华北电力大学, 2019.

[73] Gu H, Li Y, Yu J, et al. Bi-level optimal low-carbon economic dispatch for an industrial park with consideration of multi-energy price incentives[J]. Applied Energy, 2020, 262: 114276.

[74] Liu H, Chen X Y, Li J F, et al. Economic dispatch based on improved CPSO algorithm for regional power-heat integrated energy system[J]. Electric Power Automation Equipment, 2017, 37(6): 193-200.

[75] Tichi S G, Ardehali M W, Nazari M E, et al. Examination of energy price policies in Iran for optimal configuration of CHP and CCHP systems based on particle swarm optimization algorithm[J]. Energy Policy, 2010, 38(10): 6240-6250.

[76] Tan Z F, Fan W, Li H F, et al. Dispatching optimization model of gas-electricity virtual power plant considering uncertainty based on robust stochastic optimization theory[J]. Journal of Cleaner Production, 2020, 247(C).

[77] Sakr W S, EL-Sehiemy R A, Azmy A M. Abd el-Ghany Hossam A. Identifying optimal border of virtual power plants considering uncertainties and demand response[J]. Alexandria Engineering Journal, 2022, 61(12).

[78] Ramendra P, Mumtaz A, Paul K, et al. Designing a multi-stage multivariate empirical mode decomposition coupled with ant colony optimization and random forest model to forecast monthly solar radiation[J]. Applied Energy, 2019, 236: 778-792.

[79] 付芳萍. 基于信息熵及粒子群优化算法的模糊时间序列预测模型研究[D]. 昆明: 昆明理工大学, 2011.

[80] Ju L W, Tan Q L, Lu Yan, et al. A CVaR-robust-based multi-objective optimization model and three-stage solution algorithm for a virtual power plant considering uncertainties and carbon emission allowances[J]. International Journal of Electrical Power & Energy Systems, 2019, 107: 628-643.

[81] Ju L W, Zhang Q, Tan Z F, et al. Multi-agent-system-based coupling control optimization model for micro-grid group intelligent scheduling considering autonomy-cooperative operation strategy[J]. Energy, 2018, 157: 1035-1052.